数据分析与应用丛书

数据准备

从获取到整理

阮 敬 任 韬 编著

中国人民大学出版社
· 北京 ·

前　言

数据的获取方式、数据的形式及其结构纷繁芜杂，如何才能把数据整理成其他模型和算法可以分析的样子？这是实际数据分析过程中需要解决的首要问题。因为实际工作中，我们面对的数据并不都像教科书中所提供的数据那样非常规整，或者说能直接拿来使用，这就要求我们要掌握一定的数据准备技能才能满足现代数据分析的基本要求。

数据准备是数据分析的首要阶段，涵盖了数据获取、数据整理、数据预处理、数据分析等具体的系统过程。根据本书作者的实际工作经验，数据准备工作大概占全部数据分析工作的90%左右，在数据分析过程中起到了至关重要的作用。本书在对广大授课教师、科研工作人员、学生和从业者进行广泛调研的基础上，基于实际需求进行内容体系搭建，直接服务于数据分析工作和数据建模领域的实际需要，同时读者也可在阅读本书的过程中接触实际案例，缩短实际工作适应时间，这有利于提高学习效率。

本书充分运用主流数据分析工具 Python 将知识点贯穿起来，将数据准备方面零散的理论、方法、技术和实现过程依据经济社会领域中的实际应用场景进行有机融合，利用现代技术平台，打造了一个融代码、程序、数据、案例为一体的知识体系，具体内容如下：

第 1 章和第 2 章解决的是数据从何而来、如何获取，数据形式如何等具体问题。通过梳理社会经济领域中数据常见来源，总结了如何通过观察和调查、数据库、网络爬取和日志数据等方式获取数据。此外，还介绍了以集合数据类型为主要特征的结构化数据和以 JSON、音视频等为主要特征的非结构化数据的基本处理方式。第 3 章到第 10 章主要介绍数据准备过程中的常用方法，包括数据编码、数据清洗、数据插补、数据配平、数据重构、数据变换、数据缩放和数据归约等具体内容。

本书避免使用公式而用通俗语言阐述从数据获取到整理的基本技术和方法，其间融入真实数据分析案例，让读者能够一窥数据准备的流程和实现过程。本书代码是在 macOS Monterey 操作系统下的 Python 3.9.11 环境中编写完成的。

感谢中国人民大学出版社和王伟娟编辑的大力支持。尽管作者已经投入了大量时间和精力来编写此书，但水平有限，如有不足之处，敬请读者批评指正。

目　录

第 1 章

数 据 来 源

数据科学与大数据时代如果没有数据便如巧妇难为无米之炊，数据已经成为生产要素之一。因此，数据的收集与获取显得尤为重要。在当今以数字经济、人工智能、元宇宙等主要技术为发展特征的客观世界中，数据是最基本的构成元素。在分析数据之前，应当搞清楚数据的来源，同时注重数据质量，只有数据可靠，才能客观真实地用数据来描绘和分析我们所要研究的问题，才能实现从数据到价值的过程。

数据形式繁多，其来源渠道也较为繁杂。在数据分析中，整理、分析和建模的对象即数据。按照人们对数据的认知程度，从数据到价值的过程可细分为三个阶段：数据从不可得状态变为可得状态，从可得状态变为可用状态，从可用状态变为实现其价值状态。其中，数据从不可得状态转化为可得状态的过程，便是人们熟悉的数据收集阶段，可以采用抽样、统计调查等手段进行数据收集，从而为数据从可得状态转化为可用状态并实现其价值做好准备。

本章从收集数据的典型方式出发，在梳理不同数据来源及其特征的基础上，介绍常见数据的获取方法，为数据整理和分析打下基础。

1.1 调查和观察数据

调查数据和观察数据是解决实际问题的重要数据来源，也是社会科学研究领域中的重要数据获取手段。调查数据就是通过一定的方法或者组织形式针对特定问题开展实地调研或者发放问卷进行书面调研而收集到的数据。观察数据也可称为观测数据，就是研究者直接观测查看或借助一定工具对所研究的事物对象进行观测而收集到的数据。

二者的共同点在于数据都是由研究者主观收集而来的，所收集到的数据都是研究对象具备或产生的客观属性或行为特征，需要通过调查或者观察来实现数据收集的过程，进而通过加工整理形成可供分析的数据。但是通过调查和观察得到的数据，限于人力、物力、财力和时空等因素限制，除普查和大规模调查外，其数据量往往不大。

调查和观测数据在实际的数据分析工作中十分常见。例如，为了解我国现有人口状况而进行的第七次全国人口普查所收集的数据为合理测算我国人口规模及其结构起到了基础性的作用；要了解某项针对缓解交通拥堵状况的政策措施的实施效果，需要对早晚高峰期间的交通流量和通勤状况进行观察，其所收集到的客观数据是我们做出科学评价的基础。

1.1.1 调查数据

人们往往通过一定的介质，如问卷、提纲等来实现调查数据的收集。

调查是目前国内外社会科学领域使用最为广泛的数据搜集方法之一，绝大多数调查得到的数据都是通过问卷获得的。问卷是为实现调查目的并以问题和答案为主要方式来收集数据的一种介质。在实际数据分析工作中，问卷大多用邮寄或电子邮件、计算机辅助电话、微信群发布、朋友圈分享、街头拦截等方式，建立起调查者和被调查者之间的联系，进而实现数据收集的目的。问卷调查收集数据的主要优点在于标准化和成本较低。

调查数据的问卷一般由标题、编号、说明、题干、题支或答案选项、调查属性信息等内容构成，图 1-1 为本书作者实施过的一项调查的问卷示例。

问卷编号：□□ □□ □□

某市居民精神文化生活调查问卷

您好！

我是首都经济贸易大学统计学院的学生访问员，为了解我市居民精神文化生活的现状，关注居民的精神文化生活新期待，为改善我市居民精神文化生活提出意见和建议，邀请您参与本次调查并协助我们完成这一课题。本调查为匿名形式，完成问卷大约需要 5 分钟的时间，您的作答将是我们十分宝贵的样本资料，为该项研究奠定不可或缺的基础。恳请您坦诚自由地表达观点，衷心感谢您的热心帮助和辛劳付出！

精神文化生活现状

A01 您平均一个月的闲暇时间有几天（含双休日）？（单选）
1. 小于 1 天   2. 1~3 天   3. 3~8 天   4. 8~12 天   5. 12 天以上
A02 您每天的工作时间大概是几个小时？（单选）
1. 小于 4 小时   2. 4~6 小时   3. 6~8 小时   4. 8~10 小时   5. 10~12 小时
6. 12 小时以上
A03 您所在的区县里图书馆、书店大概有多少个？（单选）
1. 没有   2. 1~3 个   3. 3~6 个   4. 6 个及以上   5. 不知道
A04 您所在的区县里剧院、电影院大概有多少个？（单选）
1. 没有   2. 1~3 个   3. 3~6 个   4. 6 个及以上   5. 不知道
A05 您休闲娱乐时最常从事的活动第一是_____，第二是_____，第三是_____。
1. 看书、阅读   2. 写作   3. 参加培训活动   4. 旅游   5. 运动健身
6. 看电视   7. 看电影   8. 上网   9. 参加社区活动   10. 养花、养鸟、养鱼
11. 鉴赏古玩、字画   12. 跳舞、打太极拳   13. 打牌
14. 玩电脑、手机（电子产品）游戏   15. 下棋   16. 其他
A06 您更期待什么样的精神文化活动？第一是_____，第二是_____，第三是_____。
1. 演讲赛   2. 设计大赛   3. 年会   4. 联谊会   5. 生日晚会
6. 联欢会   7. KTV   8. 音乐会   9. 相声、小品演出
10. 歌舞剧   11. 球类   12. 田径类   13. 花卉展   14. 园林展
15. 古玩瓷器展   16. 书法展   17. 科技展   18. 绘画展   19. 摄影
20. 其他
A07 您主要选择哪种旅游组织形式？
1. 自助旅游   2. 自驾游   3. 团队游   4. 其他
A08 您旅游的主要目的是什么？
1. 观光   2. 保健   3. 公务   4. 民俗   5. 购物
6. 休闲   7. 求知   8. 猎奇   9. 摄影   10. 其他
A09 您选择的旅游类型是什么？第一是_____，第二是_____，第三是_____。
1. 出境旅游   2. 国内旅游   3. 海岛旅游   4. 红色旅游   5. 市郊旅游
6. 商务旅游   7. 邮轮旅游   8. 其他
A10 您个人更偏好的旅游类型是什么？第一是_____，第二是_____，第三是_____。
1. 自然风光   2. 人文景观   3. 民俗文化   4. 城乡风貌   5. 现代人造设施
6. 饮食购物   7. 其他
A11 您平时更多地关注哪些方面的信息？第一是_____，第二是_____，第三是_____。
1. 致富信息   2. 就业信息   3. 政府相关政策   4. 科技、发明   5. 健康养生
6. 生活   7. 国内外新闻资讯   8. 教育   9. 婚姻
10. 其他

图 1-1 一个典型的调查问卷

　　问卷一般都要有编号。如果没有编号，一旦录入成电子形式的数据出现问题，便很难再对应原始数据进行核实和校正了。有了问卷之后就可以展开调查进行数据收集了。接下来面临的首要问题是如何将调查得到的数据导入数据分析工具中。

　　利用类似图 1-1 的调查问卷进行数据收集之后，研究人员往往会把纸质版的数据录入为电子版格式的数据。这些数据最常用的是 *.csv 格式（以逗号作为分隔符的纯文本文件）的数据类型。如果是使用问卷调查软件或工具得到的调查数据，也可以导出 *.csv 格式的数据类型。图 1-1 的调查问卷案例的 *.csv 格式的数据如图 1-2 所示。

```
ID,A01 ,A02 ,A03,A04,A0501,A0502,A0503,A0601,A0602,A0603,
A07,A0801,A0802,A0803,A0901,A0902,A0903,A1001,A1002,A1003
,A1101,A1102,A1103
100105,3,3,5,2,7,8,14,20,9,11,1,1,6,10,0,1,1,1,2,6,1,4,7
100106,2,4,2,3,7,8,1,4,7,9,2,1,7,2,0,1,1,1,2,4,2,6,3
100107,3,5,2,2,6,8,1,5,6,19,2,1,6,8,0,0,0,1,6,2,2,5,7
100108,3,4,5,5,4,7,8,17,15,20,4,6,1,10,0,1,0,1,5,4,1,4,9
100109,3,4,1,2,14,7,1,3,16,20,4,6,7,1,0,1,0,1,2,6,1,2,4
100110,3,5,4,4,7,14,4,9,17,19,1,6,1,9,1,1,1,1,2,6,4,6,7
100111,3,3,4,4,5,7,8,9,10,13,1,1,5,6,0,1,0,1,2,6,7,6,5
100112,4,4,5,5,1,4,8,7,8,13,1,1,7,6,1,1,0,1,4,2,3,5,7
100113,4,3,4,4,1,5,8,11,12,16,1,6,1,7,1,0,1,1,4,6,3,7,4
100114,3,4,4,5,6,7,14,2,8,11,1,1,6,2,0,1,0,1,2,6,1,4,5
110115,2,4,5,2,8,14,4,9,8,4,2,1,6,7,0,1,0,2,3,1,7,4,1
110116,2,5,5,2,14,10,8,11,9,7,1,6,8,1,0,1,0,1,7,6,2,1,3
110117,5,3,4,3,1,7,8,7,9,10,1,1,6,8,0,1,1,1,6,2,2,3,6
110118,2,3,2,2,7,8,14,8,19,9,1,6,1,9,1,1,1,1,4,6,8,2,7
110119,2,3,5,5,6,1,7,18,19,8,2,1,7,6,1,1,0,2,4,3,6,7,3
110120,2,6,4,4,1,7,11,5,9,12,1,1,7,8,0,1,0,1,5,6,4,7,8
110121,4,2,4,4,14,8,7,19,8,2,2,1,6,9,0,1,1,4,1,2,6,7,4
110122,2,3,3,4,14,8,7,7,4,8,3,6,5,10,0,1,1,6,1,2,3,2,6
110123,1,1,1,1,1,5,6,5,19,18,1,4,8,7,0,0,0,3,5,2,6,4,3
211024,5,3,2,3,4,8,14,3,10,18,3,1,6,8,0,1,1,1,2,6,2,6,7
211025,2,1,3,3,5,8,12,5,12,7,1,2,4,7,1,0,0,4,2,5,3,6,8
211026,4,3,2,2,8,10,7,13,7,9,1,6,1,5,1,1,0,6,2,1,6,7,10
211027,3,3,2,2,4,8,10,8,13,11,1,1,6,7,0,1,0,1,2,4,6,7,2
211028,4,5,4,3,7,8,4,7,10,19,2,1,9,7,1,1,0,1,4,2,6,7,10
211029,3,4,5,5,6,8,16,7,6,2,4,6,1,7,1,1,1,3,4,1,2,7,6
211030,4,5,4,3,8,4,7,7,19,10,2,1,9,6,1,1,0,1,2,4,6,7,10
230831,2,4,2,2,5,6,8,9,4,12,1,6,1,7,0,1,0,1,2,4,5,6,9
230832,1,3,2,2,4,7,1,7,8,17,2,6,1,5,0,1,1,1,6,2,8,6,3
230833,2,4,4,2,7,14,16,19,6,8,2,5,1,10,1,0,1,6,1,2,9,8,2
230834,3,4,5,3,5,8,14,9,15,11,1,6,7,8,0,1,0,1,3,2,7,3,1
230835,2,4,2,3,1,7,14,7,9,19,1,1,6,9,1,1,0,1,2,6,7,4,3
230836,4,2,5,4,8,1,16,7,8,10,1,6,1,8,0,1,0,1,2,6,7,6,3
230837,2,4,5,2,1,4,6,9,11,8,3,1,6,10,0,1,0,1,7,4,5,7,8
310738,2,5,5,5,1,4,6,9,4,6,2,6,1,4,0,0,0,1,3,2,7,8,4
310739,2,3,2,1,4,1,7,8,19,6,1,6,9,1,1,0,1,0,1,2,6,2,6,7
310740,3,5,4,4,4,1,7,20,8,9,1,6,7,1,1,1,1,6,1,3,7,8,3
310741,4,1,5,4,8,7,1,11,18,10,1,1,6,10,0,1,0,3,1,2,6,8,7
310742,4,3,2,4,8,7,14,11,19,12,1,1,6,10,0,1,0,4,1,2,7,6,3
```

图 1-2　*.csv 格式的数据

　　将图 1-2 所示的 *.csv 格式数据导入 Python 中以便日后分析。Python 中可导入 *.csv 格式数据的方式非常多，以调用最常用的 numpy 包为例：

```
import numpy as np
spirit=np.loadtxt('图1-2的数据.csv',delimiter=',',dtype=int,skiprows=1)
spirit
array([[100105,      3,      3, ...,      1,      4,      7],
       [100106,      2,      4, ...,      2,      6,      3],
       [100107,      3,      5, ...,      2,      5,      7],
```

```
...,
[510249,    3,    3, ...,    2,    5,    7],
[510250,    3,    3, ...,    2,    6,    7],
[510251,    4,    3, ...,    3,    8,    6]])
```

Python 中的 numpy 包提供了 loadtxt 函数来导入文本数据。本例中的数据是以逗号存储的纯文本格式，所以需要在 loadtxt 函数中使用 delimiter 参数指定 "," 作为数据分隔符。此外，loadtxt 不能读入数据头（即表头或列名），所以使用 skiprows 参数把其赋值为 1，以便跳过读入第一行的表头。dtype 参数表示把数据文件中的数据读入之后都转换成 int（整数）数据类型，因为图 1-1 中的所有问题选项都是用整数表示的。

如果需要在 numpy 中读入带表头或列名的数据，可以使用 genfromtxt 函数来实现：

```
spirit_colname=np.genfromtxt('图1-2的数据.csv',delimiter=',', names=True)
spirit_colname['A01']
array([3., 2., 3., 3., 3., 3., 3., 4., 4., 3., 2., 2., 5., 2., 2., 2., 4.,
       2., 1., 5., 2., 4., 3., 4., 3., 4., 2., 1., 2., 3., 2., 4., 2., 2.,
       2., 3., 4., 4., 2., 3., 3., 4., 2., 3., 3., 3., 4.])
```

通过使用 genfromtxt 函数将参数赋值为 True，得到 numpy 数组，可以使用索引符号 "[]"，索引出指定列的全部数据。

在 Python 中，也可使用 pandas 将 *.csv 的变量和数据全部导入，得到一个可用于分析和建模的 DataFrame 数据类型，如：

```
import pandas as pd
spirit_DF=pd.read_csv('图1-2的数据.csv')
spirit_DF.head()              #查看默认前 5 行数据
```

	ID	A01	A02	A03	A04	A0501	A0502	A0503	A0601	A0602	...	A0803	A0901	A0902	A0903	A1001	A1002	A1003	A1101	A1102	A1103
0	100105	3	3	5	2	7	8	14	20	9	...	10	0	1	1	1	2	6	1	4	7
1	100106	2	4	2	3	7	8	1	4	7	...	2	0	1	1	1	2	4	2	6	3
2	100107	3	5	2	2	6	8	1	5	6	...	8	0	0	0	1	6	2	2	5	7
3	100108	3	4	5	2	7	8	17	15	10	...	10	0	1	0	1	5	4	1	4	9
4	100109	3	4	1	2	14	7	1	3	16	...	1	0	1	0	1	2	6	1	2	4

5 rows × 24 columns

形如上述形式的二维表格，跟日常数据分析中处理的关系型数据非常类似。

在导入调查数据的时候，往往还需要将所导入数据的内容挂上标签。例如，上面的输出结果中，A01 列的内容都是诸如 3、2、4 之类的数值，不熟悉调查问卷的用户根本不知道这些数值代表什么意思。因此，需要为类似这种选项类的数值挂上值标签，如对照图 1-1，A01 这一列中，用 1 表示小于 1 天，2 表示 1~3 天，3 表示 3~8 天，其余以此类推。

```
spirit_DF['A01']=spirit_DF['A01'].astype('category')
spirit_DF['A01'].cat.categories=['小于1天','1-3天','3-8天',
                                 '8-12天','12天及以上']
spirit_DF.sample(8)    #随机显示 8 行数据
```

	ID	A01	A02	A03	A04	A0501	A0502	A0503	A0601	A0602	...	A0803	A0901	A0902	A0903	A1001	A1002	A1003	A1101	A1102	A1103
46	510251	8-12天	3	3	3	6	8	16	11	15	...	9	0	1	0	1	2	3	3	8	6
14	110119	1-3天	3	5	5	6	1	7	18	19	...	6	1	1	0	2	4	3	6	7	3
20	211025	1-3天	1	3	3	5	8	12	5	12	...	7	1	0	0	4	2	5	3	6	8
45	510250	3-8天	3	5	5	5	7	8	19	13	...	7	0	1	0	1	2	6	2	6	7
31	230836	8-12天	2	5	4	8	1	16	7	8	...	8	0	1	0	1	2	6	7	6	3
5	100110	3-8天	5	4	4	7	14	4	9	17	...	9	1	1	1	1	2	6	4	6	7
29	230834	3-8天	4	5	3	5	8	14	9	15	...	8	0	1	0	1	3	2	7	3	1
23	211028	8-12天	5	4	3	7	8	4	7	10	...	7	1	1	0	1	4	2	6	1	10

8 rows × 24 columns

由上述结果可以看到，A01 这一列的数值自动被转换为文本。

关于值标签的具体用法和操作，详见第 3 章关于数据编码的具体内容。本例以及本章所生成结果的列表、ndarray、DataFrame 等，是 Python 中的典型数据类型，其详情和具体操作，请见第 2 章关于数据类型的具体内容。

导入调查数据之后，便可进行下一步的分析和挖掘了。

1.1.2　观察数据

观察数据就是通过视听等感官或者测量仪器获取的数据。例如中医通过望、闻、问、切等 4 种方式来收集病人的数据，进而对病人的病症及病情进行分析判断；实验室通过做实验的方式，记录不同条件下的实验结果和中间过程等。

通过测量仪器或感官记录的数据，一般可以转换为 1.1.1 节中的调查数据样式进行处理。但要注意的是，在大数据时代，通过观察得到的很多数据表现为声音、图片、视频等形式，需要对这些数据进行特殊的处理，这些数据的导入请查阅本书 2.4 节的具体内容。

无论是调查数据还是观察数据，绝大多数情况下都是根据研究目的在特定总体中进行抽样获得的。在抽样及收集数据的过程中都会产生误差，误差可以分为两类：一类是非抽样误差，应当杜绝；另一类是抽样误差，应当尽量减少或降低。

1.2　数据库数据

通过调查和观察得到的数据，称为"一手数据"或"直接数据"。由于人力、物力、财力以及时间、空间等诸多原因，人们并不能轻易地获取一手数据，需要通过间接手段去获取别人已经获取的数据，此类数据被定义为"二手数据"或"间接数据"。无论是直接数据还是间接数据，大多数情况下，这些数据都会被存储在相应的数据库中。我们把存储在数据库中的数据，称为数据库数据。因此，数据库数据也成为数据的一大重要来源。

数据库已经渗透至人们生活的方方面面，例如：利用微信收发信息或发朋友圈；访问常用的网站查询想要获取的数据等。这些应用背后都有后台数据库的支持。用户可以对数据库中的数据执行查询、新增、截取、更新、删除等操作，并且还可以与多个用户共享。

按照处理数据类型（如结构化、半结构化、非结构化等）的不同，数据库可以分为关系型数据库（SQL 数据库）和非关系型数据库（NOSQL 数据库）两大类。出于实用目的，本章主要阐述如何把数据库中的数据导入分析平台，关于数据库结构及其组织、存储及使用的内容请读者自行查阅相关资料。

1.2.1 关系型数据库

关系型数据库管理系统（relational database management system，RDBMS）建立在数据关系模型基础上。关系模型由关系数据结构、关系数据操作、关系完整性约束三部分组成。万事万物都有必然联系，现实世界的各种实体以及实体与实体之间的各种联系均用关系来表示，这是数据存储的传统标准。类似于 Excel 工作簿，关系型数据库也选用由列和行构成的二维表来管理数据，简单易懂，可以用 SQL（structured query language）来实现对数据库的操作。

SQL 是一种数据库查询和程序设计语言，执行对关系型数据库中数据的检索和操作，用于存取数据以及查询、更新和管理关系型数据库。主流的关系型数据库管理系统有Oracle、DB2、Postgre SQL、GreenPlum、Microsoft SQL Server、Microsoft Access、MySQL 等。

在 Python 中可以使用 sqlite3 库来实现关系型数据库的处理。导入 sqlite3 库，使用 connect 函数链接到数据库：

```
import sqlite3
dbtemp=sqlite3.connect('somedatabase.db')
#如果 somedatabase.db 存在,则得到一个链接到它的数据库对象
##本例中 somedatabase.db 数据库并不存在,系统会自动创建它
```

上述程序运行之后得到一个名为 dbtemp 的数据库对象，可以调用其 close 方法来关闭到数据库的链接：

```
dbtemp.close()
```

上述过程较为烦琐，一般使用 with 语法将其简化：

```
with sqlite3.connect('somedatabase.db') as dbtemp:
    pass
```

数据库创建完成或者链接上之后，可以使用数据库对象的 cursor 方法创建一个指针对象，用于创建一个表。例如需要创建一个名为 spirit_DB 的表：

```
c=dbtemp.cursor()
c.execute('''CREATE TABLE IF NOT EXISTS spirit_DB
        (ID integer, Name text,
        Age text, Leisure_time text, Working_time text,
        Library text, PRIMARY KEY(ID))''')
<sqlite3.Cursor at 0x7f97cd26f3b0>
```

对指针对象调用 execute 方法，便可编写需要在 Python 中执行的 SQL 语句。要注意的是，能够被 execute 方法执行的 SQL 语句应当写在一个字符串中，如果字符串跨行，则需要 3 个引号将其引起来。上段程序中，使用 SQL 的 CREATE 语句创建了数据表，该表包含 ID、Name、Age、Leisure_time、Working_time 和 Library 等 6 个字段，其中 ID 是主

要字段。

在构建好表的字段及其类型之后，可以使用 INSERT INTO 等语句为表中写入或者插入具体的数据：

```
c.execute('''INSERT INTO spirit_DB VALUES
         (100105,'Morgan Stanley',48,'3-8 天','6-8 小时','不知道')''')
#添加单条数据
<sqlite3.Cursor at 0x7f97cd26f3b0>
```

也可同时插入多条数据：

```
c.executemany('INSERT INTO spirit_DB VALUES(?,?,?,?,?,?)',
             [(100106,'Zhang San',29,'1-3 天','8-10 小时','1-3 所'),
             (100107,'Sun Daxian',55,'3-8 天','10-12 小时','1-3 所'),
             (100108,'Steven',23,'3-8 天','8-10 小时','不知道'),
             (100109,'Li Haiqiang',34,'3-8 天','小于 4 小时','没有')])
#添加多条数据
<sqlite3.Cursor at 0x7f97cd26f3b0>
```

随后使用数据库对象的 commit 方法提交数据库，便可将上述数据内容写入数据库中：

```
dbtemp.commit()
```

对于数据库中的数据，可将其转为一个 DataFrame，以便于在 pandas 中进行数据分析：

```
spirt_DF_from_DB=pd.read_sql('SELECT * FROM spirit_DB',con=dbtemp)
spirt_DF_from_DB
```

	ID	Name	Age	Leisure_time	Working_time	Library
0	100105	Morgan Stanley	48	3-8天	6-8小时	不知道
1	100106	Zhang San	29	1-3天	8-10小时	1-3所
2	100107	Sun Daxian	55	3-8天	10-12小时	1-3所
3	100108	Steven	23	3-8天	8-10小时	不知道
4	100109	Li Haiqiang	34	3-8天	小于4小时	没有

以上是直接将数据库数据转换为 pandas 中的 DataFrame 数据类型的典型方法。在实际工作中，如需将数据库数据提取出来，作为列表存储，还可以调用指针对象的 fetchall 方法：

```
c.execute('SELECT * FROM spirit_DB')    #执行 SQL 的 SELECT 语句将全部数据提取出来
data=c.fetchall()
dbtemp.close()
data
[(100105, 'Morgan Stanley', '48', '3-8 天', '6-8 小时', '不知道'),
 (100106, 'Zhang San', '29', '1-3 天', '8-10 小时', '1-3 所'),
 (100107, 'Sun Daxian', '55', '3-8 天', '10-12 小时', '1-3 所'),
```

```
(100108, 'Steven', '23', '3-8 天', '8-10 小时', '不知道'),
(100109, 'Li Haiqiang', '34', '3-8 天', '小于 4 小时', '没有')]
```

由上述语句的执行结果可以看到，使用 fetchall 方法得到的是一个列表对象。

1.2.2　非关系型数据库

非关系型数据库也称为 NOSQL（Not Only SQL）数据库。传统的关系型数据库技术已经非常成熟，其数据模型近乎完美、数据可以完备持久化、操作十分方便、易维护。但是随着信息技术（IT）的飞速发展，数据量越来越大，对性能要求越来越高，传统数据库存在着性能瓶颈和扩展困难，无法满足日益增长的海量数据存储及性能要求。社交网络、微博等大多采用 Web 2.0 技术的互联网应用，其前端页面多是动态的，都需要从后台数据库存取数据。针对这种新时代下的新需求，传统关系型数据库很难满足这种用户数巨量、访问量巨大且访问频繁的特殊需求。因此，具备易于实现数据的分散、容易扩展、性能强大、存储海量数据、匹配灵活的数据模型和经济性等优点的 NOSQL 数据库在特殊的场景下能够充分发挥出无法想象的高效率和卓越性能。

NOSQL 数据库采用键值（Key-Value）来存储文档，此外还可有列存储（column-oriented）数据库、面向文本文档（document-oriented）数据库、图形（graph）数据库等。

键值数据库是最简单的 NOSQL 数据库，具有极高的并发读写性能。数据库中数据以键值对方式存储，结构不固定，每一个元组可以有不一样的字段，每个元组可以根据需要增加一些自己的键值对，这样就不会局限于固定的结构，可以减少一些时间和空间的开销。键值数据库特别适用于存放会话数据、用户配置信息、购物车数据等应用场景。键值型数据在 Python 中常用 dict 数据类型（详见 2.2.3 小节）来表示，例如：

```
some_obs={'ID':100105,'Name':'Morgan Stanley','Age':48,
          'Leisure_time':'3-8 天','Working_time':'6-8 小时','Library':'不知道'}
some_obs
{'ID': 100105,
 'Name': 'Morgan Stanley',
 'Age': 48,
 'Leisure_time': '3-8 天',
 'Working_time': '6-8 小时',
 'Library': '不知道'}
```

针对键值对的非结构数据，可以直接引用其对应的值：

```
some_obs['Name']
'Morgan Stanley'
```

Python 也可以使用与关系型数据库相似的方式与 NOSQL 数据库进行交互。例如，在 Python 中使用 MongoDB（应事先使用 pip install 对其进行安装）进行交互，应事先使用 MongoClient 对象指定链接的 URL 地址和要创建的数据库名：

```
import pymongo
c=pymongo.MongoClient('mongodb://localhost:27017/')
```

```
db=c['spirit']
col=db['items']
```

上述语句创建了一个名为 spirit 的数据库以及一个名为 items 的数据集合。可以对集合使用 insert_one( )或 insert_many( )方法插入一条或多条记录或文档，其插入方法的第 1 个参数是键值对，如：

```
spirit_mdb_detail={'ID':100105,'Name':'Morgan Stanley','Age':48,
                   'Leisure_time':'3-8 天','Working_time':'6-8 小时',
                   'Library':'不知道'}
spirit_mdb_result=col.insert_one(spirit_mdb_detail)

spirit_mdb_details=[{'ID':100106,'Name':'Zhang San','Age':'29',
                   'Leisure_time':'1-3 天','Working_time':'8-10 小时',
                   'Library':'1-3 所'},
                   'ID':100107,'Name':'Sun Daxian','Age':'55',
                   'Leisure_time':'3-8 天','Working_time':'10-12 小时',
                   'Library':'1-3 所'},
                   'ID':100108,'Name':'Steven','Age':'23',
                   'Leisure_time':'3-8 天','Working_time':'8-10 小时',
                   'Library':'不知道'},
                   'ID':100109,'Name':'Li Haiqiang','Age':'34',
                   'Leisure_time':'3-8 天','Working_time':'小于 4 小时',
                   'Library':'没有'}]
spirit_mdb_result=col.insert_many(spirit_mdb_details)
```

使用 find_one( )或 find( )方法可以查询集合中的一条数据和所有数据，类似于 SQL 中的 select 语句，如：

```
someobs=col.find_one({"Age":'55'})
print(someobs)
{'_id':ObjectId('5b23696ac315325f269f28d1'),'ID':100107,'Name':'Sun Daxian',
'Age':'55','Leisure_time':'3-8 天','Working_time':'10-12 小时','Library':'1-3 所'}
```

1.3　爬虫数据

利用网络爬虫技术获取的数据，称为爬虫数据。网络爬虫又称为网页蜘蛛或网络机器人，它是一种按照一定的规则，自动爬取互联网信息的程序或者脚本，形成所需要的数据集。按照不同分类标准，网络爬虫的类型有不同的分类方法。按照抓取网站对象分类，可分为通用爬虫和垂直爬虫；按使用场景分类，可分为通用网络爬虫和定向网络爬虫；按照系统结构和实现技术分类，可分为通用网络爬虫、聚焦网络爬虫、增量式网络爬虫、深层网络爬虫等。

获得爬虫爬取的数据，一般可按照如下四个步骤进行：

（1）需求分析：分析网络数据爬取的需求，了解所爬取主题的网址、内容分布，所获取语料的字段、图集等内容。

（2）技术选择：网页爬取技术可通过 Python、Java、C++、C#等不同的编程语言实现。Python 中主要涉及的技术和技术库有 Pandas、urllib、正则表达式、Selenium、BeautifulSoup4、Scrapy 等。

（3）网页爬取：确定好爬取技术后，需要解析网页的 DOM 树结构，通过 XPath 技术定位网页所爬取内容的节点，再爬取数据；同时，部分网站涉及页面跳转、登录验证等反爬虫手段。

（4）存储技术：数据信息形成数据文件要将爬取到的数据存储起来，会用到主要包括 SQL 数据库、纯文本格式的文件、CSV/XLS 文件等。

如图 1-3 所示的网页（在百度百科中搜索"2020 东京奥运会奖牌榜"），从图 1-3 所示的网页的下方，可以看到"总奖牌榜"的内容，这就是我们需要爬取下来的内容。但是，该网页包含的内容特别多，除了上述表格数据之外，还有视频、文字、广告等内容。

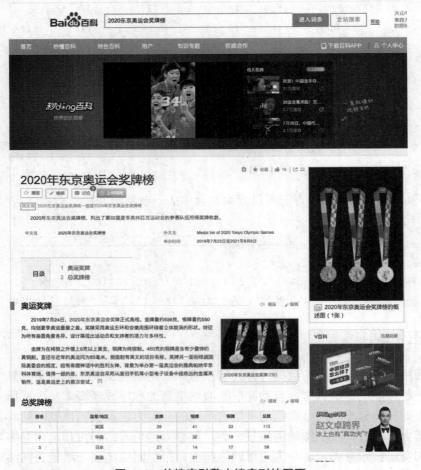

图 1-3 从搜索引擎中搜索到的网页

对于图 1-3 中明显能看出来的表格形式的数据，在 Python 中可以利用 pandas 的 read_html 函数直接读取。首先使用一个字符串存储网页的地址：

```
#使用一个字符串存储网页的地址
url='https://baike.baidu.com/item/2020%E5%B9%B4%E4%B8%9C%E4%BA%AC%E5%A5%A5%E
8%BF%90%E4%BC%9A%E5%A5%96%E7%89%8C%E6%A6%9C/58039084?fromtitle=%E4%B8%9C%E4%
BA%AC%E5%A5%A5%E8%BF%90%E4%BC%9A%E5%A5%96%E7%89%8C%E6%A6%9C&fromid=58044366&
fr=aladdin'
```

然后直接使用 pandas 中的 read_html 函数对 url 字符串所指代的网页进行表格数据读取：

```
import pandas as pd
list_of_df=pd.read_html(url)
```

注意 read_html 函数读取的结果是一个列表。可以把读取结果列表的形状打印出来：

```
for i in list_of_df:
    print(i.shape)
(93, 6)
```

由输出结果可以看到，上述语句的读取结果是一个由 93 行 6 列的元素构成的列表，所以只需要将 list_of_df 列表中的第一个元素提取出来即可得到想要的奖牌榜数据：

```
list_of_df[0]    #该网页由于编码问题，部分数据会显示乱码
```

	排名	国家/地区	金牌	银牌	铜牌	总数
0	1	美国	39	41	33	113
1	2	中国	38	32	18	88
2	3	日钻奔愉套本	27	14	17	58
3	4	英国	22	21	22	65
4	5	俄罗斯奥运队	20	28	23	71
...	...	...	...	...	...	...
88	86	叙利亚	0	0	1	1
89	86	布基纳法索	0	0	1	1
90	86	格林纳达	0	0	1	1
91	86	摩龙订翻尔多瓦	0	0	1	1
92	86	博茨瓦纳	0	0	1	1

93 rows × 6 columns

某些网页可能有不止一个表格，可能会有多个表格，如图 1-4 所示的网页就有很多表格。

对于多表格的网页数据，同样可以使用 read_html 函数进行读取，并查看其读取结果列表的内容：

```
url='http://www.stats.gov.cn/tjsj/zxfb/202111/t20211124_1824784.html'
stats=pd.read_html(url)
for i in stats:
    print(i.shape)
(1, 2)
```

```
(60, 5)
(59, 4)
(1, 3)
```

stats 列表中一共有四个元素。根据图 1-4 中我们需要的两个表格数据的形状来看，stats 列表中的第 2 个和第 3 个元素应该就是读取得到的表格数据，可以查看一下：

图 1-4　多表格的网页

```
stats[1]
```

	产品名称	单位	本期价格（元）	比上期 价格涨跌（元）	涨跌幅（%）
0	一、黑色金属	NaN	NaN	NaN	NaN
1	螺纹钢（Φ16-25mm，HRB400E）	吨	4631.4	-292.4	-5.9
2	线材（Φ6.5mm，HPB300）	吨	4873.3	-269.2	-5.2
3	普通中板（20mm，Q235）	吨	5193.9	-314.5	-5.7
4	热轧普通薄板（3mm，Q235）	吨	4943.7	-340.7	-6.4
5	无缝钢管（219*6，20#）	吨	6031.6	-268.5	-4.3
6	角钢（5#）	吨	5186.2	-308.4	-5.6
7	二、有色金属	NaN	NaN	NaN	NaN
8	电解铜（1#）	吨	71231.7	278.8	0.4
9	铝锭（A00）	吨	18877.4	-510.3	-2.6
10	铅锭（1#）	吨	15067.9	-354.0	-2.3
11	锌锭（0#）	吨	22980.0	-517.5	-2.2
12	三、化工产品	NaN	NaN	NaN	NaN
13	硫酸（98%）	吨	650.0	-56.3	-8.0
14	烧碱（液碱，32%）	吨	1065.8	-257.7	-19.5
15	甲醇（优等品）	吨	2694.9	-195.7	-6.8
......					
45	玉米（黄玉米二等）	吨	2659.1	29.3	1.1
46	棉花（皮棉，白棉三级）	吨	22566.6	208.4	0.9
47	生猪（外三元）	千克	17.7	0.9	5.4
48	大豆（黄豆）	吨	5615.7	61.1	1.1
49	豆粕（粗蛋白含量≥43%）	吨	3427.5	22.7	0.7
50	花生（油料花生米）	吨	8216.7	10.4	0.1
51	八、农业生产资料	NaN	NaN	NaN	NaN
52	尿素（小颗粒）	吨	2563.9	-95.0	-3.6
53	复合肥（硫酸钾复合肥，氮磷钾含量45%）	吨	3282.5	0.0	0.0
54	农药（草甘膦，95%原药）	吨	79500.0	-500.0	-0.6
55	九、林产品	NaN	NaN	NaN	NaN
56	天然橡胶（标准胶SCRWF）	吨	13654.1	319.0	2.4
57	纸浆（漂白化学浆）	吨	4681.1	-43.8	-0.9
58	瓦楞纸（高强）	吨	4795.2	-21.6	-0.4
59	注：上期为2021年11月上旬。　注：上期为2021年11月上旬。　注：上期为2021年11月上旬。　注：上期为2021年11月上旬。　注：上期为2021年11月上旬。				

```
stats[2]
```

	序号	监测产品	规格型号	说明
0	NaN	一、黑色金属	NaN	NaN
1	1.0	螺纹钢	Φ16-25mm,HRB400E	屈服强度≥400MPa
2	2.0	线材	Φ6.5mm,HPB300	屈服强度≥300MPa
3	3.0	普通中板	20mm,Q235	屈服强度≥235MPa
4	4.0	热轧普通薄板	3mm,Q235	屈服强度≥235MPa
5	5.0	无缝钢管	219*6,20#	20#钢材,屈服强度≥245MPa
6	6.0	角钢	5#	屈服强度≥235MPa
7	NaN	二、有色金属	NaN	NaN
8	7.0	电解铜	1#	铜与银质量分数≥99.95%
...	...			
50	44.0	花生	油料花生米	杂质≤1.0%,水分≤9.0%
51	NaN	八、农业生产资料	NaN	NaN
52	45.0	尿素	小颗料	总氮≥46%,水分≤1.0%
53	46.0	复合肥	硫酸钾复合肥	氮磷钾含量45%
54	47.0	农药(草甘膦)	95%原药	草甘膦质量分数≥95%
55	NaN	九、林产品	NaN	NaN
56	48.0	天然橡胶	标准胶SCRWF	杂质含量≤0.05%,灰分≤0.5%
57	49.0	纸浆	漂白化学浆	亮度≥80%,黏度≥600cm³/g
58	50.0	瓦楞纸	高强	80-160g/m2

　　上述自动爬取数据的流程仅适用于网页中的静态表格数据。如果是数据库或动态数据，在允许爬取数据的情况下，则需要更复杂的工具如 request、BeautifulSoup4（简称 BS4）、Scrapy 等配合使用。

　　首先搭建数据爬取环境：

```
import requests
from bs4 import BeautifulSoup
```

　　现想获取美国 USNews2022 年大学排名的相关数据。本书在百度上搜索 "us news 排名" 关键字，进入 USNews 官网下方的第一条中文网站，如图 1-5 所示。

图 1-5　需要爬取数据的某个网页

使用 request 读入网址所在网页，然后使用 BeautifulSoup4 进行解析：

```
url='https://www.com***.**/usnews'  #请读者自行对照百度搜索结果补全该网址
r=requests.get(url)      #读入 url 所表示的网页
r.encoding=('UTF-8')      #因原网页汉字采用 UTF-8 编码,设置对应的网页编码防止产生乱码
htmls=r.content          #提取网页内容
soup=BeautifulSoup(htmls, "lxml")   #使用 BS4 的 lxml 进行网页解析,构建一个 BS4 实例
对象
#BeautifulSoup4 默认使用系统的 html.parser 解析器来解析网页
##也可以像本例这样使用 lxml 或 html5lib 扩展库代替
soup
```

```
<!DOCTYPE html>
<html>
<head>
<meta charset="utf-8"/>
<meta content="IE=edge" http-equiv="X-UA-Compatible"/>
<title>2022 年 USNEWS 美国大学综合排名</title>
<meta content="USNEWS 世界排名、综合排名" name="keywords"/>
<meta content="《美国新闻与世界报道》(U.S.News &amp; World Report)1983 年开始对美
国大学及其院系进行排名,1985 年以后每年更新一次,该排名具有较高的知名度。此排行榜的依据主要
分为两个部分:一是各大学或学院自己提供的具体资料数据;二是来自校外教授或行政人员的"声誉"调
查。第一部分的数据包括 6 年内毕业率和 1 年后转学率、录取新生的要求、教学条件、用于每个学生的
支出、预计和实际学生毕业比例、校友捐赠;第二部分是大学同行评审调查,对象是校长、教务长、招生部
门主管等。该排行榜一直是美国学生、家长和中学教师最重要的一本升学参考读物,也是中国学生留美选校
的最主要指标。虽然一些大学对此排名有不同看法,但其影响力至今不减。" name="description"/>
……
<div class="rank-tr1">排名</div>
<div class="rank-tr2">学校名称</div>
<div class="rank-tr3">地理位置</div>
<div class="rank-tr4">专业数</div>
……
<div>
<div class="rank-cname">普林斯顿大学</div>
<div class="rank-ename">Princeton University</div>
</div>
</div>
<div class="rank-tr3">普林斯顿</div>
<div class="rank-tr5">2</div>
</div>
</a>
<a href="//www.com***.**/univ_83_12" target="_blank">
……
</div>
</footer>
```

```
</body>
</html>
```

　　本书截取了部分输出结果展示如上。实际上，这样直接将网页解析的内容呈现出来是不现实的，一是某些网页结构过于繁杂，让人眼花缭乱；二是输出内容太多，如本段程序的输出结果长达 200 页（A4 幅面），无意义的内容占据了绝大部分。

　　所以，可以事先根据网页内容和我们需要爬取的数据对目标网页进行有针对性的解析。如本例中，需要爬取的是 USNews2022 年的大学排名。可以在网页浏览器中将鼠标移至想要爬取的内容上（如本例将鼠标移至"普林斯顿大学"字样上），单击鼠标右键，选择"检查"，如图 1-6 所示：

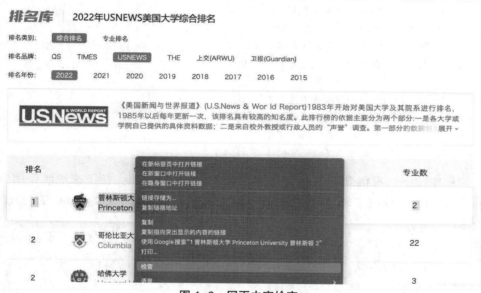

图 1-6　网页内容检查

然后在浏览器下方会弹出如图 1-7 所示的网页内容检查工具栏。

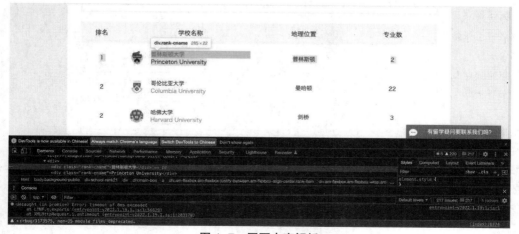

图 1-7　网页内容解析

图 1-7 中，本例选中的"普利斯顿大学"处，会自动出现其在网页中出现相应内容的标签，即 div.rank-cname。所以，可以据此判断我们将要爬取的"学校名称"数据应该都会存储在该标签下。

根据上述预解析的情况，使用 BS4 实例对象 soup 的 find_all 方法，将 html 的"div"标签下的"rank-cname"的"学校名称"这一列的数据爬取出来：

```
n=soup.find_all("div",attrs={'class':'rank-cname'})
n
```
```
[<div class="rank-cname">普林斯顿大学</div>,
 <div class="rank-cname">哥伦比亚大学</div>,
 <div class="rank-cname">哈佛大学</div>,
 <div class="rank-cname">麻省理工学院</div>,
 <div class="rank-cname">耶鲁大学</div>,
 <div class="rank-cname">斯坦福大学</div>,
 <div class="rank-cname">芝加哥大学</div>,
 ......
 <div class="rank-cname">威廉伍兹大学</div>,
 <div class="rank-cname">威尔明顿大学</div>,
 <div class="rank-cname">温盖特大学</div>,
 <div class="rank-cname">怀特州立大学</div>]
```

上述程序输出结果得到了进一步简化。按照上述操作逻辑，接下来继续使用 BS4 对象的 getText 方法，将其中每一个学校名称提取出来，存储在一个名为 name 的列表中以供后续使用：

```
name=[]
for i in soup.find_all("div",attrs={'class':'rank-cname'}):
    name.append(i.getText())
name
```
```
['普林斯顿大学',
 '哥伦比亚大学',
 '哈佛大学',
 '麻省理工学院',
 '耶鲁大学',
 '斯坦福大学',
 '芝加哥大学',
 ......
 '威廉伍兹大学',
 '威尔明顿大学',
 '温盖特大学',
 '怀特州立大学']
```

以此类推，可以爬取到该网页中的排名、学校英文名称、地理位置、热门专业数等具体信息：

```
rank=[]
for i in soup.find_all("div",attrs={'class':'rank-tr1'}):
    if i.getText().isdigit():
        rank.append(i.getText())
#请读者思考:为什么在爬取排名数据的过程中,需要设置上述条件语句?

ename=[]
for i in soup.find_all("div",attrs={'class':'rank-ename'}):
    ename.append(i.getText())

location=[]
for i in soup.find_all("div",attrs={'class':'rank-tr3'}):
    if i.getText()!='地理位置':
        location.append(i.getText())
#同样请读者思考:为什么在爬取地理位置数据的过程中,需要设置上述条件语句?

hot_majors=[]
for i in soup.find_all("div",attrs={'class':'rank-tr5'}):
    hot_majors.append(i.getText())
```

将上述爬取到数据的各个列表组合起来,用一个 DataFrame 存储起来,就得到了想要爬取的数据:

```
us_news_ranking={'排名':rank,'学校名称':name,'英文名称':ename,
                '地理位置':location,'热门专业数':hot_majors}
us_news_ranking=pd.DataFrame(us_news_ranking)
us_news_ranking
```

	排名	学校名称	英文名称	地理位置	热门专业数
0	1	普林斯顿大学	Princeton University	普林斯顿	2
1	2	哥伦比亚大学	Columbia University	曼哈顿	22
2	2	哈佛大学	Harvard University	剑桥	3
3	2	麻省理工学院	Massachusetts Institute of Technology	剑桥	2
4	5	耶鲁大学	Yale University	纽黑文	7
...	...	...	...	...	...
386	299	威廉凯里大学	William Carey University	N/A	-
387	299	威廉伍兹大学	William Woods University	N/A	-
388	299	威尔明顿大学	Wilmington University	N/A	-
389	299	温盖特大学	Wingate University	N/A	-
390	299	怀特州立大学	Wright State University	N/A	-

391 rows × 5 columns

1.4 日志数据

进行数据分析工作的另一重要数据来源是日志数据。随着信息技术的飞速发展,计算机成为人类生活中不可或缺的必然产物，计算机用户在处理事务的过程中会产生大量日志数据，日志数据也已成为当今大数据时代的重要数据类型。

日志数据就是计算机操作系统或某些应用软件在运行时，为了系统维护的便利性，将运行过程中产生的各种数据（如用户名、用户执行的程序名、日期、时间等）写入一个日志文件中（通常扩展名为*.log），以便有据可查。通过查看日志数据，可以具体了解到哪个用户、在什么时间、在哪台设备上或者什么应用系统中做了什么操作。

日志数据的来源主要有服务器、存储、网络设备、安全设备、操作系统、中间件、数据库、业务系统等。日志数据可以分为 IT 硬件设备状态日志和应用系统日志两大类。硬件设备状态日志包括服务器的 CPU 或内存使用状态，存储设备温度或磁盘容量等健康度的状态，网络设备流量或行为分析的状态等。应用系统日志包括 Windows、Linux、Unix、MacOS 等操作系统的日志数据，Oracle、DB2、SQL Server、Mysql 等数据库日志数据，Apache、Weblogic、Tomcat 等中间件日志数据，还有银行网银、财务等业务系统日志数据。本书作者的计算机的部分日志如图 1-8 所示。

图 1-8　一个系统日志数据

日志分析是数据分析企业级应用的最为典型的一种形式。通常涉及的日志数据量很大，往往需要架构诸如 Apache Spark、Elasticsearch 这样的框架进行日志大数据的处理、解析和分析。

Python 提供的 logging 模块是内置的标准模块，主要用于输出运行日志，可以设置输出日志的等级、日志保存路径、日志文件回滚等。logging 模块主要由四部分组成：Logger 记录器，提供应用程序代码能直接使用的接口；Handler 处理器，将记录器产生的日志记录发送至合适的目的地，或者说将 Logger 产生的日志传到指定位置；Filters 过滤器，对输出的日志进行过滤，它可以决定输出哪些日志记录；Formatter 格式化器，控制日志输出的格式，指明最终输出中日志记录的布局。该部分的具体内容请读者自行查阅相关文献资料。

第 2 章

数 据 类 型

数据是信息的载体，是分析和处理的"原材料"，同时也是大数据时代的核心所在。数据类型则是相同性质数据的集合，也是数据的组织形式与存储方式。数据类型就像是数据的模板一样，通过不同模板刻画出来的数据具有各自不同的具体属性或特征。一般情况下，数据主要有两大类型：能够用数字或统一的结构加以表示的结构化数据；无法用数字或统一的结构表示的非结构化数据。

2.1 结构化数据

结构化数据是指在一个记录文件里以固定格式存储的数据。一般情况下是指具有固定格式或有限长度的数据，如数据库数据、元数据等。结构化数据首先依赖于建立一个数据模型，即数据是怎样被存储、处理和登录的，包括数据格式以及其他限制等。

结构化数据也可以指使用关系型数据库表示和存储而表现为二维形式的数据，也称做行数据，主要是由二维表逻辑结构来表达和实现的数据，严格地遵循数据格式与长度规范，通过关系型数据库进行存储和管理。其主要特点是：数据以行为单位，一行数据表示一个实体的信息，每一行数据的属性是相同的。

2.1.1 基本数据类型

基本数据类型包括整型（int）、浮点型（float）、复数型（complex）、字符型（char 或 string）、布尔型（bool）等，是不可再进行细分的数据类型。例如：

```
a=100                   #整型
b=1000000000000         #整型
c='China'               #字符型
d=100.98                #浮点型
e=3+2j                  #复数型
f=3+2>1+1               #布尔型或逻辑型
```

基本数据类型是构成更加复杂的结构数据类型的基本元素。在 Python 中，所有的数据类型都继承于特定的类（class），可以使用 isinstance 函数来判断某一个实例对象是否来自某一个类，即判断某个对象是何种数据类型。例如：

```
isinstance(a,int)
True
```
```
isinstance(f,bool)
True
```
```
isinstance(-32.54e100,float)
True
```
```
isinstance(f,int)
True
```

从上述程序运行的结果可以发现，f 这个对象既是 bool 数据类型，也是 int 数据类型。这是因为 bool 是 int 的子类，而 isinstance()会认为子类是一种父类类型，所以在输出结果中会得到 f 同时为两种类型的结果。这种情形有些时候会给数据分析工作造成一定的影响，故可以使用 type()函数来判断一个对象是什么数据类型，例如：

```
type(f)
bool
```

由输出结果可以看出，type()不会认为子类是一种父类类型，f 就是 bool 数据类型。

2.1.2 二维表结构数据

二维表是数据分析工作中最为常见的一种数据表现形式，其实质是一种关系数据模型。关系数据模型的逻辑结构就是一张二维表，由行和列组成。

E. F. Codd（1970）提出的 Codd 模型经典而生动地展现了关系型数据库的本质特点，完善了数据组织和存取的概念，具体表达了关系型数据库模型，这也是如今在企业中所使用的数据组织的主要方法。

表 2-1 存放了某个学校所有学院的信息，有两列，分别为学院的编号或标识（School_ID）、学院名称（School），每一行数据中均有唯一标识符 School_ID，这个唯一标识符称为键（key），用来标识特定学院的记录，这个列称为主键（primary key）。

表 2-2 为该学校教师信息表。该表由三列组成，分别是教师工号（Faculty_ID）、教师姓名（Name）、教师所在学院的标识（School_ID），该表中唯一标识符是 Faculty_ID。

表 2-1　Codd 学院信息表

School_ID	School
10086	Economics
10088	Management
10001	Science
10038	Engineering
10123	Medicine

表 2-2　Codd 学院教师信息表

Faculty_ID	Name	School_ID
2349	Morgan Li	10088
1267	Steven Spielberg	10038
1368	Tom Hanx	10123

如果需要确定 Steven Spielberg 在哪个学院工作，首先要查看表 2-2 的 Codd 学院教师信息表，找到 Steven Spielberg 的记录，然后将该记录的 School_ID 值与表 2-1 的 Codd 学

院信息表关联，找出 School_ID 为 10038 的记录，关联到名为"Engineering"的学院。理论上，每个学院的记录可以关联教师信息表中的多个记录，即对于每一个学院，可能会有多名教师，这两个表之间具有一对多的联系。

Codd 模型十分通俗易懂地显示了关系数据库中可能包含什么样的数据，以及将一个表中的数据关联到另一个表需要进行怎样的处理。这种处理可能是今后读者从事数据分析工作最主要也是最常见的方式。Python 中 pandas 所提供的 DataFrame 等数据类型可以很好地处理此类数据。

2.2　集合数据类型

集合数据类型即由多个元素组成的一系列数据，元素之间可以用分隔符隔开，元素可以通过索引的方式访问得到。Python 中提供的序列（sequence）是最常见也是最主要的集合数据类型，常见的序列数据结构类型如下：

- 列表（list）：一维序列，变长，内容可进行修改，用"[ ]"标识。
- 元组（tuple）：一维序列，定长、不可变，内容不能修改，用"( )"标识。
- 集合（set）：由唯一元素组成的无序集，可看成是只有键没有值的字典。
- 字典（dict）：最重要的内置结构之一，大小可变的键值对集，其中键（key）和值（value）都是 Python 的对象，用"{ }"标识。

列表、元组、集合以及字典是使用 Python 进行数据分析的最基础的数据类型，绝大多数情形下的数据分析过程都离不开它们，而且它们都可以用推导式来生成，这是最具特色的 Python 语言特性之一。因此本节将重点介绍这些数据类型的详细内容，以便读者在后续章节更好地使用它们。表 2-3 所示的内置函数可以执行序列类型之间的转换。

表 2-3　序列类型可以转换的内置函数

函数	作用
tuple(s)	将序列 s 转换为一个元组
list(s)	将序列 s 转换为一个列表
dict(d)	创建一个字典。d 必须是一个序列（key,value）元组
set(s)	转换为可变集合
frozenset(s)	转换为不可变集合

2.2.1　列表

列表（list）是一种有序序列，各元素用逗号分隔，写"[ ]"中，也可用 list 函数来定义，可随时添加和删除其中的元素。

```
name=['David Nickson','Morgan Wang','John F. Kenedey','Jun Zhang']
name
['David Nickson', 'Morgan Wang', 'John F. Kenedey', 'Jun Zhang']
list('This is python!')
['T', 'h', 'i', 's', ' ', 'i', 's', ' ', 'p', 'y', 't', 'h', 'o', 'n', '!']
```

2.2.1.1 索引和切片

Python 中用索引运算符 "[ ]" 来访问列表中每一个位置的元素。但是要注意索引从左到右是从 0 开始的，从右到左是从−1 开始的。

```
name[1]
```
```
'Morgan Wang'
```
```
name[-1]
```
```
'Jun Zhang'
```

列表切片可以通过 "："隔开的两个索引来实现。如果提供两个索引作为边界，则第一个索引的元素包含在切片内，而第二个则不包含在切片内（即上界不包括在切片内）。

```
name[:]
```
```
['David Nickson', 'Morgan Wang', 'John F. Kenedey', 'Jun Zhang']
```
```
name[:2]
```
```
['David Nickson', 'Morgan Wang']
```
```
name[0:1]
```
```
['David Nickson']
```
```
name[0:]
```
```
['David Nickson', 'Morgan Wang', 'John F. Kenedey', 'Jun Zhang']
```

列表切片时除了可以指定索引位置的上下界，还可以通过第二个 "："来指定切片步长。

```
n=[1,2,3,4,5,6,7,8,9,10]
n[0:10:1]
```
```
[1, 2, 3, 4, 5, 6, 7, 8, 9, 10]
```
```
n[0:10:2]
```
```
[1, 3, 5, 7, 9]
```
```
n[::5]
```
```
[1, 6]
```
```
n[::-1]          #将列表元素倒序
```
```
[10, 9, 8, 7, 6, 5, 4, 3, 2, 1]
```

2.2.1.2 基本操作

1. 拼接与重复

列表可以进行 "+" 和 "*" 的基本操作，但务必注意这些符号不是运算。这里的 "+" 是指把不同的列表合并起来成为一个新的列表，新列表中的元素就是参与相加列表中所有的元素；而 "*" 是指重复列表元素的次数。

```
n1=[1,2,3]; n2=[4,5,6]
n1+n2
```
```
[1, 2, 3, 4, 5, 6]
```
```
n3=list('python')
n1+n3
```

```
[1, 2, 3, 'p', 'y', 't', 'h', 'o', 'n']
n1*2
```
```
[1, 2, 3, 1, 2, 3]
```

2. 成员资格

使用"in"成员运算符检查一个元素是否在列表中，即判断列表的成员资格。

```
"Morgan" in name
```
```
False
```
```
"morgan wang" in name
```
```
False
```
```
"Morgan Wang" in name
```
```
True
```

3. 删除与分片赋值

列表还可以删除元素与分片赋值。

```
del name[1:]
name
```
```
['David Nickson']
```
```
name[1:]=list('Christopher Nolan')
name
```
```
['David Nickson', 'C', 'h', 'r', 'i', 's', 't', 'o', 'p', 'h', 'e', 'r', ' ',
'N', 'o', 'l', 'a', 'n']
```

4. 引用传递与复制

此外，列表还可以通过"="来实现引用传递，使用空的索引运算符"[ ]"实现浅复制，例如：

```
a=[1,2,3]        #把列表[1,2,3]赋值给对象 a
b=a
a.append(4)      #append 是列表对象的一个方法，即在对象 a 引用的列表中增加一个元素
b
```
```
[1,2,3,4]
```
```
id(a),id(b),a is b
```
```
(4337238384, 4337238384, True)
```

从上述结果可以看出，对象 b 赋值为 a 后，便创建了 b 对 a 的一个引用，二者 id 是一样的。a 的值发生改变则 b 也会对应发生变化，这种情形也可以称为绑定。但是如果对 a 重新赋值，则绑定解除，例如：

```
a=[2,3,5]
b
```
```
[1,2,3,4]
```
```
a is b
```
```
False
```

由上面的内容可以看出，对象之间的赋值并不是复制。

复制是指复制对象与原始对象不是同一个对象，原始对象发生何种变化都不会影响复制对象的变化。对象之间进行复制，可以调用 copy 包来实现，但是应当区分浅复制和深复制，尤其是在对象中含有子对象（或元素的子元素）的情况下，如果使用的时候不注意二者区别，就可能产生意外的结果。例如，有容器对象 a：

```
a=[1,2,['str1','str2']]
```

对象 a 含有 3 个元素，分别是：1、2、['str1','str2']，其中最后一个元素含有两个子元素，分别是'str1'、'str2'。

浅复制是指复制了对象，对象的元素被复制，但对于对象中的子元素依然是引用。

```
from copy import copy
b=copy(a)
a is b
False
a.append(3)
b
[1, 2, ['str1', 'str2']]
a.append(3)                #对对象 a 的元素进行操作
b
[1, 2, ['str1', 'str2']]
a[2].append('str3')        #对对象 a 第 3 个元素的子元素进行操作
b
[1, 2, ['str1', 'str2', 'str3']]
```

深复制是指完全地复制一个对象的所有元素及其子元素。

```
from copy import deepcopy
a=[1,2,['str1','str2']]
b=deepcopy(a)
a is b
False
a.append(3)
b
[1, 2, ['str1', 'str2']]
a[2].append('str3')
b
[1, 2, ['str1', 'str2']]
```

2.2.1.3 内置函数

Python 基本库中内置了一些对列表进行操作的函数，可以进行列表比较、元素统计等基本操作，这些函数也可对其他类型的序列进行操作，如表 2-4 所示。

```
n1=[1,2,3]; n2=[4,5,6]; n3=[0,1,5];
country=['China','USA','UK','Japan','Germany','France']
```

```
continent=['Asia','America','Euro','Asia','Euro','Euro']
```

表 2-4　常用的内置列表函数

函数	作用	示例	结果
len()	计算列表元素个数	len(n1) len(name)	3 18
max()	返回列表中元素最大值	max(n3) max(name)	5 t
min()	返回列表中元素最小值	min(name) min(n3)	' ' 0
enumerate()	遍历序列中的元素以及它们的下标	for i,j in enumerate(country): 　　print(i,j)	0 China 1 USA 2 UK 3 Japan 4 Germany 5 France
sorted()	将序列返回为一个新的有序列表	sorted([2,1,0,5,8]) sorted([2,1,0,5,8],reverse=True)	[0, 1, 2, 5, 8] [8, 5, 2, 1, 0]
zip()	将多个序列中的元素"配对"，返回一个可迭代的 zip 对象（zip 可以接受任意数量的序列，最终得到的元组数量由最短的序列决定）	zip(country,continent,[1,2]) for i in z: 　　print(i)	('China', 'Asia', 1) ('USA', 'America', 2)
reversed()	按逆序迭代序列中的元素，返回一个迭代器	list(reversed(n1)) n1[::-1]	[3, 2, 1] [3, 2, 1]

2.2.1.4　列表方法

　　列表方式可以通过"列表对象.列表方法（参数）"的方式进行调用。列表的主要方法及其作用如表 2-5 所示。

表 2-5　常用列表方法

方法	作用	示例	结果
append	在列表末尾追加新元素，不返回值	n1.append(2);n1	[1, 2, 3, 2]
clear	清空列表，类似 del list[:]	n1.clear();n1	[]
copy	浅复制列表	n1=[1,2,3,2].copy();n1	[1, 2, 3, 2]
count	返回某元素在列表中出现次数	n1.count(2)	2
extend	在列表的末尾一次性追加另一个列表中的多个值，不返回值	n1.extend([2,100]);n1	[1, 2, 3, 2, 2, 100]
index	从列表中找出某个值第一个匹配项的索引位置，返回值	country.index('UK')	2
insert	将对象插入列表中，不返回值	country.insert(0,'Italy') country	['Italy', 'China', 'USA', 'UK', 'Japan', 'Germany', 'France']
pop	移除列表中的一个元素（默认最后一个），返回该元素的值	country.pop()	'France'

续表

方法	作用	示例	结果
remove	移除列表中某个值的第一个匹配项，不返回值	country.remove('Japan') country	['Italy', 'China', 'USA', 'UK', 'Germany']
reverse	将列表中的元素反向存放，该方法没有参数，不返回值	country.reverse() country	['Germany', 'UK', 'USA', 'China', 'Italy']
sort	原位置对列表进行排序，不返回值	country.sort() country	['China', 'Germany', 'Italy', 'UK', 'USA']

注意，在应用列表方法时，务必搞清楚该方法是否具有返回值。

2.2.2 元组

元组（tuple）与列表一样，也是一种序列。但元组是不可变即不能修改的，用","分隔，通常用"()"括起来：

```
(1,2,3)
(1, 2, 3)
1,2,3
(1, 2, 3)
```

元组切片同列表切片，除了可以用 tuple 函数创建元组和访问元组元素之外，没有太多其他操作。

```
t=tuple('This is Python!')
t1=t+([1,2],)
t1
('T', 'h', 'i', 's', ' ', 'i', 's', ' ', 'P', 'y', 't', 'h', 'o', 'n', '!',
[1, 2])
```

元组是不可变的，不能对其中的元素进行增、删、插、改等操作。

```
t1.append(3)
AttributeError                    Traceback(most recent call last)
<ipython-input-190-cc041bf565d9> in <module>()
----> 1 t1.append(3)
AttributeError: 'tuple' object has no attribute 'append'
```

元组对象中的可变元素（如列表）可进行更改。

```
t1[-1].append(3)
t1
('T', 'h', 'i', 's', ' ', 'i', 's', ' ', 'P', 'y', 't', 'h', 'o', 'n', '!',
[1, 2, 3])
```

当对元组型变量表达式进行赋值时，Python 就会尝试将"="右侧的值进行拆包复制给对应的对象，即元组拆包：

```
country=('China','USA','UK','Japan','Germany','France')
a1,a2,a3,a4,a5,a6=country
a3
```

```
'UK'
```

```
a1,a4
```

```
('China', 'Japan')
```

其实，序列也都可进行如此拆包。

与列表一样，元组也可以使用内置的 len、max、min 等函数。由于元组大小和内容不能修改，其实例方法很少，本书不予赘述。

2.2.3　字典

字典（dict）使用键-值（key-value）存储，具有极快的查找速度，也是大数据分析过程中最为常见的数据结构之一。字典使用"{}"将字典元素（即项，item）括起来，用"："分隔键和值，并用"，"分隔项来定义，字典的值可以通过键来引用：

```
d={'Name': 'Michael','Gender': 'Male','Age': 35,'Height': 68}
d['Name']
```

```
'Michael'
```

也可以使用 dict 函数根据序列来创建字典：

```
items=[('Name','Michael'),('Gender','Male'),('Age',35),('Height',68)]
dict(items)
```

```
{'Age': 35, 'Gender': 'Male', 'Height': 68, 'Name': 'Michael'}
```

注意：字典中的键是唯一的，值不一定是唯一的。

字典的基本操作在很多方面与序列类似，如：

- len(d)：返回 d 中项（键-值对）的数量；
- d[k]：返回关联到键 k 上的值；
- d[k]=v：将值 v 关联到键 k 上；
- del d[k]：删除键为 k 的项；
- k in d：检查 d 中是否含有键 k 的项。

```
len(d)
```

```
4
```

```
d[23]='Hello World!'
'''
字典的键必须是不可变类型,如数字、字符串或元组
即使键在字典中并不存在,也可以为它赋值,这样字典就会建立新的项
字典值可以无限制地取任何 Python 对象,既可以是标准的对象,也可以用户自定义对象
'''
d
```

```
{23: 'Hello World!',
 'Age': 35,
```

```
'Gender': 'Male',
'Height': 68,
'Name': 'Michael'}
23 in d
True
35 in d        #注意：成员资格查找的是键，而不是值
False
del d[23]
d
{'Age': 35, 'Gender': 'Male', 'Height': 68, 'Name': 'Michael'}
```

Python 提供了如表 2-6 所示的常用字典方法。

表 2-6　常用字典方法

方法	作用	示例	结果
clear	清除字典中所有的项，无返回值	dc={'Gender': 'Male', 'Age': 35} dc.clear() dc	{}
copy	返回一个具有相同键-值对的新字典（浅复制）	dc={'Gender': 'Male', 'Age': 35} dc_c=dc.copy() dc_c	{'Age': 35, 'Gender': 'Male'}
fromkeys	使用给定的键建立新的字典，每个键都对应一个默认的值 None	seq=('k1','k2') dc.fromkeys(seq,1) dc.fromkeys(seq)	{'k1': 1, 'k2': 1} {'k1': None, 'k2': None}
get	类似于 d[k] 引用字典的值，当访问一个不存在的键时，不会发生异常，而得到 None 值，而且可以自定义默认值	dc.get('Gender') dc.get('gender','Key NOT Found!')	'Male' 'Key NOT Found!'
items	将字典所有的项以列表方式返回，列表中的每一项都表示为键-值对的形式	dc.items()	[('Gender', 'Male'),('Age', 35)]
keys	将字典中的键以列表形式返回	dc.keys()	['Gender','Age']
pop	用来获得对应于给定键的值，然后将这个键-值对从字典中移除	dc.pop('Gender') dc	'Male' {'Age': 35}
popitem	类似于 list.pop，弹出随机的项	d.popitem()	('Gender', 'Male')
setdefault	类似于 get()，但如果键不存在于字典中，将会添加键并将值设为 default	dc={'Gender': 'Male', 'Age': 35} dc.setdefault('Height', None) dc	{'Age': 35, 'Gender': 'Male', 'Height': None}
update	利用一个字典项更新另外一个字典	d_up={'Weight':56,'Blood':'A'} dc.update(d_up) dc	{'Age': 35, 'Blood': 'A', 'Gender': 'Male', 'Height': None, 'Weight': 56}
values	返回字典中所有值的一个列表	dc.values()	dict_values(['Male', 35, None, 56, 'A'])

2.2.4　集合

集合（set）是由唯一元素组成的无序集，支持并（union）、交（intersection）、差（difference）和对称差集（sysmmetric difference，相当于布尔逻辑中的异或）等运算。集合包含两种类型：可变集合（set）和不可变集合（frozenset）。

集合是无序集，不记录元素位置，因此不支持索引、切片等类似序列的操作，只能遍历或使用 in、not in 来访问或判断集合元素。集合可以通过 set、frozenset 等函数来创建，也可用大括号"{ }"把元素括起来创建集合。

```
s1=set([1,2])
s2={3,4,3}
print(s1,s2)
{1, 2} {3, 4}
```

要注意集合中的元素不能重复。

```
set('Hello,world!')
{'!', ',', 'H', 'd', 'e', 'l', 'o', 'r', 'w'}
```

如需创建空集合，必须使用 set 或 frozenset 函数来创建。

```
sk=set()
type(sk)
set
sk={}
type(sk)
dict
```

Python 提供了如表 2-7 所示的常用集合方法。

表 2-7　常用集合方法

方法	符号	作用	示例	结果
add		将元素添加到集合	s2.add(5);s2 s1.add(1);s1	{3, 4, 5} {1, 2}
clear		删除集合中所有元素	s3={'a','b',1,2} s3.clear();s3	set()
copy		返回集合的一个浅复制	s3=s1.copy() s3	{1, 2}
difference	−	差，即 A 集合中不属于 B 集合的元素	s4={1,3,2,8} s4-s1 s4	{3, 8} {1, 2, 3, 8}
difference_update	−=	差更新，用 A 集合中不属于 B 集合的元素更新 A 集合（即在 A 集合中删除在 B 集合中存在的元素），不返回值	s4.difference_update(s1) s4	{3, 8}
discard		同 remove，但不报错	s2.discard(6);s2 s2.discard(9)	{3, 4, 5} 无返回无提示

续表

方法	符号	作用	示例	结果
intersection	&	交，即 A 集合和 B 集合都有的元素	s1&s2 s1&{1,3,2,8}	set() {1, 2}
intersection_update	&=	交更新，即用 A 集合和 B 集合都有的元素来更新 A 集合，不返回值	s1.intersection_update({1,3,2,8}) s1	{1, 2}
isdisjoint		如果两个集合没有公共元素，是则返回 True，否则返回 False	s1.isdisjoint(s2) s1.isdisjoint({1,3,2})	True False
issubset	<=	判断子集，是则返回 True，否则返回 False	{1}.issubset(s1) {1}<=s1 {1}.issubset(s2)	True True False
issuperset	>=	判断超集，是则返回 True，否则返回 False	s1.issuperset({1}) s2.issuperset({1}) s2>={1}	True False False
pop		删除集合中任意一个元素，并返回其值	s2.pop() s2	3 {4, 5}
remove		从集合中删除元素，若不存在被删除的元素，则报错	s2.remove(7);s2 s2.remove(9)	{3, 4, 5, 6} KeyError
symmetric_difference	^	对称差集，即 A 集合或 B 集合中不同时属于 A 集合和 B 集合的元素	s1^s2	{1, 2, 4, 5}
symmetric_difference_update	^=	对称差集更新，即用 A 集合或 B 集合中不同时属于 A 集合和 B 集合的元素更新 A 集合，不返回值	s1^=s2 s1	{1, 2, 4, 5}
union	|	并，即 A 集合和 B 集合全部的唯一元素	s1.union(s2) s1|s2	{1, 2, 4, 5} {1, 2, 4, 5}
update	|=	用另一个集合更新集合	s2.update({6,7});s2	{3, 4, 5, 6, 7}

注意，对改变集合本身的方法只适用于可变集合。

2.2.5 推导式

推导式（comprehensions）是一种将 for 循环、if 表达式以及赋值语句放到单一语句中产生序列的一种方法。主要有列表推导式、集合推导式、字典推导式等。

列表推导式只需一条表达式就能非常简洁地构造一个新列表，其基本形式如下：

```
[expression for value in collection if condition]
```

其主要目的是根据一定条件生成列表。

```
string=['china','japan','USA','uk','France','Germany']
upper_string=[x.upper()for x in string if len(x)>2]
upper_string
```

```
['CHINA', 'JAPAN', 'USA', 'FRANCE', 'GERMANY']
```

本例实现的目的是从 string 列表中找出长度大于 2 的字符并将其转换为大写。

嵌套列表推导式可以编写任意多层的推导式嵌套：

```
names=[['Abby','Angelia','Tammy','Barbara','Beata','Andrew','Carina',
        'Stacy','Kelvin'],['Hannah','Ishara','Heidi','Tiffany','Jessica',
        'Joanna','Rebecca']]
morethan2e=[n1 for n2 in names for n1 in n2 if n1.count('a')>=2]
morethan2e
```
```
['Barbara', 'Beata', 'Carina', 'Hannah', 'Ishara', 'Joanna']
```

本例中，names 列表分别存储了男名和女名，嵌套列表推导式将带有两个以上 "a" 字母的名字放入一个新的列表中。

集合推导式跟列表推导式的唯一区别就是它用的是花括号：

```
string=['China','Japan','USA','UK','France','Germany']
string_len={len(x)for x in string}
string_len
```
```
{2, 3, 5, 6, 7}
```

本例统计出 string 列表元素的各种长度（要注意'China'和'Japan'长度同为 5，集合取唯一值，故结果只有一个 5）。

字典推导式是列表推导式的自然衍生，其生成的是字典，基本形式如下：

```
{key_expression: value_expression for value in collection if condition}
```

例如：为字符串创建一个指向其列表位置的映射：

```
mapping={val:index for index,val in enumerate(string)}
mapping
```
```
{'China': 0, 'France': 4, 'Germany': 5, 'Japan': 1, 'UK': 3, 'USA': 2}
```

也可以按以下方式构造上述映射：

```
mapping=dict((val,index)for index,val in enumerate(string))
mapping
```
```
{'China': 0, 'France': 4, 'Germany': 5, 'Japan': 1, 'UK': 3, 'USA': 2}
```

2.3　其他常见的结构化数据

在实际基于 Python 的数据分析工作中，只有上面介绍过的基本数据类型和集合数据类型是远远满足不了分析需求的。例如 2.2 节介绍过的集合数据类型，它们往往都不具备所谓的元素级别的运算功能，在数据分析过程中会显得效率尤为低下。对列表中的每个元素都乘以 2：

```
list_data=[1,2,3,4,5]
for i in range(len(list_data)):
```

```
    list_data[i]*=2
list_data
#本例也可以使用 list(map(lambda x:x*2,list_data))来实现
```
```
[2, 4, 6, 8, 10]
```

注意，列表运算不同于数值运算，对列表的操作也不是元素级别的。如果对上述列表直接采用 2*list_data 的形式，只能得到[1, 2, 3, 4, 5, 1, 2, 3, 4, 5]，即把列表元素重复 2 次的结果。所以，要对列表元素进行操作，需要使用可以遍历列表的方法，如上段程序中的 for 循环，将列表中每个元素都访问到，对当前访问到的元素实施乘以 2 的方法，才能得到最终的计算结果。其他序列如元组、字典等也是如此。

所以，还需要基于这些基本数据类型而派生的其他数据类型，以提高数据分析的效率。值得指出的是，本节所介绍的这些常见的结构化数据类型，主要是指其数据存储形式可以认为是结构化的，但是其具体存储内容可以是非结构数据的内容（如 2.3.4 节将要介绍的 DataFrame 实例对象的列中可以存储诸如文本等内容）。

2.3.1 数组

ndarray 简称 array，即数组，是 Python 数据处理工具库 numpy 中最重要的一种数据类型，也是数据分析过程中尤为重要且使用非常频繁的数据类型。ndarray 的实例对象可以自动实现元素级别的操作，如：

```
numpy_data=np.array([1,2,3,4,5])
2*numpy_data
```
```
array([ 2, 4, 6, 8, 10])
```

这种特性在数据分析过程中会极大地提升运算效率。例如使用 Python 基本库定义一个函数 python_multi，用 numpy 定义一个功能相同的函数 numpy_multi，以实现各自数据类型中的元素求指定乘方并相乘：

```
def python_multi(n):
    a=list(range(n))
    b=list(range(n))
    c=[]
    for i in range(len(a)):
        a[i]=i**2
        b[i]=i**3
        c.append(a[i]*b[i])
    return c

def numpy_multi(n):
    c=np.arange(n)**2*np.arange(n)**3
    return c
```

分别使用相同的参数调用 python_multi 和 numpy_multi 函数，并且使用魔术命令%timeit 对它们的运行时间进行测算：

```
%timeit python_multi(10000)
%timeit numpy_multi(10000)
7.07 ms ± 84.6 μs per loop(mean ± std. dev. of 7 runs, 100 loops each)
42.8 μs ± 198 ns per loop(mean ± std. dev. of 7 runs, 10000 loops each)
```

由上述运行时间的结果可以看出，在运行命令所用的电脑上，使用 ndarray 数据类型要比使用列表数据类型快约 165 倍。

2.3.1.1　创建 ndarray 数组

numpy 中用于创建 ndarray 数组的函数非常多，常用的有：array、asarray、arange、linspace、logspace、ones、ones_like、zeros、zeros_like、empty、empty_like、eye、identity、frombuffer、fromstring、fromfile、fromfunction 等。numpy 提供的 random 模块也可以创建随机元素构成的数组。

ndarray 数组由实际数据和描述这些数据的元数据组成，如：

```
a=np.array([np.arange(3),np.arange(3)])
print(a)
print(a.shape)  #shape 属性表示数组的形状
print(a.ndim)   #ndim 属性表示数组的维数
[[0 1 2]
 [0 1 2]]
(2, 3)
2
```

再如，创建一个单位矩阵：

```
np.identity(9).astype(np.int8)
array([[1, 0, 0, 0, 0, 0, 0, 0, 0],
       [0, 1, 0, 0, 0, 0, 0, 0, 0],
       [0, 0, 1, 0, 0, 0, 0, 0, 0],
       [0, 0, 0, 1, 0, 0, 0, 0, 0],
       [0, 0, 0, 0, 1, 0, 0, 0, 0],
       [0, 0, 0, 0, 0, 1, 0, 0, 0],
       [0, 0, 0, 0, 0, 0, 1, 0, 0],
       [0, 0, 0, 0, 0, 0, 0, 1, 0],
       [0, 0, 0, 0, 0, 0, 0, 0, 1]], dtype=int8)
```

本段程序使用了 ndarray 的 astype 方法来指定数组元素的数据类型，在创建数组的时候，也可以直接指定 dtype 的参数来指定数据类型。

数组除了可由列表、元组等序列构造之外，也可通过 tolist 方法转换为列表：

```
a.tolist()
[[0, 1, 2], [0, 1, 2]]
type(a.tolist())
list
```

2.3.1.2 ndarray 数据类型

numpy 支持的数据类型见表 2-8。

表 2-8 numpy 支持的数据类型及其符号表示

数据类型	描述	符号表示
bool_	布尔	?
intc	由平台决定精度的整数	i
int8	8 位整数，即-128~127 的整数	
int16	16 位整数，即-32768~32767 的整数	
int32	32 位整数，即-2^31~2^31-1 的整数	
int64	64 位整数，即-2^63~2^63-1 的整数	
uint8	0~255 无符号整数	u
uint16	0~65535 无符号整数	
uint32	0~2^32-1 无符号整数	
uint64	0~2^64-1 无符号整数	
float16	5 位指数 10 位尾数的半精度浮点数	f
float32	8 位指数 23 位尾数的单精度浮点数	
float64 或 float	11 位指数 52 位尾数的双精度浮点数	
complex64	分别用 32 位浮点数表示实虚部的复数	c
complex128 或 complex	分别用 64 位浮点数表示实虚部的复数	
str_	字符型	U
object_	Python 对象	O
datetime64	使用本地时区的一种具有纳秒精度的时序数据格式	M
timedelta64	时间差（时间间隔）	m
void	原始数据	V
bytes_	字节码数据类型	S

上述每种类型名称均为对应的类型转换函数，可以对数组使用 astype 方法显示的转换数组的数据类型。也可以使用 "np.数据类型()" 的方式直接获得对应类型的数据对象：

```
np.datetime64(1522987504,'s')
numpy.datetime64('2018-04-06T04:05:04')
np.datetime64('2022-02-07T08:30:45.67')-np.datetime64('2022-02-05T16:35:40.123')
numpy.timedelta64(143705547,'ms')
```

完整的 ndarry 数据类型可以用如下代码查看：

```
print(set(np.typeDict.values()))
{<class 'numpy.complex64'>, <class 'numpy.float32'>, <class 'numpy.object_'>,
<class 'numpy.uint16'>, <class 'numpy.int16'>, <class 'numpy.complex128'>,
```

```
<class 'numpy.float64'>, <class 'numpy.uint32'>, <class 'numpy.int32'>,
<class 'numpy.bytes_'>, <class 'numpy.complex256'>, <class 'numpy.float128'>,
<class 'numpy.uint64'>, <class 'numpy.int64'>, <class 'numpy.str_'>, <class
'numpy.datetime64'>, <class 'numpy.ulonglong'>, <class 'numpy.longlong'>,
<class 'numpy.void'>, <class 'numpy.bool_'>, <class 'numpy.timedelta64'>,
<class 'numpy.float16'>, <class 'numpy.uint8'>, <class 'numpy.int8'>}
```

2.3.1.3　结构数组

　　数组数据的类型可以由用户自定义。自定义数据类型是一种异质结构数据类型，通常用来记录一行数据或一系列数据，即结构数组。结构数组与我们平时进行数据分析的数据形式非常类似。

　　例如需要创建一个购物清单，包含的字段主要有：商品名称、购买地点、价格、数量，可以事先使用 dtype 函数自定义这些字段的类型：

```
goodslist=np.dtype([('name',np.str_,50),('location',np.str_,30),
                    ('price',np.float16),('volume',np.int32)])
goodslist
dtype([('name',   '<U50'),('location',   '<U30'),('price',   '<f2'),('volume',
'<i4')])
```

　　定义好数据类型之后，便可以构造结构数组：

```
goods=np.array([('Gree Airconditioner','JD.com',6245,1),
                ('Sony Blueray Player','Amazon.com',3210,2),
                ('Apple Macbook Pro 13','Tmall.com',12388,5),
                ('iPhoneSE','JD.com',4588,2)],dtype=goodslist)
goods
array([('Gree Airconditioner', 'JD.com',  6244., 1),
    ('Sony Blueray Player', 'Amazon.com',  3210., 2),
    ('Apple Macbook Pro 13', 'Tmall.com', 12380., 5),
    ('iPhoneSE', 'JD.com',  4588., 2)],
    dtype=[('name', '<U50'),('location', '<U30'),('price', '<f2'),('volume',
'<i4')])
```

　　还可以使用描述结构类型的各个字段的字典来定义结构数组。该字典有两个键：names 和 formats。每个键对应的值都是一个列表。其中，names 定义结构中每个字段的名称，而 formats 则定义每个字段的类型：

```
goodsdict=np.dtype({'names':['name','location','price','volume'],
                    'formats':['S50','S30','f','i']})
goods_new=np.array([('Gree Airconditioner','JD.com',6245,1),
                    ('Sony Blueray Player','Amazon.com',3210,2),
                    ('Apple Macbook Pro 13','Tmall.com',12388,5),
                    ('iPhoneSE','JD.com',4588,2)],dtype=goodsdict)
goods_new
```

```
array([(b'Gree Airconditioner', b'JD.com',  6245., 1),
    (b'Sony Blueray Player', b'Amazon.com',  3210., 2),
    (b'Apple Macbook Pro 13', b'Tmall.com', 12388., 5),
    (b'iPhoneSE', b'JD.com',  4588., 2)],
    dtype=[('name', 'S50'),('location', 'S30'),('price', '<f4'),('volume',
'<i4')])
```

结构数组可以直接使用字段名进行索引和切片。

在实际数据分析过程中，结构数组往往可以通过读入现有数据文件的方式得到。numpy 中的文件读写通常通过 savetxt、loadtxt 等 I/O 函数来实现。例如，某公司的历史股票价格数据存储在一个名为“JD.csv”文本文档中，如图 2-1 所示。

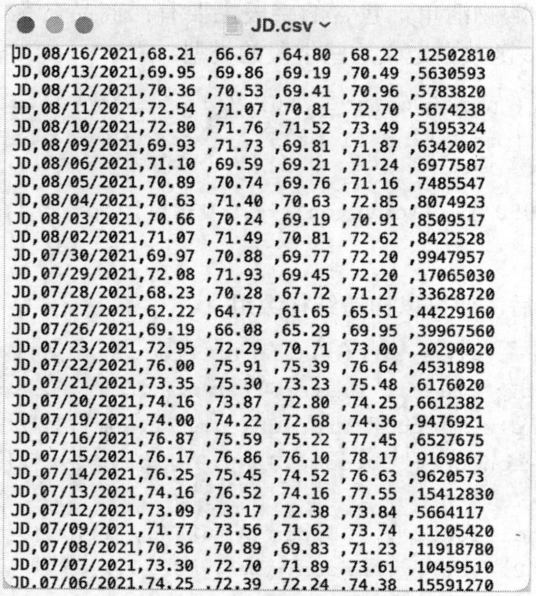
JD.csv

```
JD,08/16/2021,68.21 ,66.67 ,64.80 ,68.22 ,12502810
JD,08/13/2021,69.95 ,69.86 ,69.19 ,70.49 ,5630593
JD,08/12/2021,70.36 ,70.53 ,69.41 ,70.96 ,5783820
JD,08/11/2021,72.54 ,71.07 ,70.81 ,72.70 ,5674238
JD,08/10/2021,72.80 ,71.76 ,71.52 ,73.49 ,5195324
JD,08/09/2021,69.93 ,71.73 ,69.81 ,71.87 ,6342002
JD,08/06/2021,71.10 ,69.59 ,69.21 ,71.24 ,6977587
JD,08/05/2021,70.89 ,70.74 ,69.76 ,71.16 ,7485547
JD,08/04/2021,70.63 ,71.40 ,70.63 ,72.85 ,8074923
JD,08/03/2021,70.66 ,70.24 ,69.19 ,70.91 ,8509517
JD,08/02/2021,71.07 ,71.49 ,70.81 ,72.62 ,8422528
JD,07/30/2021,69.97 ,70.88 ,69.77 ,72.20 ,9947957
JD,07/29/2021,72.08 ,71.93 ,69.45 ,72.20 ,17065030
JD,07/28/2021,68.23 ,70.28 ,67.72 ,71.27 ,33628720
JD,07/27/2021,62.22 ,64.77 ,61.65 ,65.51 ,44229160
JD,07/26/2021,69.19 ,66.08 ,65.29 ,69.95 ,39967560
JD,07/23/2021,72.95 ,72.29 ,70.71 ,73.00 ,20290020
JD,07/22/2021,76.00 ,75.91 ,75.39 ,76.64 ,4531898
JD,07/21/2021,73.35 ,75.30 ,73.23 ,75.48 ,6176020
JD,07/20/2021,74.16 ,73.87 ,72.80 ,74.25 ,6612382
JD,07/19/2021,74.00 ,74.22 ,72.68 ,74.36 ,9476921
JD,07/16/2021,76.87 ,75.59 ,75.22 ,77.45 ,6527675
JD,07/15/2021,76.17 ,76.86 ,76.10 ,78.17 ,9169867
JD,07/14/2021,76.25 ,75.45 ,74.52 ,76.63 ,9620573
JD,07/13/2021,74.16 ,76.52 ,74.16 ,77.55 ,15412830
JD,07/12/2021,73.09 ,73.17 ,72.38 ,73.84 ,5664117
JD,07/09/2021,71.77 ,73.56 ,71.62 ,73.74 ,11205420
JD,07/08/2021,70.36 ,70.89 ,69.83 ,71.23 ,11918780
JD,07/07/2021,73.30 ,72.70 ,71.89 ,73.61 ,10459510
JD,07/06/2021,74.25 ,72.39 ,72.24 ,74.38 ,15591270
```

图 2-1 某公司股票价格数据

将其读入 numpy 中作为一个数组对象：

```
stock=np.dtype([('name',np.str_,4),('time',np.str_,10),
            ('opening_price',np.float64),('closing_price',np.float64),
            ('lowest_price',np.float64),('highest_price',np.float64),
            ('volume',np.int32)])
jd_stock=np.loadtxt('JD.csv',delimiter=',',dtype=stock)
jd_stock
```

```
array([('JD', '08/16/2021', 68.21, 66.67, 64.8 , 68.22, 12502810),
    ('JD', '08/13/2021', 69.95, 69.86, 69.19, 70.49,  5630593),
    ('JD', '08/12/2021', 70.36, 70.53, 69.41, 70.96,  5783820),
                                        ...,
    ('JD', '08/19/2016', 26.15, 25.91, 25.7 , 26.2 , 20549000),
    ('JD', '08/18/2016', 25.34, 25.4 , 25.12, 25.52, 10071250),
```

```
    ('JD', '08/17/2016', 24.9 , 25.39, 24.8 , 25.44, 12083340)],
      dtype=[('name', '<U4'),('time', '<U10'),('opening_price', '<f8'),('closing_
price', '<f8'),('lowest_price', '<f8'),('highest_price', '<f8'),('volume',
'<i4')])
```

2.3.1.4　索引与切片

同 Python 基础库中的序列一样，数组的索引与切片也同样用中括号"[ ]"选定下标来实现。同时，也可采用"："分隔起止位置与间隔，用"，"表示不同维度，用"…"表示遍历剩下的维度：

```
a=np.arange(1,20,2)
a
array([ 1,  3,  5,  7,  9, 11, 13, 15, 17, 19])
print(a[3])
print(a[1:4])
print(a[:2])
print(a[-2])
print(a[::-1])
7
[3 5 7]
[1 3]
17
[19 17 15 13 11  9  7  5  3  1]
```

多维数组的索引与切片也类似，例如，有如下多维数组：

```
b=np.arange(24).reshape(2,3,4)
b
array([[[ 0,  1,  2,  3],
        [ 4,  5,  6,  7],
        [ 8,  9, 10, 11]],

       [[12, 13, 14, 15],
        [16, 17, 18, 19],
        [20, 21, 22, 23]]])
b.shape
(2, 3, 4)
```

在上述数组中找出 18 这个数字：

```
b[1,1,2]
18
```

选取第 0 层第 3 行的数据：

```
b[0,2,:]
array([ 8,  9, 10, 11])
```

```
b[0,2]
array([ 8,  9, 10, 11])
```

选取第 0 层的所有数据：

```
b[0,...]     #多个冒号可以用"..."来代替
array([[ 0,  1,  2,  3],
       [ 4,  5,  6,  7],
       [ 8,  9, 10, 11]])
```
```
b[0]
array([[ 0,  1,  2,  3],
       [ 4,  5,  6,  7],
       [ 8,  9, 10, 11]])
```

选取各层第 2 行的数据：

```
b[:,1]
array([[ 4,  5,  6,  7],
       [16, 17, 18, 19]])
```

选取各层第 2 列的数据：

```
b[:,:,1]
array([[ 1,  5,  9],
       [13, 17, 21]])
```
```
b[...,1]
array([[ 1,  5,  9],
       [13, 17, 21]])
```

间隔选取元素，如在第 0 层中每隔 1 行选取该行倒数第 2 个数：

```
b[0,::2,-2]
array([ 2, 10])
```

对于结构数组的索引，可以通过直接引用其字段名来实现。例如对上一小节定义的 goods 数组进行索引：

```
goods['name']
array(['Gree Airconditioner', 'Sony Blueray Player',
       'Apple Macbook Pro 13', 'iPhoneSE'], dtype='<U50')
```
```
goods[3]
('iPhoneSE', 'JD.com', 4588., 2)
```
```
goods[3]['name']
'iPhoneSE'
```
```
sum(goods['volume'])
10
```

ndarray 可以进行逻辑索引。逻辑索引亦即布尔型索引、条件索引，可以通过指定布尔型数组或者条件进行索引：

```
b[b>=15]
array([15, 16, 17, 18, 19, 20, 21, 22, 23])
b[~(b>=15)]
array([ 0,  1,  2,  3,  4,  5,  6,  7,  8,  9, 10, 11, 12, 13, 14])
b[(b>=5)&(b<=15)]      #注意：逻辑运算符 and、or 在布尔型数组中无效
array([ 5,  6,  7,  8,  9, 10, 11, 12, 13, 14, 15])
```

创建一个布尔型数组，将其用于对数组 b 的布尔型索引：

```
b_bool1=np.array([False,True],dtype=bool)
b[b_bool1]
array([[[12, 13, 14, 15],
        [16, 17, 18, 19],
        [20, 21, 22, 23]]])
b_bool2=np.array([False,True,True],dtype=bool)
b_bool3=np.array([False,True,True,False],dtype=bool)
b[b_bool1,b_bool2]
array([[16, 17, 18, 19],
       [20, 21, 22, 23]])
b[b_bool1,b_bool2,b_bool3]
array([17, 22])
```

ndarray 还可以进行花式索引（fancy indexing），即利用整数数组进行索引，可使用指定顺序对数组提取子集。例如对之前构造的数组对象 b，提取第 0 层第 1 行第 2 列、第 0 层第 2 行第 3 列的数据子集：

```
b[[0],[1,2],[2,3]]      # 与 b[([0],[1,2],[2,3])]等价
array([ 6, 11])
```

ix_ 函数可以将若干一维整数数组转换为一个用于选取矩形区域的索引器：

```
b[np.ix_([1,0],[2,1],[0,3,2])]
array([[[20, 23, 22],
        [16, 19, 18]],

       [[ 8, 11, 10],
        [ 4,  7,  6]]])
```

数组切片是原始数组的视图（view），它与原始数组共享同一块数据存储空间，即数据不会被复制，视图上的任何修改都会直接反映到原始数组。如果需要数组切片是一个副本而不是视图，可以用 copy 方法进行浅复制：

```
b_slice=b[0,1,1:3]
b_copy=b[0,1,1:3].copy()
b_slice
array([5, 6])
b_copy
```

```
array([5, 6])
```

将数组元素重新赋值：

```
b_slice[1]=666
b_slice
```

```
array([  5, 666])
```

```
b
```

```
array([[[  0,   1,   2,   3],
        [  4,   5, 666,   7],
        [  8,   9,  10,  11]],

       [[ 12,  13,  14,  15],
        [ 16,  17,  18,  19],
        [ 20,  21,  22,  23]]])
```

可以看出，原始数组中的元素也发生了变化。

```
b_copy[1]=999
b_copy
```

```
array([  5, 999])
```

```
b
```

```
array([[[  0,   1,   2,   3],
        [  4,   5, 666,   7],
        [  8,   9,  10,  11]],

       [[ 12,  13,  14,  15],
        [ 16,  17,  18,  19],
        [ 20,  21,  22,  23]]])
```

可以看出，对复制的切片进行重新赋值时，原始数组中的元素没有发生变化。

2.3.1.5 数组属性

可以从诸多方面刻画数组的属性，如数组维度、大小、数据类型等。例如，有如下数组：

```
ac=np.arange(12)
ac.shape=(2,2,3)
ac
```

```
array([[[ 0,  1,  2],
        [ 3,  4,  5]],

       [[ 6,  7,  8],
        [ 9, 10, 11]]])
```

本书只对数据分析中常用的数组属性进行介绍，如表 2-9 所示。

表 2-9 常用的数组属性

属性	含义	示例	结果
shape	返回数组的形状，如行、列、层等	ac.shape	(2, 2, 3)
dtype	返回数组中各元素的类型	ac.dtype goods.dtype	dtype('int64') dtype([('name', '<U50'),('location', '<U30'),('price', '<f2'),('volume', '<i4')])
ndim	返回数组的维数或数组轴的个数（有多少对[]就有多少维数）	ac.ndim	3
size	返回数组元素的总个数	ac.size	12
itemsize	返回数组中的元素在内存中所占的字节数	ac.itemsize	8
nbyte	返回数组所占的存储空间，即 itemsize 与 size 的乘积	ac.nbytes	96
T	返回数组的转置数组	print(ac.T) np.array([0,1,2,3]).T	[[[0 6] [3 9]] [[1 7] [4 10]] [[2 8] [5 11]]] array([0,1,2,3])

flat	返回一个 numpy.flatiter 对象，即展平迭代器。可以像遍历一维数组一样遍历任意多维数组，也可从迭代器中获取指定数组元素
	flat 属性是一个可赋值的属性
		acf=ac.flat;acf
		
		for i in acf:
		    print(i,end=' ')
		
		acf[5:]
		
		acf[[1,3,11]]=100
		print(ac)
			<numpy.flatiter at 0x10114da00>
			
			0 1 2 3 4 5 6 7 8 9 10 11
			array([5,6,7,8,9,10,11])
			
			[[[0 100 2]
			  [100 4 5]]
			
			 [[6 7 8]
			  [9 10 100]]]

2.3.1.6 基本操作

1. 排序

numpy 提供了 sort、lexsort、argsort、msort、sort_complex 等函数来实现对数组元素的排序。除此之外，ndarray 对象的 sort 方法可对数组进行原地排序。在上述函数中，argsort 和 sort 可以用来对 numpy 数组类型进行排序。

```
s=np.array([1,2,4,3,1,2,2,4,6,7,2,4,8,4,5])
np.sort(s)
array([1, 1, 2, 2, 2, 2, 3, 4, 4, 4, 4, 5, 6, 7, 8])
np.argsort(s)
array([ 0,  4,  1,  5,  6, 10,  3,  2,  7, 11, 13, 14,  8,  9, 12])
s[np.argsort(-s)]          #对 s 进行降序排列
```

```
array([8, 7, 6, 5, 4, 4, 4, 4, 3, 2, 2, 2, 2, 1, 1])
s.sort()                    #sort 方法是就地排序
print(s,end=' ')
[1 1 2 2 2 2 3 4 4 4 4 5 6 7 8]
```

要注意，sort 方法排序后会改变原数组元素的位置即原地排序。

在多维数组中，可以指定按照数组的轴进行排序：

```
s_r=np.array([3,23,52,34,52,3,6,645,34,7,85,23]).reshape(6,2)
s_r
array([[  3,  23],
       [ 52,  34],
       [ 52,   3],
       [  6, 645],
       [ 34,   7],
       [ 85,  23]])
```

```
s_r.sort(axis=1)    #对每一行按照指定方式排序
s_r
array([[  3,  23],
       [ 34,  52],
       [  3,  52],
       [  6, 645],
       [  7,  34],
       [ 23,  85]])
```

```
s_r.sort(axis=0)    #对每一列按照指定方式排序
s_r
array([[  3,  23],
       [  3,  34],
       [  6,  52],
       [  7,  52],
       [ 23,  85],
       [ 34, 645]])
```

使用 lexsort 函数可以指定排序的顺序，如：

```
a=[1,5,1,4,3,4,4]
b=[9,4,0,4,0,2,1]
ind=np.lexsort((b,a))    #先按 a 排序,再按 b 排序
[(a[i],b[i])for i in ind]
[(1, 0),(1, 9),(3, 0),(4, 1),(4, 2),(4, 4),(5, 4)]
```

2. 维度变换

数组的维度可以进行变换，如行列互换、降维等。numpy 中可以使用 reshape 函数改变数组的维数，使用 ravel 函数、flatten 函数等把数组展平为一维数组。

展平即把多维数组降维成一维数组。例如，有如下 3 维数组：

```
b=np.arange(24).reshape(2,3,4)
b
array([[[ 0,  1,  2,  3],
        [ 4,  5,  6,  7],
        [ 8,  9, 10, 11]],

       [[12, 13, 14, 15],
        [16, 17, 18, 19],
        [20, 21, 22, 23]]])
b.ndim
3
```

现将数组 b 展平为一维数组：

```
br=np.ravel(b)
br
array([ 0,  1,  2,  3,  4,  5,  6,  7,  8,  9, 10, 11, 12, 13, 14, 15, 16,
       17, 18, 19, 20, 21, 22, 23])
br.ndim
1
```

使用 reshape 函数也可通过设置参数将数组转成貌似一维数组的样子，但是要注意，其转换结果的维度与展平结果的维度不同：

```
brsh=b.reshape(1,1,24)
brsh
array([[[ 0,  1,  2,  3,  4,  5,  6,  7,  8,  9, 10, 11, 12, 13, 14, 15,
         16, 17, 18, 19, 20, 21, 22, 23]]])
brsh.ndim
3
```

ndarray 对象的 flatten 方法与 ravel 函数功能相同：

```
b.flatten()
array([ 0,  1,  2,  3,  4,  5,  6,  7,  8,  9, 10, 11, 12, 13, 14, 15, 16,
       17, 18, 19, 20, 21, 22, 23])
```

但是执行 flatten 函数后，会分配内存保存结果；ravel 函数只是返回数组的一个视图。

数组的 reshape 方法和 resize 方法均可改变数组的维度和数组尺寸，例如：

```
bd=b.reshape(4,6)
bd
array([[ 0,  1,  2,  3,  4,  5],
       [ 6,  7,  8,  9, 10, 11],
       [12, 13, 14, 15, 16, 17],
       [18, 19, 20, 21, 22, 23]])
```

上述结果表明，2 层 3 行 4 列的 3 维数组 b 已经转变为 4 行 6 列的 2 维数组。

也可以通过为数组的 shape 属性赋值的方式直接改变数组尺寸或维度：

```
b.shape=(1,1,24)
b
array([[[ 0,  1,  2,  3,  4,  5,  6,  7,  8,  9, 10, 11, 12, 13, 14, 15,
         16, 17, 18, 19, 20, 21, 22, 23]]])
```

resize 方法与 reshape 方法的功能一样，但是 reshape 只是返回数组的一个视图；而 resize 会直接修改所操作的数组，与上述直接为数组的 shape 赋值一样：

```
b.resize(1,1,24)
b
array([[[ 0,  1,  2,  3,  4,  5,  6,  7,  8,  9, 10, 11, 12, 13, 14, 15,
         16, 17, 18, 19, 20, 21, 22, 23]]])
```

转置是数据分析过程中常用的数据处理方法，即把数组的尺寸大小互换，可以使用 numpy 中的 transpose 函数：

```
b.shape=(3,4,2)
b
array([[[ 0,  1],
        [ 2,  3],
        [ 4,  5],
        [ 6,  7]],

       [[ 8,  9],
        [10, 11],
        [12, 13],
        [14, 15]],

       [[16, 17],
        [18, 19],
        [20, 21],
        [22, 23]]])
```

```
np.transpose(b)     #该语句等价于:b.T
array([[[ 0,  8, 16],
        [ 2, 10, 18],
        [ 4, 12, 20],
        [ 6, 14, 22]],

       [[ 1,  9, 17],
        [ 3, 11, 19],
        [ 5, 13, 21],
        [ 7, 15, 23]]])
```

数组的 T 属性也可以实现转置，下面语句的运行结果与上述 transpose 函数结果一致：

```
b.T
```

除了本小节介绍的数组基本操作之外，数据还可以进行组合和分拆等重塑操作，详见第 7 章的具体内容。

2.3.2　矩阵

矩阵即 matrix，是 numpy 提供的另外一种数据类型，可以使用 mat 或 matrix 函数将数组转化为矩阵：

```
m1=np.mat([[1,2,3],[4,5,6]])
m1
matrix([[1, 2, 3],
        [4, 5, 6]])
m1*8
matrix([[ 8, 16, 24],
        [32, 40, 48]])
m2=np.matrix([[1,2,3],[4,5,6],[7,8,9]])
m1*m2
matrix([[30, 36, 42],
        [66, 81, 96]])
m2.I    #求 m2 的逆矩阵
matrix([[ 3.15251974e+15,  -6.30503948e+15,   3.15251974e+15],
        [ -6.30503948e+15,   1.26100790e+16,  -6.30503948e+15],
        [ 3.15251974e+15,  -6.30503948e+15,   3.15251974e+15]])
```

一般情况下在 Python 中会使用数组来进行运算，因为数组更灵活、速度更快。如果实在要使用矩阵进行运算，请读者自行使用 dir 函数查看矩阵对象的方法和属性，本书不再赘述。

2.3.3　数列

数列即 Series，是 Python 中第三方库 pandas 提供的一种重要数据类型。类 Series 的实例是一个类似一维数组的对象，其基本内容包含数据和数据标签（即索引）。最简单的 Series 由一个数组的数据构成：

```
s1=pd.Series([100, 78, 59, 63])
s1
0    100
1     78
2     59
3     63
dtype: int64
```

Series 的索引在左边，值在右边。从 0 到数据长度−1 是默认索引，用户也可以自定义该索引。利用 values 和 index 属性可以得到 Series 的数据和索引：

```
s1.values
array([100,  78,  59,  63])
s1.index
RangeIndex(start=0, stop=4, step=1)
```

Series 的索引可以通过赋值的方式直接更改：

```
s1.index=['No.1','No.2','No.3','No.4']
s1
No.1    100
No.2     78
No.3     59
No.4     63
dtype: int64
```

在创建 Series 的时候，还可以直接通过指定 index 关键字的方式创建带有自定义索引的 Series：

```
s2=pd.Series([100,78,59,63],index=['Maths','English',
                                   'Literature','History'])
s2
Maths          100
English         78
Literature      59
History         63
dtype: int64
```

Series 可以通过索引访问其具体的数据元素：

```
s2[['English','History']]            #注意要以列表的形式把复合索引组合在一起
English    78
History    63
dtype: int64
```

Series 也可以由字典直接转换而来，字典中的键便成为 Series 的索引：

```
d3={'Name':'Zhang San','Gender':'Male','Age':19,'Height':178,'Weight':66}
s3=pd.Series(d3)
s3
Age            19
Gender         Male
Height         178
Name           Zhang San
Weight         66
dtype: object
student_attrib=['ID','Name','Gender','Age','Grade','Height','Weight']
s4=pd.Series(d3,index=student_attrib)
```

```
s4
ID           NaN
Name     Zhang San
Gender      Male
Age          19
Grade        NaN
Height       178
Weight       66
dtype: object
```

pandas 的缺失数据被标记为 NaN。可以用函数 isnull、notnull 或 Series 实例对象的 isnull、notnull 方法来检测缺失值：

```
pd.isnull(s4)     #等价于 s4.isnull()
ID           True
Name         False
Gender       False
Age          False
Grade        True
Height       False
Weight       False
dtype: bool
```

Series 的一个重要功能是在运算中它会自动对齐不同索引的数据：

```
s3+s4
Age                    38
Gender          MaleMale
Grade               NaN
Height              356
ID                   NaN
Name     Zhang SanZhang San
Weight              132
dtype: object
```

Series 对象本身及其索引都具有 name 属性：

```
s4.name='Student\'s profile'
s4.index.name='Attribute'
s4
Attribute
ID           NaN
Name     Zhang San
Gender      Male
Age          19
Grade        NaN
```

```
Height          178
Weight           66
Name: Student's profile, dtype: object
```

reindex 方法可以使得 Series 按照指定的顺序实现重新索引：

```
s4.reindex(index=['Name','ID','Age','Gender','Height','Weight','Grade'])
Attribute
Name      Zhang San
ID            NaN
Age            19
Gender       Male
Height        178
Weight         66
Grade         NaN
Name: Student's profile, dtype: object
```

进行 reindex 重新索引时可新增索引，并可使用 backfill、bfill、pad、ffill 等方法或使用 fill_value 为原索引中没有的新增索引指定填充的内容。在这种情况下，index 必须是单调的，否则就会引发错误：

```
s4.index=['b','g','a','c','e','f','d']
s4
b          NaN
g    Zhang San
a         Male
c           19
e          NaN
f          178
d           66
Name: Student's profile, dtype: object
s4.reindex(index=['a','b','c','d','e','f','g','h'],fill_value=0)
a         Male
b          NaN
c           19
d           66
e          NaN
f          178
g    Zhang San
h            0
Name: Student's profile, dtype: object
```

注意，reindex 并不会改变原索引的实际存储位置，而是返回经过重新索引的视图：

```
s4
b          NaN
```

```
g     Zhang San
a         Male
c           19
e          NaN
f          178
d           66
Name: Student's profile, dtype: object
s4.index=[0,2,3,6,8,9,11]
s4.reindex(range(10),method='ffill')
0          NaN
1          NaN
2     Zhang San
3         Male
4         Male
5         Male
6           19
7           19
8          NaN
9          178
Name: Student's profile, dtype: object
```

要注意，使用 reindex（index,method='**'）的时候，Series 的原 index 必须是单调的。本例中，如 s4 的索引仍然为'b','g','a','c','e','f','d'的话，则系统会给出出错信息。

2.3.4 数据帧

Python 中的 pandas 提供的数据帧，即 DataFrame 类，是一个面向列的二维表结构，且含有行、列等信息，与通常统计分析和数据分析中具有变量和观测值的数据格式非常一致，这使得处理大数据变得极其简捷。DataFrame 是类似电子表格的数据结构，与 R 中的 DataFrame 类似。类 DataFrame 的实例对象有行和列的索引，它可以被看做一个 Series 的字典（每个 Series 共享一个索引）。

2.3.4.1 创建 DataFrame 实例对象

创建 DataFrame 实例对象的方式很多，最常用的方式是直接用字典或 numpy 数组来生成。

1. 使用字典创建 DataFrame

使用字典创建 DataFrame 实例时，利用 DataFrame 可以将字典的键直接设置为列索引，并且指定一个列表作为字典的值，字典的值便成为该列索引下所有的元素：

```
dfdata={'Name':['Zhang San','Li Si','Wang Laowu','Zhao Liu','Qian Qi',
                'Sun Ba'],'Subject':['Literature','History','Enlish',
                'Maths','Physics','Chemics'],'Score':[98,76,84,70,93,83]}
scoresheet=pd.DataFrame(dfdata)
print(scoresheet)
```

```
        Name    Score       Subject
0   Zhang San      98    Literature
1      Li Si       76       History
2  Wang Laowu      84        Enlish
3   Zhao Liu       70         Maths
4    Qian Qi       93       Physics
5     Sun Ba       83       Chemics
```

DataFrame 一般用于处理大量数据，为快速查看 DataFrame 的内容，可以使用 DateFrame 实例对象的 head 或 tail 方法查看指定行数的数据：

```
scoresheet.head()
#head 括号中可以指定查看数据的前 n 行（默认前 5 行），使用 tail（n）方法表示查看后 n 行
#也可以使用 sample（n）的方法来随机查看指定 n 行的数据
#注意：如果是在 notebook 中直接查看 DataFrame 对象内容，系统会根据系统设置情况自动加上边框或者阴影，这与 print 的运行结果看起来是不同的
```

	Name	Subject	Score
0	Zhang San	Literature	98
1	Li Si	History	76
2	Wang Laowu	Enlish	84
3	Zhao Liu	Maths	70
4	Qian Qi	Physics	93

利用 columns 和 values 属性可以查看 DataFrame 实例对象的列和值：

```
scoresheet.columns
Index(['Name', 'Score', 'Subject'], dtype='object')
scoresheet.values
array([['Zhang San', 'Literature', 98],
       ['Li Si', 'History', 76],
       ['Wang Laowu', 'Enlish', 84],
       ['Zhao Liu', 'Maths', 70],
       ['Qian Qi', 'Physics', 93],
       ['Sun Ba', 'Chemics', 83]], dtype=object)
```

还可以使用嵌套的字典构造 DataFrame。由嵌套字典构造 DataFrame 时，嵌套字典的外部键会被解释为列索引，内部键会被解释为行索引：

```
dfdata2={'Name':{101: 'Zhang San',102:'Li Si',103:'Wang Laowu',
            104: 'Zhao Liu',105:'Qian Qi',106:'Sun Ba'},
        'Subject':{101: 'Literature',102:'History',103:'Enlish',
            104: 'Maths',105:'Physics',106:'Chemics'},
        'Score':{101:98,102:76,103:84,104:70,105:93,106:83}}
scoresheet2=pd.DataFrame(dfdata2)
```

```
scoresheet2
```

	Name	Subject	Score
101	Zhang San	Literature	98
102	Li Si	History	76
103	Wang Laowu	Enlish	84
104	Zhao Liu	Maths	70
105	Qian Qi	Physics	93
106	Sun Ba	Chemics	83

DataFrame 是由多个 Series 构成的，每列都是一个 Series，例如：

```
scoresheet2.Score
101    98
102    76
103    84
104    70
105    93
106    83
Name: Score, dtype: int64
```

2. 使用 numpy 数组构造 DataFrame

可将已有的 ndarray 对象直接构造为 DataFrame 实例对象：

```
numframe=np.random.randn(10,5)
framenum=pd.DataFrame(numframe)
framenum.head()
```

	0	1	2	3	4
0	-0.806058	0.021251	-2.179147	-0.534097	1.805607
1	-0.960382	0.713848	0.883126	0.944901	1.451700
2	-1.657481	-0.102263	1.627580	-0.854159	-0.639514
3	1.400650	1.372774	-0.263982	1.664893	-0.001631
4	-0.684293	-0.184762	0.229622	-0.195207	0.037234

```
framenum.info()    #info 属性表示打印数据框的属性信息
<class 'pandas.core.frame.DataFrame'>
RangeIndex: 10 entries, 0 to 9
Data columns(total 5 columns):
 #   Column  Non-Null Count  Dtype
---  ------  --------------  -----
 0   0       10 non-null     float64
 1   1       10 non-null     float64
 2   2       10 non-null     float64
 3   3       10 non-null     float64
 4   4       10 non-null     float64
dtypes: float64(5)
```

```
memory usage: 528.0 bytes
```
```
framenum.dtypes      #dtypes 属性可查看 DataFrame 每列的属性
```
```
0    float64
1    float64
2    float64
3    float64
4    float64
dtype: object
```

如将 2.3.1.3 小节中的某公司股票价格数组 jd_stock 构造为 DataFrame：

```
jd=pd.DataFrame(jd_stock)
jd.head()
```

	name	time	opening_price	closing_price	lowest_price	highest_price	volume
0	JD	08/16/2021	68.21	66.67	64.80	68.22	12502810
1	JD	08/13/2021	69.95	69.86	69.19	70.49	5630593
2	JD	08/12/2021	70.36	70.53	69.41	70.96	5783820
3	JD	08/11/2021	72.54	71.07	70.81	72.70	5674238
4	JD	08/10/2021	72.80	71.76	71.52	73.49	5195324

```
jd.info()
```
```
<class 'pandas.core.frame.DataFrame'>
RangeIndex: 1258 entries, 0 to 1257
Data columns(total 7 columns):
 #   Column         Non-Null Count  Dtype
---  ------         --------------  -----
 0   name           1258 non-null   object
 1   time           1258 non-null   object
 2   opening_price  1258 non-null   float64
 3   closing_price  1258 non-null   float64
 4   lowest_price   1258 non-null   float64
 5   highest_price  1258 non-null   float64
 6   volume         1258 non-null   int32
dtypes: float64(4), int32(1), object(2)
memory usage: 64.0+ KB
```

3. 通过直接读入 csv 文件或 excel 文件构造 DataFrame

pandas 可以使用 read_csv 读入本地或 web 的 csv 文件，这是创建 DataFrame 实例对象最常见的方式之一。例如读入上例中某上市公司的股票价格数据 JD.csv 文件：

```
jddf=pd.read_csv('JD.csv',header=None,
                 names=['name','time','opening_price','closing_price',
                        'lowest_price','highest_price','volume'])
#header=None 表示不会自动把数据的第 1 行和第 1 列设置成行、列索引
#names 指定列索引,即通常意义下的变量名
jddf.head()
```

	name	time	opening_price	closing_price	lowest_price	highest_price	volume
0	JD	08/16/2021	68.21	66.67	64.80	68.22	12502810
1	JD	08/13/2021	69.95	69.86	69.19	70.49	5630593
2	JD	08/12/2021	70.36	70.53	69.41	70.96	5783820
3	JD	08/11/2021	72.54	71.07	70.81	72.70	5674238
4	JD	08/10/2021	72.80	71.76	71.52	73.49	5195324

读入 Excel 文件可直接使用 read_excel 函数：

```
jddf=pd.read_excel('JD.xlsx',header=0,
                    names=['name','time','opening_price','closing_price',
                           'lowest_price','highest_price','volume'])
#注意:读入*.xlsx 的 Excel 文档,需要 0.9.0 版本以上的 xlrd 模块(需事先自行安装)支持
jddf.head()
```

上述调用 Excel 文档数据的结果同 csv 文档的结果。

4. 使用其他数据源构造 DataFrame

pandas 可以使用如表 2-10 所示的函数将主流格式的数据文件读入并转化为 DataFrame 实例对象。

表 2-10　pandas 可读入/写入的主要数据类型

描述	读入	写入
以逗号作为分隔符的数据	read_csv	to_csv
json 数据	read_json	to_json
网页中的表	read_html	to_html
剪贴板中的数据内容	read_clipboard	to_clipboard
MS Excel 文件	read_excel	to_excel
分布式存储系统（HDFStore）中的 HDF5 文件	read_hdf	to_hdf
Feather 格式数据（一种快速可互操作的二进制数据框）	read_feather	to_feather
Parquet 数据（Hadoop 生态系统中的一种列式存储格式）	read_parquet	to_parquet
MessagePack 格式数据（JSON 的 1 对 1 二进制表示）	read_msgpack	to_msgpack
Stata 数据集	read_stata	to_stata
SAS 的 xpt 或 sas7bdat 格式的数据集	read_sas	
Python Pickle 数据格式	read_pickle	to_pickle
SQL、MySQL 数据库中的数据	read_sql	to_sql
具有分隔符的文件	read_table	
Google Big Query（可与 Google 存储结合使用的大量数据集进行交互式分析）	read_gbq	to_gbq

这些函数的用法与 read_csv 或 read_excel 类似，请读者自行查阅帮助文档，本书不予赘述。

有些时候，DataFrame 中可能有一列数据本身就可以作为 DataFrame 的行索引，如上导入数据结果中的 time 列。这时可以利用 set_index 方法将其设置为 DataFrame 的索引：

```
jddf=pd.read_table('JD.csv',sep=',',header=None,
                   names=['name','time','opening_price','closing_price',
                          'lowest_price','highest_price','volume'])
jddfsetindex=jddf.set_index(jddf['time'])
jddfsetindex.head()
```

time	name	time	opening_price	closing_price	lowest_price	highest_price	volume
08/16/2021	JD	08/16/2021	68.21	66.67	64.80	68.22	12502810
08/13/2021	JD	08/13/2021	69.95	69.86	69.19	70.49	5630593
08/12/2021	JD	08/12/2021	70.36	70.53	69.41	70.96	5783820
08/11/2021	JD	08/11/2021	72.54	71.07	70.81	72.70	5674238
08/10/2021	JD	08/10/2021	72.80	71.76	71.52	73.49	5195324

注意，time 变量只不过是用了时间数据的样子来存储数据，本质上不是时间序列，而是文本序列。故本例用 time 变量作为整个 DataFrame 实例对象的索引，它也就只是一个普通的索引而已。

```
type(jddfsetindex.index)
pandas.core.indexes.base.Index
```

这并不代表该 DataFrame 实例对象就是一个时间序列。如需要把 DataFrame 实例对象处理为时间序列，请参见 2.3.5 节。

2.3.4.2 基本操作

1. 索引和切片

DataFrame 可以按行或者按列进行索引或切片，即提取数据的子集。

```
scoresheet.index=(['No1','No2','No3','No4','No5','No6'])
scoresheet.Subject    #等价于 scoresheet['Subject']
No1     Literature
No2     History
No3     Enlish
No4     Maths
No5     Physics
No6     Chemics
Name: Subject, dtype: object
```

也可以使用列表把要索引的列组合起来，实现对 DataFrame 的多列索引：

```
scoresheet[['Name','Score']]
```

	Name	Score
No1	Zhang San	98
No2	Li Si	76
No3	Wang Laowu	84
No4	Zhao Liu	70
No5	Qian Qi	93
No6	Sun Ba	83

当使用整数索引切片时，结果与列表或 numpy 数组的默认状况相同；当使用非整数作为切片索引时，它是末端包含的：

```
scoresheet[:'No4']
```

	Name	Subject	Score
No1	Zhang San	Literature	98
No2	Li Si	History	76
No3	Wang Laowu	Enlish	84
No4	Zhao Liu	Maths	70

行也可以使用一些方法通过位置或名字来检索，例如使用 loc 索引成员：

```
scoresheet.loc[['No1','No3','No6']]
```

	Name	Subject	Score
No1	Zhang San	Literature	98
No3	Wang Laowu	Enlish	84
No6	Sun Ba	Chemics	83

提取不连续行和列的数据也可以使用 loc、iloc 索引来实现：

```
scoresheet.iloc[[1,4,5],[0,1]]      #iloc 使用索引号进行索引
```

	Name	Subject
No2	Li Si	History
No5	Qian Qi	Physics
No6	Sun Ba	Chemics

```
scoresheet.loc[['No1','No5'],['Name','Score']]      #loc 使用索引标签进行索引
```

	Name	Score
No1	Zhang San	98
No5	Qian Qi	93

DataFrame 也可进行逻辑索引/切片：

```
scoresheet[(scoresheet.Score>80)&(scoresheet.Score<=90)]
```

	Name	Subject	Score
No3	Wang Laowu	Enlish	84
No6	Sun Ba	Chemics	83

```
scoresheet[['Name','Score']][(scoresheet.Score>80)&(scoresheet.Score<=90)]
```

	Name	Score
No3	Wang Laowu	84
No6	Sun Ba	83

2. 行列操作

可以对 DataFrame 中的列指定顺序：

```
scoresheet=pd.DataFrame(dfdata,columns=['ID','Name','Subject','Score'],
                        index=['No1','No2','No3','No4','No5','No6'])
scoresheet
```

	ID	Name	Subject	Score
No1	NaN	Zhang San	Literature	98
No2	NaN	Li Si	History	76
No3	NaN	Wang Laowu	Enlish	84
No4	NaN	Zhao Liu	Maths	70
No5	NaN	Qian Qi	Physics	93
No6	NaN	Sun Ba	Chemics	83

从上述结果可以看到，如果指定顺序中出现新的列索引，则其值用缺失值 NaN 表示，同时也可以为每一行指定索引。pandas 还可通过使用 reindex 指定 columns 来对 DataFrame 的列进行重新索引，以达到改变变量顺序的目的：

```
scoresheet.reindex(columns=['Name','Subject','ID','Score'])
```

	Name	Subject	ID	Score
No1	Zhang San	Literature	NaN	98
No2	Li Si	History	NaN	76
No3	Wang Laowu	Enlish	NaN	84
No4	Zhao Liu	Maths	NaN	70
No5	Qian Qi	Physics	NaN	93
No6	Sun Ba	Chemics	NaN	83

其实，在实际的数据分析过程中，改变数据行或列的位置，对于分析结果而言并不会产生什么显著的影响。

有些时候需要对 DataFrame 的列或者行中的数据进行修改或增加新的数据，可以直接通过赋值的方式实现：

```
scoresheet['Homeword']=90
scoresheet
```

	ID	Name	Subject	Score	Homeword
No1	NaN	Zhang San	Literature	98	90
No2	NaN	Li Si	History	76	90
No3	NaN	Wang Laowu	Enlish	84	90
No4	NaN	Zhao Liu	Maths	70	90
No5	NaN	Qian Qi	Physics	93	90
No6	NaN	Sun Ba	Chemics	83	90

因为发现上述列索引名称错了，应为"Homework"，所以需要对其进行修改。对于列名称/变量名称的修改，可以使用 rename 方法来实现：

```
scoresheet.rename(columns={'Homeword':'Homework'},inplace=True)
#注意：如果缺少 inplace 选项则不会更改，而是增加新列
scoresheet
```

	ID	Name	Subject	Score	Homework
No1	NaN	Zhang San	Literature	98	90
No2	NaN	Li Si	History	76	90
No3	NaN	Wang Laowu	Enlish	84	90
No4	NaN	Zhao Liu	Maths	70	90
No5	NaN	Qian Qi	Physics	93	90
No6	NaN	Sun Ba	Chemics	83	90

可以通过列表或者数组对列进行赋值，但是所赋的值的长度必须和 DataFrame 的长度相匹配：

```
scoresheet['ID']=np.arange(6)
scoresheet
```

	ID	Name	Subject	Score	Homework
No1	0	Zhang San	Literature	98	90
No2	1	Li Si	History	76	90
No3	2	Wang Laowu	Enlish	84	90
No4	3	Zhao Liu	Maths	70	90
No5	4	Qian Qi	Physics	93	90
No6	5	Sun Ba	Chemics	83	90

实际数据分析工作更多的情形是要对部分数据进行插补或者修改。这种情形可以使用 Series 来赋值，它会代替在 DataFrame 中精确匹配的索引的值，如果没有匹配的索引则赋值为缺失值：

```
fixed=pd.Series([97,76,83],index=['No1','No3','No6'])
scoresheet['Homework']=fixed
scoresheet
```

	ID	Name	Subject	Score	Homework
No1	0	Zhang San	Literature	98	97.0
No2	1	Li Si	History	76	NaN
No3	2	Wang Laowu	Enlish	84	76.0
No4	3	Zhao Liu	Maths	70	NaN
No5	4	Qian Qi	Physics	93	NaN
No6	5	Sun Ba	Chemics	83	83.0

对于不需要使用的列，可以使用 del 语句来删除：

```
del scoresheet['Homework']
```

还可以使用 drop 方法删除指定的行或者列：

```
scoresheet.drop('ID',axis=1,inplace=True) #axis=1 表示删除列,axis=0 表示删除行
scoresheet
```

	Name	Subject	Score
No1	Zhang San	Literature	98
No2	Li Si	History	76
No3	Wang Laowu	Enlish	84
No4	Zhao Liu	Maths	70
No5	Qian Qi	Physics	93
No6	Sun Ba	Chemics	83

```
scoresheet.drop(['No1','No5','No6'],axis=0,inplace=True)
scoresheet
```

	Name	Subject	Score
No2	Li Si	History	76
No3	Wang Laowu	Enlish	84
No4	Zhao Liu	Maths	70

注意：凡是会对原数据做出修改并返回一个新数据的，往往都有一个 inplace 可选参数。如果将其设定为 True（默认为 False），那么原数据就被替换。也就是说，采用 inplace=True 之后，原数据对应的内存值直接改变；而采用 inplace=False 之后，原数据对应的内存值并不改变，需要将新的结果赋给一个新的对象或覆盖原数据的内存。

数据分析过程中有关 DataFrame 的操作分布于本书的不同章节，请读者根据需要查看对应章节。

2.3.5 日期时间型数据

日期时间型数据，简称时间序列，是一类很特殊的数据，其特殊之处在于：第一，日期时间型数据"表里不一"，例如"2020 年 1 月 3 日 21 时 0 分 0 秒"，从形式上看这是一个字符串，很多时候日期时间型数据正是以字符串形式展示的。然而实际上，日期时间型数据是以数值形式存储且可以参与运算的，如计算上述日期时间与 2020 年 1 月 1 日 0 时 0 分 0 秒之间相差了多少个小时。第二，日期时间型数据换算规则非常复杂。例如 60 秒为 1 分钟、60 分钟为 1 小时、24 小时为 1 日，日、星期、月、季度、年等的换算规则就更加复杂，因此无法直接使用类似二进制、十进制这样的规范形式来表示。上述两个方面的特殊性导致了日期时间型数据在数据分析过程中需要单独关注。

2.3.5.1 结构与特征

Python 基本库的 datetime 模块提供了日期和时间的多种操作方式。该模块能够有效地解析日期时间属性，并用于格式化输出和数据操作，同时支持日期时间的数学运算。与 datetime 有关的模块还包括提供日历相关函数的 calendar 模块和提供时间的访问和转换功

能的 time 模块。

  在计算机系统中，日期时间型数据其实是转换为数值形式存储的。具体方式是以"1970 年 1 月 1 日 0 时 0 分 0 秒"这个时间点为 0，然后每增加 1 秒就加 1。每个具体时间所对应的数字叫做时间戳（timestamp），在 Python 中时间戳采取 float64 格式存储。

  为了展示日期时间型数据的存储原理，在下面的代码中我们构造了六个日期时间，第一个时间为"1970 年 1 月 1 日 0 时 0 分 0 秒"，其后四个日期时间依次增加了 1 秒、1 分钟、1 小时和 1 天，最后一个时间是作者撰写本部分内容的真实时间。

```
#将日期时间从字符串状态转换为标准时间日期格式数据
import datetime
dt_example=pd.Series("",name="日期时间")
dt_stamp=pd.Series(0.0,name="时间戳")
dt_example[0]="1970/01/01 00:00:00"
dt_example[1]="1970/01/01 00:00:01"
dt_example[2]="1970/01/01 00:01:00"
dt_example[3]="1970/01/01 01:00:00"
dt_example[4]="1970/01/02 00:00:00"
dt_example[5]="2021/12/14 20:00:36"
dt_example=pd.to_datetime(dt_example,format="%Y/%m/%d %H:%M:%S")
#提取每个日期时间的时间戳
for i in range(6):
    dt_stamp[i]=dt_example[i].timestamp()
pd.set_option('display.float_format',lambda x: '%.1f' % x)
print(pd.DataFrame(list(zip(dt_example,dt_stamp)),
                columns=["日期时间","时间戳"]))
```

```
          日期时间               时间戳
0  1970-01-01 00:00:00           0.0
1  1970-01-01 00:00:01           1.0
2  1970-01-01 00:01:00          60.0
3  1970-01-01 01:00:00        3600.0
4  1970-01-02 00:00:00       86400.0
5  2021-12-14 20:00:36  1639512036.0
```

  这段代码主要包含两个操作：首先，使用 pandas 内置的 to_datetime()函数将文本状态的日期时间转化为 datetime 类型。其中关键是参数 format 的设置。format 由以"%"开头的指令和字符组成，刻画了文本状态日期时间的结构，相关指令的含义见表 2-11。然后，使用 datetime 对象的 timestamp()方法将每个日期时间的时间戳提取出来。

  从代码执行结果可以清楚地看到，1970 年 1 月 1 日 0 时 0 分 0 秒的时间戳就是 0.0；第二个时间比它多了 1 秒，因此时间戳为 1.0；第三个时间比它多了 1 分钟，因此时间戳为 60.0（1 分钟=60 秒）；第四个时间比它多了 1 小时，因此时间戳为 3600.0（1 小时=3600 秒）；第五个时间比它多了 1 天，因此时间戳为 86400.0（1 天=86400 秒）。读者可以根据最后一个时间了解本部分内容写作时距离"1970 年 1 月 1 日 0 时 0 分 0 秒"过了多少秒。

表 2-11 日期时间格式指令及其含义

指令	含义	示例
%a	文字表示的星期的缩写	Sun
%A	文字表示的星期的全称	Sunday
%w	十进制数表示的星期（0 为星期日，6 为星期六）	0,1,2,3,4,5,6
%d	补零后，以十进制数显示的月份中的一天	01,02,…,31
%b	文字表示的月份缩写	Jan
%B	文字表示的月份全称	January
%m	补零后，以十进制数显示的月份	01,02,…,12
%y	补零后，以十进制数显示的两位数的年	78,79,80
%Y	十进制数显示的四位数的年	1978,1979,1980
%H	补零后，以十进制数显示的小时（24 小时制）	00,01,…,23
%I	补零后，以十进制数显示的小时（12 小时制）	01,02,…,12
%p	AM（上午）或 PM（下午）	AM, PM
%M	补零后，以十进制数显示的分钟	00,01,…,59
%S	补零后，以十进制数显示的秒	00,01,…,59
%j	补零后，以十进制数显示的一年内的日序号	001,002,…,366
%U	补零后，以十进制数显示的一年内的周序号（星期日为每周的第一天，每年第一个星期日前的日子为第 0 周）	00,01,…,53
%W	补零后，以十进制数显示的一年内的周序号（星期一为每周的第一天，每年第一个星期一前的日子为第 0 周）	00,01,…,53

2.3.5.2 信息提取

在数据分析过程中，经常需要将日期时间的具体元素提取出来建立新的变量用于分析。下面的代码给出了具体的方法。在这段代码中，使用了 pandas 中的 Series.dt 系列方法。该系列方法允许以 datetime 形式访问序列中的分量，并返回指定的日期时间属性。使用时需要在后面加上准备提取的属性名称，其形式为：Series.dt.<property>。

```
data=pd.read_csv("loan.csv",header=0,encoding="gb2312")
d1=copy.deepcopy(data)              #用于修改,避免影响原始数据
#将 date 文本转换为标准时间日期格式数据
d1["date"]=pd.to_datetime(d1["date"],format="%Y/%m/%d")
date=d1["date"]
#将 date 中的日期时间元素提取出来,并建立单独变量保存
d1["year"]=date.dt.year                         #提取年
d1["month"]=date.dt.month                       #提取月
d1["day"]=date.dt.day                           #提取日
d1["hour"]=date.dt.hour                         #提取时
d1["minute"]=date.dt.minute                     #提取分
d1["second"]=date.dt.second                     #提取秒
```

```
d1["quarter"]=date.dt.quarter                          #提取季度
d1["week"]=date.dt.weekofyear                           #提取周数
d1["weekday"]=date.dt.dayofweek                         #提取星期
d1["is_weekend"]=d1["weekday"].isin([5,6])             #当天是否为周末
d1["day_of_year"]=date.dt.dayofyear                     #提取 date 中的天
d1["leap"]=date.dt.is_leap_year                         #当年是否为闰年
#日期时间数据的应用
now=datetime.datetime.now()                             #获取当前系统时间
time_diff=now-date                                      #计算 date 距离现在的时间差
d1["years_to_now"]=time_diff.dt.days/365.25     #计算距今年数
d1["months_to_now"]=time_diff.dt.days/30.4375   #计算距今月数
d1["weeks_to_now"]=time_diff.dt.days/7          #计算距今周数
d1["days_to_now"]=time_diff.dt.days             #计算距今天数
d1["hours_to_now"]=time_diff.dt.total_seconds()/3600    #计算距今小时数
#将 date 时间日期格式转为指定文本格式
d1["date_str"]=date.dt.strftime('%B %d, %Y, %r')
#从数据集中抽取 6 个样本显示其结构
print(d1.drop(["amount","address"],axis=1).sample(n=6).T)
```

上述代码除了对日期时间属性进行提取外，还应用日期时间型数据进行了计算演示，具体方法为：首先，使用 datetime 对象的 datetime.now() 方法获得当前系统时间；然后用变量 date 减去当前系统时间得到各样本时间与当前时间的差值序列 time_diff，然后进一步加工成为样本时间距离当前的年、月、日等数值。在代码的最后，使用序列的 dt.strftime() 方法将 datetime 格式的日期时间型数据转化为我们想让它呈现出来的格式。由于代码的输出结果较多，因此本书随机抽取了数据集的 6 个样本，将代码输出结果转置后整理成表 2-12，读者可以通过表 2-12 观察程序运行结果。

表 2-12　对日期时间信息提取和应用的效果（抽取 6 个样本）

日期时间信息	样本序号					
	269871	143792	325714	82078	167270	111452
age	49	27	48	36	41	39
gender	女	男	女	女	男	男
channel	个险	NaN	银行邮政	个险	个险	个险
date	2018/12/7 00:00	2016/8/3 00:00	2018/9/23 00:00	2016/11/17 00:00	2017/10/7 00:00	2016/4/18 00:00
year	2018	2016	2018	2016	2017	2016
month	12	8	9	11	10	4
day	7	3	23	17	7	18
hour	0	0	0	0	0	0
minute	0	0	0	0	0	0
second	0	0	0	0	0	0
quarter	4	3	3	4	4	2

续表

日期时间信息	样本序号					
	269871	143792	325714	82078	167270	111452
week	49	31	38	46	40	16
weekday	4	2	6	3	5	0
is_weekend	FALSE	FALSE	TRUE	FALSE	TRUE	FALSE
day_of_year	341	216	266	322	280	109
leap	FALSE	TRUE	FALSE	TRUE	FALSE	TRUE
years_to_now	1.10609	3.44969	1.31143	3.15948	2.27242	3.74264
months_to_now	13.2731	41.3963	15.7372	37.9138	27.269	44.9117
weeks_to_now	57.7143	180	68.4286	164.857	118.571	195.286
days_to_now	404	1260	479	1154	830	1367
hours_to_now	9707.45	30251.4	11507.4	27707.4	19931.4	32819.4
date_str	December 07, 2018, 12:00:00 AM	August 03, 2016, 12:00:00 AM	September 23, 2018, 12:00:00 AM	November 17, 2016, 12:00:00 AM	October 07, 2017, 12:00:00 AM	April 18, 2016, 12:00:00 AM

2.3.5.3 复杂时间序列数据类型

除 Python 基本库提供的时间序列类型之外，pandas 还提供了具备丰富操作的以时间戳为索引的日期时间型数据。时间序列在 pandas 中只不过是索引比较特殊的 Series 或 DataFrame 数据类型，其最主要也是最基本的特点就是以时间戳（Timestamp）为索引。Timestamp 与 datetime 是等价的。

生成 pandas 中的时间序列，最关键的是要生成以时间序列为主要特征的索引。pandas 提供了类 Timestamp、类 Period 以及 to_timestamp、to_datetime、date_range、period_range 等函数或方法来创建时间序列或将其他数据类型转换为时间序列。

将当前时间转化为时间戳：

```
pd.Timestamp('now')
Timestamp('2022-02-14 11:23:53.682026')
```

利用时间戳构造一个时间序列：

```
dates=[pd.Timestamp('2021-05-05'),pd.Timestamp('2021-05-06'),
       pd.Timestamp('2021-05-07')]
ts=pd.Series(np.random.randn(3),dates)
ts
2021-05-05   -0.8
2021-05-06   -0.6
2021-05-07   -1.2
dtype: float64
```

```
ts.index
```
```
DatetimeIndex(['2021-05-05', '2021-05-06', '2021-05-07'],
                 dtype='datetime64[ns]', freq=None)
```
```
type(ts.index)
```
```
pandas.core.indexes.datetimes.DatetimeIndex
```

通过查看 ts 对象的内容及其索引类型可知，该索引是类 DatetimeIndex 的实例对象。

创建类 DatetimeIndex 实例对象索引的方式还可以通过 date_range 函数来实现：

```
dates=pd.date_range('2021-05-05','2021-05-07')      #该函数还有很多功能在后面详述
tsdr=pd.Series(np.random.randn(3),dates)
tsdr
```
```
2021-05-05    1.6
2021-05-06   -0.2
2021-05-07   -1.2
Freq: D, dtype: float64
```
```
type(tsdr.index)
```
```
pandas.core.indexes.datetimes.DatetimeIndex
```

将类 Period 实例化也可得到以 Period 实例对象为索引的时间序列：

```
dates=[pd.Period('2021-05-05'),pd.Period('2021-05-06'),
       pd.Period('2021-05-07')]
tsp=pd.Series(np.random.randn(3),dates)
tsp
```
```
2021-05-05   -1.2
2021-05-06    1.1
2021-05-07    1.0
Freq: D, dtype: float64
```
```
type(tsp.index)
```
```
pandas.core.indexes.period.PeriodIndex
```

类 Period 是一种可以反映时间跨度的时序类型，可以通过其参数 freq 来指定时间跨度（默认为 "D"，即天），其在使用上并没有太多不同。

如果现有 pandas 数据类型中已有形如时间日期的数据，可以使用 to_timestamp、to_datetime 等函数直接将这些数据转换为时间序列。

例如 2.3.4 节构建的名为 jddf 的 DataFrame 中已有列索引（变量）time，它就是一个日期，只不过是用文本方式存储在该 DataFrame 实例对象中。可以使用 to_datetime 函数将其直接转为时序并作为 jddf 的索引：

```
jd_ts=jddf.set_index(pd.to_datetime(jddf['time']))
type(jd_ts.index)
```
```
pandas.core.indexes.datetimes.DatetimeIndex
```
```
jd_ts.head()
```

	name	time	opening_price	closing_price	lowest_price	highest_price	volume
time							
2021-08-16	JD	08/16/2021	68.2	66.7	64.8	68.2	12502810
2021-08-13	JD	08/13/2021	70.0	69.9	69.2	70.5	5630593
2021-08-12	JD	08/12/2021	70.4	70.5	69.4	71.0	5783820
2021-08-11	JD	08/11/2021	72.5	71.1	70.8	72.7	5674238
2021-08-10	JD	08/10/2021	72.8	71.8	71.5	73.5	5195324

上段程序运行之后，**jd_ts** 便成为一个具有时间戳的时间序列，适用于 pandas 中有关时序数据的操作。

1. 索引和切片

pandas 时间序列的索引和切片与普通的 Series 和 DataFrame 等数据结果并无差异，只是其可以按照时间戳或时间范围进行索引和切片。

按指定时间范围对数据进行切片，只需要在索引号中传入可以解析成日期的字符串就可以了，这些字符串可以是表示年、月、日及其组合的内容：

```
jd_ts.loc['2021-02']       #提取 2021 年 2 月份的数据
```

	name	time	opening_price	closing_price	lowest_price	highest_price	volume
time							
2021-02-26	JD	02/26/2021	92.4	93.9	90.9	94.7	14582120
2021-02-25	JD	02/25/2021	95.3	93.4	92.5	97.0	11309180
2021-02-24	JD	02/24/2021	96.4	96.4	94.6	96.8	11915000
2021-02-23	JD	02/23/2021	96.5	99.5	92.6	100.1	13873480
2021-02-22	JD	02/22/2021	102.2	97.7	97.2	102.5	13054060
2021-02-19	JD	02/19/2021	106.6	106.1	105.4	107.7	6451194
2021-02-18	JD	02/18/2021	102.9	105.4	102.3	106.0	8646052
2021-02-17	JD	02/17/2021	106.6	106.9	105.1	108.3	11456430
2021-02-16	JD	02/16/2021	102.8	103.4	102.5	105.2	10809040
2021-02-12	JD	02/12/2021	98.8	99.3	97.8	99.8	3233936
2021-02-11	JD	02/11/2021	100.0	99.0	98.1	100.0	4461553
2021-02-10	JD	02/10/2021	98.8	98.8	96.9	100.5	8629359
2021-02-09	JD	02/09/2021	95.0	97.1	94.4	97.6	5790420
2021-02-08	JD	02/08/2021	95.7	94.6	94.1	95.8	5686000
2021-02-05	JD	02/05/2021	95.2	96.6	94.9	96.8	5821845
2021-02-04	JD	02/04/2021	95.6	94.6	93.9	96.0	5336188
2021-02-03	JD	02/03/2021	96.8	95.5	95.3	97.5	7328171
2021-02-02	JD	02/02/2021	95.0	95.4	94.2	96.0	11522410
2021-02-01	JD	02/01/2021	90.2	91.3	89.1	91.8	7452679

```
jd_ts['2021-02-10': '2021-02-20']       #提取 2021 年 2 月 10 日至 20 日的数据
```

	name	time	opening_price	closing_price	lowest_price	highest_price	volume
time							
2021-02-19	JD	02/19/2021	106.6	106.1	105.4	107.7	6451194
2021-02-18	JD	02/18/2021	102.9	105.4	102.3	106.0	8646052
2021-02-17	JD	02/17/2021	106.6	106.9	105.1	108.3	11456430
2021-02-16	JD	02/16/2021	102.8	103.4	102.5	105.2	10809040
2021-02-12	JD	02/12/2021	98.8	99.3	97.8	99.8	3233936
2021-02-11	JD	02/11/2021	100.0	99.0	98.1	100.0	4461553

在时序数据的索引和切片中，有一种特殊的 truncate 方法，它可以将指定范围内的数据截取出来：

```
jd_ts.truncate(after='2021-01-06')
```

time	name	time	opening_price	closing_price	lowest_price	highest_price	volume
2021-01-06	JD	01/06/2021	92.5	88.2	86.8	93.3	21751430
2021-01-05	JD	01/05/2021	88.2	95.5	88.1	96.2	31011760
2021-01-04	JD	01/04/2021	87.6	86.3	85.2	88.1	9204181
2020-12-31	JD	12/31/2020	88.1	87.9	86.8	89.0	7729770
2020-12-30	JD	12/30/2020	87.5	89.5	86.9	89.6	12057080
...	...	...	...	...	...	...	...
2016-08-23	JD	08/23/2016	25.8	25.9	25.8	26.3	8980175
2016-08-22	JD	08/22/2016	25.9	25.8	25.5	26.0	7809738
2016-08-19	JD	08/19/2016	26.1	25.9	25.7	26.2	20549000
2016-08-18	JD	08/18/2016	25.3	25.4	25.1	25.5	10071250
2016-08-17	JD	08/17/2016	24.9	25.4	24.8	25.4	12083340

1105 rows × 7 columns

```
jd_ts[['opening_price','closing_price']].truncate(after='2021-01-20',
                                                  before='2021-01-13')
```

time	opening_price	closing_price
2021-01-20	93.7	95.3
2021-01-19	90.5	91.2
2021-01-15	89.8	87.8
2021-01-14	91.4	89.2
2021-01-13	89.2	90.4

2. 范围和偏移量

有些时候出于数据分析的需要会用到生成一定时期或时间范围内不同间隔的时序索引，在前面介绍过的 period_range、date_range 等函数可以满足这些需求。例如最常用的 date_range 函数的基本语法如下：

```
pd.date_range(start=None, end=None, periods=None, freq='D', tz=None,
            normalize=False, name=None, closed=None)
```

其中主要参数的功能如下：
- start：用表示时间日期的字符串指定起始时间日期（范围的下界）。
- end：用表示时间日期的字符串指定终止时间日期（范围的上界）。
- periods：指定时间日期的个数。
- freq：指定时间日期的频率（即间隔方式）。
- tz：指定时区。
- normalize：在生成日期范围之前，将开始/结束日期标准化为午夜。

● name：命名时间日期索引。

● closed：指定生成的时间日期索引是/否（默认值 None）包含 start 和 end 指定的时间日期。

其中，freq 参数用于指定时间日期的频率，其指定值在生成时间日期索引时起着至关重要的作用，如：

```
pd.date_range(start='2022/02/07',periods=3,freq='M')
DatetimeIndex(['2022-02-28', '2022-03-31', '2022-04-30'], dtype='datetime64
[ns]', freq='M')
```

freq 参数可用来指定产生时序的频率（如每天、每月、每个工作日等），同时也可以指定生成时序时的偏移量（offset），其参数值（即偏移别名）如表 2-13 所示。

表 2-13　freq 的参数值及其作用

参数值 （偏移别名）	功能	参数值 （偏移别名）	功能
B	工作日	QS	季度初
C	自定义工作日	BQS	季度初工作日
D	日历日	A	年末
W	周	BA	年末工作日
M	月末	AS	年初
SM	半月及月末（第 15 日及月末）	BAS	年初工作日
BM	月末工作日	BH	工作小时
CBM	自定义月末工作日	H	小时
MS	月初	T,min	分钟
SMS	月初及月中（第 1 日及第 15 日）	S	秒
BMS	月初工作日	L,ms	毫秒
CBMS	自定义月初工作日	U,us	微秒
Q	季度末	N	纳秒
BQ	季度末工作日	用户自定义	实现特定功能

例如，生成一个指定时间范围内按每月最初工作日（即非周六、周日）产生的时序索引：

```
pd.date_range('2021/07/07', '2022/07/07', freq='BMS')
DatetimeIndex(['2021-08-02', '2021-09-01', '2021-10-01', '2021-11-01',
               '2021-12-01', '2022-01-03', '2022-02-01', '2022-03-01',
               '2022-04-01', '2022-05-02', '2022-06-01', '2022-07-01'],
              dtype='datetime64[ns]', freq='BMS')
```

用户可对表 2-13 中的偏移别名进行组合应用，并加上相应的数字前缀及后缀：

```
pd.date_range('2021/07/07', periods=10, freq='1D2h20min')
DatetimeIndex(['2021-07-07 00:00:00', '2021-07-08 02:20:00',
```

```
                '2021-07-09 04:40:00', '2021-07-10 07:00:00',
                '2021-07-11 09:20:00', '2021-07-12 11:40:00',
                '2021-07-13 14:00:00', '2021-07-14 16:20:00',
                '2021-07-15 18:40:00', '2021-07-16 21:00:00'],
                dtype='datetime64[ns]', freq='1580T')
```

上段程序按照 1 个日历日 2 小时 20 分钟的频率生成了一个 10 期的时序索引。

有关偏移别名除了像上段程序那样加上数字前缀之外，还可以使用如表 2-14 所示的后缀。

表 2-14　时间偏移后缀

偏移后缀	功能	可使用的偏移别名
-SUN,-MON,-TUE,-WED,-THU,-FRI,-SAT	分别表示以周几为频率的周	W
-DEC,-JAN,-FEB,-MAR,-APR,-MAY,-JUN, -JUL,-AUG,-SEP,-OCT,-NOV	分别表示以某月为年末的季度	Q,BQ,QS,BQS
	分别表示以某月为年末的年	A,BA,AS,BAS

例如，生成一个以周三为频率的时序索引：

```
pd.date_range('2021/07/07', '2022/01/22', freq='W-WED')
DatetimeIndex(['2021-07-07', '2021-07-14', '2021-07-21', '2021-07-28',
                '2021-08-04', '2021-08-11', '2021-08-18', '2021-08-25',
                '2021-09-01', '2021-09-08', '2021-09-15', '2021-09-22',
                '2021-09-29', '2021-10-06', '2021-10-13', '2021-10-20',
                '2021-10-27', '2021-11-03', '2021-11-10', '2021-11-17',
                '2021-11-24', '2021-12-01', '2021-12-08', '2021-12-15',
                '2021-12-22', '2021-12-29', '2022-01-05', '2022-01-12',
                '2022-01-19'],
                dtype='datetime64[ns]', freq='W-WED')
```

对照日历可以发现上述得到的日期均为周三。

除了按照表 2-13 和表 2-14 所示的偏移别名及其前后缀定义生成时序索引的频率之外，pandas 还提供了 32 个有关时间日期偏移的类，这些类的功能基本上涵盖了所有可能频率的时序特征，请读者自行查看相关帮助文档。

在定义时序索引范围和偏移量时，freq 也可以用自定义的对象进行设定得到自定义的时序索引，例如：

```
ts_offset=pd.tseries.offsets.Week(1)+pd.tseries.offsets.Hour(8)
ts_offset
Timedelta('7 days 08:00:00')
```

上段程序定义了一个 Timedelta 实例对象，其偏移量为 7 天 8 小时，我们可以将其用来生成指定频率的时序索引：

```
pd.date_range('2021/05/07',periods=10,freq=ts_offset)
DatetimeIndex(['2021-05-07 00:00:00', '2021-05-14 08:00:00',
                '2021-05-21 16:00:00', '2021-05-29 00:00:00',
```

```
      '2021-06-05 08:00:00', '2021-06-12 16:00:00',
      '2021-06-20 00:00:00', '2021-06-27 08:00:00',
      '2021-07-04 16:00:00', '2021-07-12 00:00:00'],
      dtype='datetime64[ns]', freq='176H')
```

period_range 函数可用于创建一定规则的时间范围，其语法及应用方式与 date_range 类似，本书不予赘述。

3. 时间移动及运算

时序数据可以进行时间上的移动，即沿着时间轴将数据进行前移或后移，其索引保持不变。pandas 中的 Series 和 DataFrame 都可通过 shift 方法进行移动。有如下数据：

```
sample=jd_ts['2021-01-01':'2021-01-10'][['opening_price','closing_price']]
sample
```

time	opening_price	closing_price
2021-01-08	89.0	91.5
2021-01-07	90.5	87.9
2021-01-06	92.5	88.2
2021-01-05	88.2	95.5
2021-01-04	87.6	86.3

将 sample 对象的时序数据向后移 2 期：

```
sample.shift(2)      #如需向前移动,把数值修改为负数
```

time	opening_price	closing_price
2021-01-08	NaN	NaN
2021-01-07	NaN	NaN
2021-01-06	89.0	91.5
2021-01-05	90.5	87.9
2021-01-04	92.5	88.2

还有一种时序数据的移动方式是对时序索引进行移动，而数据保持不变。这种移动方式可以通过在 shift 方法中指定参数 freq 的形式来实现：

```
sample.shift(-2,freq='1D')      #使时序索引按天向前移动 2 日
```

time	opening_price	closing_price
2021-01-06	89.0	91.5
2021-01-05	90.5	87.9
2021-01-04	92.5	88.2
2021-01-03	88.2	95.5
2021-01-02	87.6	86.3

pandas 的不同索引的时间序列之间可以直接进行算术运算，运算时会自动按时间日期对齐。例如，有如下时间序列：

```
date=pd.date_range('2021/01/01','2021/01/08',freq='D')
s1=pd.DataFrame({'opening_price':np.random.randn(8),
                 'closing_price':np.random.randn(8)},index=date)
s1
```

	opening_price	closing_price
2021-01-01	0.9	-0.1
2021-01-02	1.1	-0.3
2021-01-03	-1.1	0.2
2021-01-04	-0.6	-1.0
2021-01-05	1.7	1.4
2021-01-06	2.0	0.4
2021-01-07	-0.8	-0.8
2021-01-08	-1.2	-1.7

为前面定义过的 sample 对象中的开盘价格和收盘价格加上随机干扰，即把 s1 与 sample 进行运算，例如：

```
s1+sample
```

	opening_price	closing_price
2021-01-01	NaN	NaN
2021-01-02	NaN	NaN
2021-01-03	NaN	NaN
2021-01-04	87.0	85.3
2021-01-05	89.8	96.9
2021-01-06	94.6	88.5
2021-01-07	89.8	87.1
2021-01-08	87.8	89.9

从上述结果可以看出，系统会自动将时序索引一致的值进行运算，索引不一致的值赋值为缺失值 NaN。

4. 频率转换及重采样

对 pandas 的时序对象可以采用 asfreq 方法对已有时序索引按照指定的频率重新进行索引，即频率转换。例如 sample 对象是以工作日为时序索引的，可以把其转换为按照日历日或其他时间日期进行索引：

```
sample.asfreq(freq='D')    #freq 可指定的参数值同表 2-13 和表 2-14
```

	opening_price	closing_price
time		
2021-01-04	87.6	86.3
2021-01-05	88.2	95.5
2021-01-06	92.5	88.2
2021-01-07	90.5	87.9
2021-01-08	89.0	91.5

在频率转换的过程中，由于索引发生了变化，原索引的数据会跟转换后的索引自动对齐。

重采样（resampling）也可将时间序列从一个频率转换到另一个频率，但在转换过程中，可以指定提取出原时序数据中的一些信息，其实质就是按照时间索引进行的数据分组。重采样主要有上采样（upsampling）和下采样（downsampling）两种方式。这两种方式类似数据处理过程中的上卷和下钻。

pandas 对象可采用 resample 方法对时序进行重采样，还可以对重采样之后的对象采用 ffilll()、ohlc()等方法进行上采样或下采样。

例如，对 sample 对象进行重采样：

```
sample.resample('12H').ffill()
#按照半天频率进行上采样或升采样，并指定缺失值按当日最后一个有效观测值来填充，即指定插值方式
```

time	opening_price	closing_price
2021-01-04 00:00:00	87.6	86.3
2021-01-04 12:00:00	87.6	86.3
2021-01-05 00:00:00	88.2	95.5
2021-01-05 12:00:00	88.2	95.5
2021-01-06 00:00:00	92.5	88.2
2021-01-06 12:00:00	92.5	88.2
2021-01-07 00:00:00	90.5	87.9
2021-01-07 12:00:00	90.5	87.9
2021-01-08 00:00:00	89.0	91.5

```
sample.resample('4D').ohlc()
#按照 4 天频率进行下采样或降采样
#ohlc()分别表示时序初始值（即起点）、最大值、最小值、时序终止（即终点）的数据
```

time	opening_price				closing_price			
	open	high	low	close	open	high	low	close
2021-01-04	87.6	92.5	87.6	90.5	86.3	95.5	86.3	87.9
2021-01-08	89.0	89.0	89.0	89.0	91.5	91.5	91.5	91.5

重采样实际上就是按照时间或日期对数据进行分组。所以可以通过 pandas 对象的 groupby 方法来进行重采样：

```
jd_ts.groupby(jd_ts.index.isocalendar().year).mean()
#通过重采样提取股票交易开盘价、收盘价、最高价、最低价和成交量按年进行平均的信息
```

year	opening_price	closing_price	lowest_price	highest_price	volume
2016	26.1	26.1	25.7	26.4	9980175.2
2017	37.4	37.4	36.8	37.9	11559708.2
2018	34.8	34.7	34.2	35.4	16228033.4
2019	29.1	29.1	28.7	29.6	13991852.6
2020	60.9	60.9	59.7	61.9	14314792.4
2021	81.2	81.1	79.8	82.4	11489243.9

2.4　非结构化数据

非结构化数据是指数据结构不规则或不完整，没有预定义的数据模型，包括所有格式的办公文档、XML 文档、HTML 文档、各类报表、图片和音频、视频信息等，不适合用数据库二维表来表现。支持非结构化数据的数据库多采用多值字段、子字段、变长字段机制等进行数据项的创建和管理，广泛应用于全文检索和各种多媒体信息处理领域。

数据分析工作中还有一种非常常见的半结构化数据。所谓半结构化数据，就是介于结构化数据和非结构化数据之间的数据，如前所述的 HTML 文档就属于半结构化数据。半结构化数据一般是自描述的，数据的结构和内容混在一起，没有明显的区分，即使属于同一类实体也可以有不同的属性，常见的日志文件、XML 文档、JSON 文档、Email 等都属于半结构化数据。为方便数据整理和分析，本书将非结构化数据和半结构化数据都称为非结构化数据。

2.4.1　网页与 JSON 数据

打开新浪网的某一个新闻网页（https：//news.sina.com.cn/gov/xlxw/2022-01-19/doc-ikyamrmz6154690.shtml），该新闻网页是一个 shtml 文档，这是一个由标签语言标记的超文本多媒体文档，其源代码如图 2-2 所示。

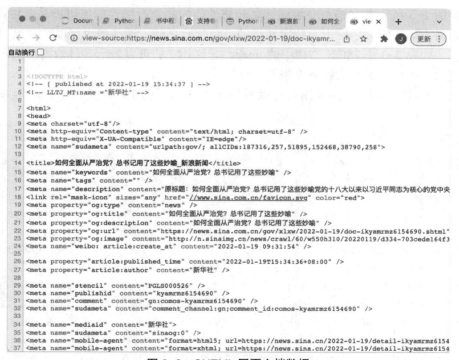

图 2-2　SHTML 网页文档数据

关于网页数据的解析和获取，本书已在 1.3 节介绍过，请读者查看对应章节的具体内容。

在从网络爬取数据的过程中，往往会得到存储了不同结构信息的 JSON 数据。例如爬取某购物平台网站针对某一商品的评论数据，可得到如图 2-3 所示的 JSON 数据。

图 2-3 JSON 文档数据

类似图 2-3 所示的文档是一组属性名和属性值的集合，属性的值可以是 2.1 节介绍过的基本数据类型，例如字符串、数字和日期等。除此之外，这些值也可以是数组，甚至是其他文档（如图 2-3 中 JSON 文档中的 image），这让文档可以表示各种数据结构。文档中的内容可以通过特定的方式解析出来便于分析。

Python 基本库提供了 json 模块可以对如图 2-3 所示的 JSON 文档进行解析并提取出指定内容：

```
import json
jf=open('comment.json','r')
jf_resolved=json.load(jf)
print(jf_resolved)
```

{'rateDetail': {'paginator': {'items': 3, 'lastPage': 1, 'page': 1}, 'rateCount': {'picNum': 0, 'shop': 0, 'total': 3, 'used': 0}, 'rateDanceInfo': {'currentMilles': 1477013395210, 'intervalMilles': 16907642630, 'showChooseTopic': False, 'storeType': 4}, 'rateList': [{'aliMallSeller': False, 'anony': True, 'appendComment': '', 'attributes': 'worth_score:16,explainTime:1474856811403, tmall_vip_level:4,wap:1,worth_order_score:3429.2,enableTime:1474556712697,im portFrom:10,spuId:609474446,sku:3179318941455| 颜 色 分 类 #3B 银 灰 色 ,ttid: 201200@taobao_ipad_4.8.0,leafCatId:50018323', 'attributesMap': {'wap': '1', 'ttid': '201200@taobao_ipad_4.8.0', 'leafCatId': '50018323', 'explainTime': '1474856811403', 'tmall_vip_level': '4', 'spuId': '609474446', 'importFrom': '10', 'sku': '3179318941455|颜色分类#3B 银灰色', 'enableTime': '1474556712697', 'worth_order_score': '3429.2', 'worth_score': '16'}, 'aucNumId': '', 'auctionPicUrl': '', 'auctionPrice': '', 'auctionSku': '颜色分类:银灰色',

'auctionTitle': '', 'buyCount': 0, 'carServiceLocation': '', 'cmsSource': '天猫', 'displayRatePic': '', 'displayRateSum': 0, 'displayUserLink': '', 'displayUserNick': '飘***风', 'displayUserNumId': '', 'displayUserRateLink': '', 'dsr': 0.0, 'fromMall': True, 'fromMemory': 0, 'gmtCreateTime': 1474556713000, 'id': 285895438104, 'pics': '', 'picsSmall': '', 'position': '', 'rateContent': '过去觉很好。用过之后再做评价', 'rateDate': '2016-09-22 23:05:13', 'reply': '谢谢亲的支持与厚爱,您的好评是我们不断前进的动力,我们会继续努力,给您带来更优质的服务!', 'sellerId': 2673820597, 'serviceRateContent': '', 'structuredRateList': [], 'tamllSweetLevel': 4, 'tmallSweetPic': 'tmall-grade-t4-18.png', 'tradeEndTime': 1474556666000, 'tradeId': '', 'useful': True, 'userIdEncryption': '', 'userInfo': '', 'userVipLevel': 0, 'userVipPic': ''}, {'aliMallSeller': False, 'anony': True, 'appendComment': '', 'attributes': 'worth_score:23,explainTime:1472176952676,tmall_vip_level:4,wap:1,worth_order_score:3430.6,enableTime:1472125490700,importFrom:10,spuId:609474446,sku:3179318941455|颜色分类#3B 银灰色,ttid:201200@taobao_iphone_5.10.3,leafCatId:50018323', 'attributesMap': {'wap': '1', 'ttid': '201200@taobao_iphone_5.10.3', 'leafCatId': '50018323', 'explainTime': '1472176952676', 'tmall_vip_level': '4', 'spuId': '609474446', 'importFrom': '10', 'sku': '3179318941455|颜色分类#3B 银灰色', 'enableTime': '1472125490700', 'worth_order_score': '3430.6', 'worth_score': '23'}, 'aucNumId': '', 'auctionPicUrl': '', 'auctionPrice': '', 'auctionSku': '颜色分类:银灰色', 'auctionTitle': '', 'buyCount': 0, 'carServiceLocation': '', 'cmsSource': '天猫', 'displayRatePic': '', 'displayRateSum': 0, 'displayUserLink': '', 'displayUserNick': 'r***2', 'displayUserNumId': '', 'displayUserRateLink': '', 'dsr': 0.0, 'fromMall': True, 'fromMemory': 0, 'gmtCreateTime': 1472125491000, 'id': 283079541357, 'pics': '', 'picsSmall': '', 'position': '', 'rateContent': '机器很不错   开具了机打发票 售后有保障', 'rateDate': '2016-08-25 19:44:51', 'reply': '谢谢亲的支持与厚爱,您的好评是我们不断前进的动力,我们会继续努力,给您带来更优质的服务!', 'sellerId': 2673820597, 'serviceRateContent': '', 'structuredRateList': [], 'tamllSweetLevel': 4, 'tmallSweetPic': 'tmall-grade-t4-18.png', 'tradeEndTime': 1472125438000, 'tradeId': '', 'useful': True, 'userIdEncryption': '', 'userInfo': '', 'userVipLevel': 0, 'userVipPic': ''}, {'aliMallSeller': False, 'anony': True, 'appendComment': '', 'attributes': 'worth_score:17,explainTime:1467852977592,pic_height:800,tmall_vip_level:4,worth_order_score:3413.8,enableTime:1467450338747,importFrom:10,spuId:609474446,service_128_0:4,sku:3179318941455|颜色分类#3B 银灰色,leafCatId:50018323,pic_width:800', 'attributesMap': {'pic_height': '800', 'leafCatId': '50018323', 'explainTime': '1467852977592', 'pic_width': '800', 'service_128_0': '4', 'tmall_vip_level': '4', 'spuId': '609474446', 'importFrom': '10', 'sku': '3179318941455|颜色分类#3B 银灰色', 'enableTime': '1467450338747', 'worth_order_score': '3413.8', 'worth_score': '17'}, 'aucNumId': '', 'auctionPicUrl': '', 'auctionPrice': '', 'auctionSku': '颜色分类:银灰色', 'auctionTitle': '', 'buyCount': 0, 'carServiceLocation': '', 'cmsSource': '天猫', 'displayRatePic': '', 'displayRateSum': 0, 'displayUserLink':

'', 'displayUserNick': '猫***师', 'displayUserNumId': '', 'displayUserRateLink':
'', 'dsr': 0.0, 'fromMall': True, 'fromMemory': 0, 'gmtCreateTime': 1467450339000,
'id': 277931625372, 'pics': '', 'picsSmall': '', 'position': '', 'rateContent':
'和网上看到的一样,正在使用不暂时无法判断质量好坏。很快就到了呀,不错,客服及解答也很满意。',
'rateDate': '2016-07-02 17:05:39', 'reply': '感谢亲您选择 HP 惠普山东官方专卖店,您
的满意就是我们前进的动力。有任何问题您可以联系在线客服或拨打惠普热线 400-885-6616,这边竭
诚为您解决,我们会一如既往地提供更好的售后服务！祝您生活愉快^_^', 'sellerId':
2673820597, 'serviceRateContent': '', 'structuredRateList': [], 'tamllSweetLevel':
4, 'tmallSweetPic': 'tmall-grade-t4-18.png', 'tradeEndTime': 1467444347000,
'tradeId': '', 'useful': True, 'userIdEncryption': '', 'userInfo': '',
'userVipLevel': 0, 'userVipPic': ''}], 'searchinfo': '', 'tags': ''}}

本书为了让读者对 JSON 文档数据有一个更好的感性认识，把 comment.json 文件中的所有内容输出在此。

由输出结果可以看到，利用 json 模块读取的结果 jf_resolved 是一个字典数据类型：

```
type(jf_resolved)
dict
```

jf_resolved 是一个嵌套字典，需要仔细分析其结构，我们可以将其各个键值对打印出来：

```
for name,info in jf_resolved.items():
    print(name)
    for k,v in info.items():
        print(k)
        print(v)
```

```
rateDetail
paginator
{'items': 3, 'lastPage': 1, 'page': 1}
rateCount
{'picNum': 0, 'shop': 0, 'total': 3, 'used': 0}
rateDanceInfo
{'currentMilles':      1477013395210,      'intervalMilles':      16907642630,
'showChooseTopic': False, 'storeType': 4}
rateList
[{'aliMallSeller': False, ................... , 'picsSmall': '', 'position': '',
'rateContent': '过去觉得很好。用过之后再做评价', 'rateDate': '2016-09-22 23:05:13',
'reply': '谢谢亲的支持与厚爱,您的好评是我们不断前进的动力,我们会继续努力,给您带来更优质的
服务!', 'sellerId': 2673820597, ................... ,'position': '', 'rateContent': '机器
很不错     开具了机打发票  售后有保障', 'rateDate': '2016-08-25 19:44:51', 'reply': '
谢谢亲的支持与厚爱,您的好评是我们不断前进的动力,我们会继续努力,给您带来更优质的服务!',
'sellerId': 2673820597, 'serviceRateContent': '', ................... , 'position': '',
'rateContent':  '和网上看到的一样,正在使用不暂时无法判断质量好坏。很快就到了呀,不错,客服
及解答也很满意。', 'rateDate': '2016-07-02 17:05:39', 'reply': '感谢亲您选择 HP 惠
普山东官方专卖店,您的满意就是我们前进的动力。有任何问题您可以联系在线客服或拨打惠普热线
```

400-885-6616,这边竭诚为您解决,我们会一如既往地提供更好的售后服务!祝您生活愉快^_^',
'sellerId': 2673820597, 'serviceRateContent': '', 'structuredRateList': [],
'tamllSweetLevel': 4, 'tmallSweetPic': 'tmall-grade-t4-18.png', 'tradeEndTime':
1467444347000, 'tradeId': '', 'useful': True, 'userIdEncryption': '',
'userInfo': '', 'userVipLevel': 0, 'userVipPic': ''}]
searchinfo

tags

　　本书截取了上述程序运行结果中的部分输出内容。经过仔细分析其结构，发现我们想要的评论数据均存储在"rateContent"这个键对应的值中，但是该键对应的值组成的键值对是作为一个值，存储在一个键名为"rateList"对应的列表值中。所以，可以使用嵌套字典的数据访问方式，将我们需要的评论数据提取出来：

```
jf_dict=jf_resolved['rateDetail']['rateList']
for i,j in enumerate(jf_dict):
    print(j['rateContent'])
```
过去觉很好。用过之后再做评价
机器很不错　　开具了机打发票　售后有保障
和网上看到的一样,正在使用不暂时无法判断质量好环。很快就到了呀,不错,客服及解答也很满意。

　　提取出想要的数据内容之后，便可进行相应的分析了。

2.4.2　图像数据

　　图像即图片，也是一种重要的非结构数据。但是在处理图片数据的过程中，往往还是通过将其进行结构化的方式进行读取、存储等操作。例如图 2-4 所示的名为"读入的图片.png"的图片。

图 2-4　读入的图片.png

　　可以使用 Python 中的 matplotlib 提供的工具进行读取：

```
import matplotlib.image as mp
path='/Users/Ruan/Desktop/数据准备/读入的图片.png'
img=mp.imread(path)                    #读入图片
type(img)
```
numpy.ndarray

　　可以看到，此处读入的图片被存储为 numpy 的 ndarray 数据类型。可以查看 img 数据的内容，其就是一个 345 层、345 行、4 列的结构化的数组数据。

```
print(img)
print(img.shape)    #查看 img 数据的维度属性值
array([[[1., 1., 1., 1.],
        [1., 1., 1., 1.],
        [1., 1., 1., 1.],
        ...,
       [[0., 0., 0., 0.],
        [0., 0., 0., 0.],
        [0., 0., 0., 0.],
        ...,
        [0., 0., 0., 0.],
        [0., 0., 0., 0.],
        [0., 0., 0., 0.]]], dtype=float32)
(345, 345, 4)
```

　　根据该数据的内容，可以绘制出图片：

```
import matplotlib.pyplot as plt
plt.imshow(img)
```

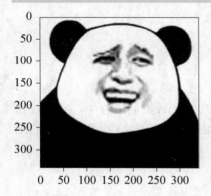

　　图片的这种存储方式可以达到修改图片的目的。例如，随机从 img 数组中抽取出指定大小的数据，使用这些数据能够绘制出与其对应的图形。

```
img_new=np.random.choice(img.flatten(),size=(10,10,4))
#将 img 数据展平，然后随机抽取一个 10 层、10 行、4 列的三维数组进行绘图
plt.imshow(img_new)
```

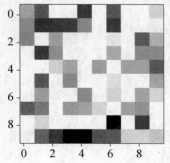

2.4.3 音频数据

对于音频等非结构数据，也可仿照图片数据进行处理。Python 中可以使用 playsound、pydub、pygame 以及内置 os 模块来读取和播放音乐。例如，使用 pygame（需要事先安装）在 Python 中读取和播放吉他曲《爱的罗曼史》文件 LoveRomance.mp3：

```
from pygame import mixer

mixer.init()
mixer.music.load('LoveRomance.mp3') #©RUANJING
mixer.music.play()
pygame 2.1.2(SDL 2.0.18, Python 3.7.11)
Hello from the pygame community. https://www.pygame.org/contribute.html
```

程序运行之后稍等片刻，便可听到曲目的声音。在 Notebook 中还可以使用 IPython.display.Audio 调出播放音频的小插件，实现类似于音频播放器的功能：

```
import IPython.display as ipd
ipd.Audio(audio_path)
```

▶ 0:08 / 0:32 ─────── 🔊 ⋮

虽然音频在表现形式上看是非结构化的，但是也可以利用 numpy 数据将音频数据使用结构化的方式存储下来。例如，对于吉他曲《罗密欧与朱丽叶》文件 Romio.wav，可以使用 librosa 库（需要事先进行安装）将其读入并存储为一个 ndarray 数组。

```
import librosa
audio_path='Romio.wav'     #©RUANJING
x,sr=librosa.load(audio_path)
x
array([ 0.00017869,  0.00058461, -0.00040878, ...,  0.        ,
       0.        ,  0.          ], dtype=float32)
```

```
sr
22050
```

由程序输出结果可以看出，x 为一个存储了数字的一维时间序列数组，sr 为采样率（默认值为 22KHz）。有了 x 存储的音频数据，便可将音频的波形图绘制出来。

```
%matplotlib inline
import matplotlib.pyplot as plt
import librosa.display
plt.figure(figsize=(14, 5))
librosa.display.waveplot(x, sr=sr)
```

通常在对音频数据进行处理和分析时，还会用到横坐标为时间，纵坐标为频率的音频频谱图，以进行音频特征提取。

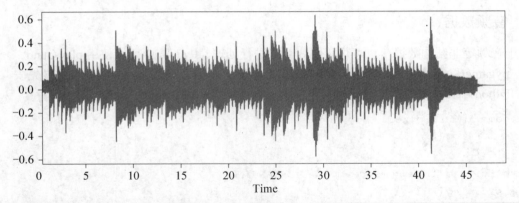

```
X=librosa.stft(x)
Xdb=librosa.amplitude_to_db(abs(X))
plt.figure(figsize=(14, 5))
librosa.display.specshow(Xdb,sr=sr,x_axis='time',y_axis='hz')
plt.colorbar()
```

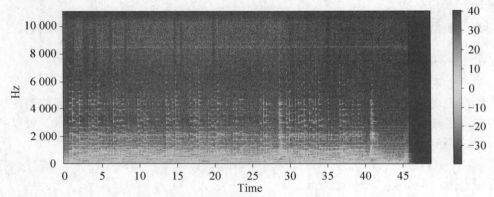

从上面的输出图中可以明显看出，所有时间点上都处于较低的频率段，所以可以将图中的纵轴进行变换，如采用对数变换：

```
librosa.display.specshow(Xdb,sr=sr,x_axis='time',y_axis='log')
plt.colorbar()
```

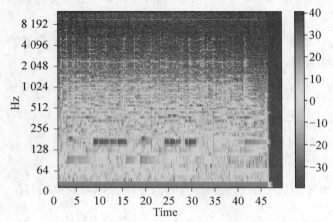

音频数据类似于图片数据，可以通过 numpy 的数组构建，例如：

```
import soundfile as sf
sr=44100          #设置采样率
T=10.0            #设置时长
t=np.linspace(0,T,int(T*sr),endpoint=False)
x=0.5*np.sin(2*np.pi*440*t)
sf.write('sampleaudio.wav',x,sr*2)
```

读者可以自行运行上段程序并查看 t 和 x 的输出结果并聆听音频。

2.4.4 视频数据

视频数据中包含的内容更为复杂，但是也可以将其结构化为一个能够处理的结构化数据进行处理。在 Python 中，可以使用 cv2 包来实现读取和存储视频等功能。cv2 包需要事先安装：

```
!pip install opencv-python
```

安装完成之后，先配置好视频处理的环境：

```
import numpy as np
import matplotlib.pyplot as plt
import pylab
import imageio
import skimage.io
import numpy as np
import cv2
```

例如，本书作者在网上搜索并下载到一个视频文件名为 Laislabonita.mp4*，在 Python 中进行播放：

```
cap=cv2.VideoCapture('Laislabonita.mp4')
while(cap.isOpened()):
    ret,frame=cap.read()
    cv2.imshow('image', frame)
    k=cv2.waitKey(20)
    #q 键退出
    if(k & 0xff == ord('q')):
        break
cap.release()
cv2.destroyAllWindows()
```

上述程序运行之后便会调用系统媒体播放器进行视频播放。

通过 cv2 读取的视频，是一帧一帧地存储在 numpy 数组中的，如上段程序中的 frame 对象便是视频数据：

---

* 请读者在使用该文件后 24 小时内自行删除。

```
type(frame)
numpy.ndarray
```

因此，可以使用如下方式获取视频的特征及其每一帧或指定的某一帧的具体数据：

```
import cv2
cap=cv2.VideoCapture('Laislabonita.mp4')
if cap.isOpened():
    print('已经打开了视频文件')
    fps=cap.get(cv2.CAP_PROP_FPS)
    width=cap.get(cv2.CAP_PROP_FRAME_WIDTH)
    height=cap.get(cv2.CAP_PROP_FRAME_HEIGHT)
    print('fps:',fps,'width:',width,'height:',height)
    i=0
    ret=1
    framelist=[]
    while ret:
        ret,frame=cap.read()            #读取一帧视频
        file_name=str(i)+'.jpg'
        if i/1200==int(i/1200):
            cv2.imwrite(file_name, frame)
            framelist.append(frame)
        i=i+1
else:
    print('视频文件打开失败!')
```

对于已经打开了的视频文件

```
fps: 29.97 width: 320.0 height: 240.0
```

上段程序读取了视频文件 Laislabonita.mp4 中每隔 40 秒（该视频文件 fps 为 29.97，表明 1 秒内有大约 30 帧）的数据，存储在一个名为 framelist 的列表中。例如需要查看第 200 秒（第 6000 帧）的数据：

```
framelist[5]      #索引从 0 开始,分别表示第 0 秒(0 帧)、40 秒(1200 帧)、80 秒(2400 帧)……
array([[[ 0,  7,  0],
       [ 0,  6,  0],
       [ 0,  8,  0],
       ...,
      [[ 0,  0,  0],
       [ 0,  0,  0],
       [ 0,  0,  0],
       ...,
       [ 0,  0,  0],
       [ 0,  0,  0],
       [ 0,  5,  0]]], dtype=uint8)
```

　　同样可以利用上述数组中的数据绘制出对应的图片：

```
plt.imshow(framelist[5])
```

第 3 章

数 据 编 码

数据编码是通过编码来建立数据间的内在联系，便于计算机识别和管理。由于计算机要处理的数据信息十分庞杂，有些数据库所代表的含义又使人难以记忆，常常要对加工处理的对象进行编码，用一个编码符号代表一条信息或一串数据。数据编码可以方便地进行信息分类、校核、合计、检索等操作，从而节省存储空间，提高处理速度。就数据分析角度而言，没有经过编码的一些数据，如文本信息等，在某些情况下是无法进行分析和建模的。

3.1 数据编码的基本要求和原则

在进行数据编码时应遵循系统性、标准性、实用性、扩充性和效率性等基本原则。编码的主要目的是减少信息量。数据会影响处理的效率和精度，效率低主要是由于有大量字符用于名称或描述，要花费太多的时间用于报告、录入、辨认及理解，更重要的是必须有足够空间存放那些没有经过编码的字符及数字。这种低效率对手工操作及计算机处理有很大影响。要提高计算机处理精度，必须实现数据项定义标准化。设计好的编码结构可以解决上述问题。例如一个个位数编码 0-1，能唯一并简洁地标识所有人的性别（如 0——女性，1——男性），明显比每一条用语言描述的数据占用空间要少。

常用的编码方案有：单极性码、极性码、双极性码、归零码、双相码、不归零码、曼彻斯特编码、差分曼彻斯特编码、多电平编码、4B/5B 编码等。这些编码方案或编码结构往往广泛运用于工程或通信、信号处理等特定领域。出于实用目的，借鉴上述编码结构，本书介绍的数据编码主要是指在社会科学领域中将那些无法用数字来衡量或测度的定性数据，如分类数据、顺序数据等，通过哑变量、标签化等具体方式转化为数字形式，以便为分析和建模所用。

3.2 数据编码的结构类型

3.2.1 分类编码

对数据进行分类编码的基础是数据分类。可以说，分类数据是进行数据编码的基础。

分类数据由固定的且数量有限的属性变量组成，例如，性别的属性值为男、女，血型的属性值为 A 型、B 型、O 型等，国家的属性值为中国、美国、英国、日本、俄罗斯、法国等。分类数据还可以设置逻辑顺序，例如身高可设置为高>中>低，奖学金可设置为一等奖>二等奖>三等奖等。

在 Python 的第三方数据工具库 pandas 中，DataFrame 实例对象的数据可转化为 Categorical 类型的数据，该数据类型通过将类别进行数字编码，大大节省了内存的占用，提高了运行速度。

例如，有如下原始数据：

```
student_profile=pd.DataFrame({'Name':['Morgan Wang','Jackie Li','Tom Ding',
                                      'Erricson John','Juan Saint',
                                      'Sui Mike','Li Rose'],
                             'Gender':['Male','Female','Female','Male',
                                       'Female','Male','Unspecified'],
                             'Blood':['A', 'AB','O','AB','B','O','A'],
                             'Grade':['Freshman','Sophomore','Junior',
                                      'Sophomore','Junior','Freshman',
                                      'Sophomore'],
                             'Height':[175,180,168,170,158,183,173]})
student_profile
```

	Name	Gender	Blood	Grade	Height
0	Morgan Wang	Male	A	Freshman	175
1	Jackie Li	Female	AB	Sophomore	180
2	Tom Ding	Female	O	Junior	168
3	Erricson John	Male	AB	Sophomore	170
4	Juan Saint	Female	B	Junior	158
5	Sui Mike	Male	O	Freshman	183
6	Li Rose	Unspecified	A	Sophomore	173

查看数据中各列的数据类型：

```
student_profile.dtypes
Name      object
Gender    object
Blood     object
Grade     object
Height    int64
dtype: object
```

结果显示除了身高 Height 这一列是整型数据之外，其余各列的数据均为 object 字符型数据。

使用 astype 方法可以将现有的数据类型转换为分类数据类型，例如，将性别 Gender 一列的数据类型转换为分类数据类型：

```
gender=student_profile['Gender'].astype('category')
gender.head()
0      Male
1    Female
2    Female
3      Male
4    Female
Name: Gender, dtype: category
Categories(3, object): ['Female', 'Male', 'Unspecified']
```

原有数据类型的 values 值是一个 numpy 的 ndarry 数组：

```
type(student_profile['Gender'].values)
numpy.ndarray
```

分类数据的 values 值不再是一个 numpy 的 ndarray，而是一个 pandas.Categorical 对象：

```
type(gender.values)
pandas.core.arrays.categorical.Categorical
```

分类数据包含类别（categories）和编码（codes）两个属性。分类数据将每一类别映射到一个整数上，其内部数据结构是由一个类别数组和一个整数数组构成的。

```
gender.values.categories
Index(['Female', 'Male', 'Unspecified'], dtype='object')
gender.values.codes
array([1, 0, 0, 1, 0, 1, 2], dtype=int8)
```

分类数据通过将类别进行数字编码，大大节省了内存的占用，提高了运行速度：

```
student_profile['Gender'].memory_usage()
184
gender.values.memory_usage()
139
```

3.2.2 顺序编码

分类数据可以指定逻辑顺序，并能够进行逻辑顺序上的排序和筛选最大值/最小值的操作。选取数据 student_profile 中 Grade 一列，将其转换为分类数据：

```
grade=student_profile['Grade'].astype('category')
grade.head()
0     Freshman
1    Sophomore
2       Junior
3    Sophomore
4       Junior
Name: Grade, dtype: category
```

```
Categories(3, object): ['Freshman', 'Junior', 'Sophomore']
type(grade)
pandas.core.series.Series
```

分类处理后的 Grade 列是一个 Series 实例对象，可以使用 Series.cat.as_ordered()方法设置其逻辑顺序：

```
grade.cat.as_ordered
grade.head()
0      Freshman
1     Sophomore
2        Junior
3     Sophomore
4        Junior
Name: Grade, dtype: category
Categories(3, object): ['Freshman', 'Junior', 'Sophomore']
```

默认设置的逻辑顺序没有实际意义，可以根据年级高低进行自定义排序：

```
grade=grade.cat.set_categories(['Freshman','Sophomore','Junior'])
grade.head()
0      Freshman
1     Sophomore
2        Junior
3     Sophomore
4        Junior
Name: Grade, dtype: category
Categories(3, object): ['Freshman', 'Sophomore', 'Junior']
```

分类数据排序时，会根据所设置的逻辑顺序进行操作：

```
grade.sort_values()
0      Freshman
5      Freshman
1     Sophomore
3     Sophomore
6     Sophomore
2        Junior
4        Junior
Name: Grade, dtype: category
Categories(3, object): ['Freshman', 'Sophomore', 'Junior']
```

3.2.3 分段编码

分段数据是分类数据的一种特殊形式，即将数值型数据按照数值范围进行分段，如将身高分段为 150 厘米以下、150～170 厘米、170 厘米以上等。这种操作也可以称为数据分箱（binning），是数据分析过程中常见的一种数据编码方式。

    pandas 提供的 cut()和 qcut()函数能够实现数据分箱或将数据分段。使用 cut()或 qcut()函数会自动将分析对象转为分类数据类型。例如将 student_profile 数据中的 Height（身高）列进行分段：

```
height=pd.cut(student_profile['Height'],[0,150,160,175,185],right=False)
#按照上组限不包括在内的统计分组原则对身高数据进行分段
height
0    [175, 185)
1    [175, 185)
2    [160, 175)
3    [160, 175)
4    [150, 160)
5    [175, 185)
6    [160, 175)
Name: Height, dtype: category
Categories(4, interval[int64, left]): [[0, 150)< [150, 160)< [160, 175)< [175,
185)]
```

    可以使用参数 labels 修改分段类别的名称，如：

```
height=pd.cut(student_profile['Height'],[0,150,160,175,185],right=False,
              labels=['150 以下','150-160 厘米','160-175 厘米','175-185 厘米'])
height
0    175-185 厘米
1    175-185 厘米
2    160-175 厘米
3    160-175 厘米
4    150-160 厘米
5    175-185 厘米
6    160-175 厘米
Name: Height, dtype: category
Categories(4, object): ['150 以下' < '150-160 厘米' < '160-175 厘米' < '175-185
厘米']
```

    分段后的数据类别无法看到分段区间范围，可以结合 groupby 查看各类别的最大/最小值：

```
student_profile['Height'].groupby(height).agg(['count','min','max'])
```

Height	count	min	max
150以下	0	NaN	NaN
150-160厘米	1	158.0	158.0
160-175厘米	3	168.0	173.0
175-185厘米	3	175.0	183.0

    有关 groupby 的使用技术请查阅 7.5 节的具体内容。

3.2.4　值标签编码

在数据录入过程中，为便于数据输入和日后建模分析，一般把上述分类数据的属性值（values）对应的数字编码（codecs）作为内容存储到数据对象中，如：

```
student=pd.DataFrame({'Name':['Morgan Wang','Jackie Li','Tom Ding',
                              'Erricson John','Juan Saint','Sui Mike',
                              'Li Rose'],
                      'Gender':[1,0,0,1,0,1,2],
                      'Blood':['A','AB','O','AB',
                               'B','O','A'],
                      'Grade':[1,2,3,2,3,1,2],
                      'Height':[175,180,168,170,158,183,173]})
student
```

	Name	Gender	Blood	Grade	Height
0	Morgan Wang	1	A	1	175
1	Jackie Li	0	AB	2	180
2	Tom Ding	0	O	3	168
3	Erricson John	1	AB	2	170
4	Juan Saint	0	B	3	158
5	Sui Mike	1	O	1	183
6	Li Rose	2	A	2	173

在实际数据分析工作中，除了数据收集者或直接参与数据收集的分析人员之外，谁也不知道上述数据中的 Gender、Grade 等列中数字或代码表示什么意思，因此，很有必要把这些列的值标签化，为它们赋予实际的意义，这样数据分析过程和分析结果的展示才能直观明了。Python 中 pandas 的 DataFrame 数据类型的 astype 方法可将原始数据转化为 category 类型，然后利用 cat.categories 为数据值挂上标签。

```
student['Gender_Value']=student['Gender'].astype('category')
student['Gender_Value'].cat.categories=['Female','Male','Unspecified']
student
```

	Name	Gender	Blood	Grade	Height	Gender_Value
0	Morgan Wang	1	A	1	175	Male
1	Jackie Li	0	AB	2	180	Female
2	Tom Ding	0	O	3	168	Female
3	Erricson John	1	AB	2	170	Male
4	Juan Saint	0	B	3	158	Female
5	Sui Mike	1	O	1	183	Male
6	Li Rose	2	A	2	173	Unspecified

可以看到，运行结果中增加了一个新列 Gender_Value，其值为对应的标签，即 0 表示 Female，1 表示 Male，2 表示 Unspecified。

如需要剔除和增加值标签，或者将类别设置为预定的尺度，可以使用 cat.set_categories 方法：

```
student['Gender_Value'].cat.set_categories=['Male','Female','Unspecified']
```

在对 student 进行数据分析的结果中，系统会按照上述指定的顺序呈现分析结果。

3.2.5 Dummy/虚拟变量编码

在数据分析和建模过程中，往往会使用上述分类数据进行分析。例如，在回归分析中，人们常会使用分类数据作为自变量或因变量来构建模型，这时往往要对这些分类自变量进行处理，将其构建为虚拟变量或哑变量（dummy variables）之后再建模，进而分析不同属性值对因变量的影响。因此，虚拟变量或哑变量的构建是数据建模过程中的一个重要环节。

某公司管理层往往会根据公司员工的起薪、年龄大小、工作经验、职位以及学历等诸多因素来决定其当前薪酬。为了考察某集团公司员工当前薪酬水平的影响因素，现收集了471 名公司雇员的背景信息，具体信息如"salary_r.csv"所示。

```
salary=pd.read_csv('salary_r.csv')
salary=salary.dropna(axis=0)
#本数据含有较少缺失值，因数据量较多本例考虑直接将含有缺失值的行去除
salary.sample(10)
```

	position	ID	Gender	Education	Current_Salary	Begin_Salary	Experience	Age
428	3	260	0	12	22350	11250	5.0	38.0
268	3	311	0	12	22500	12000	63.0	56.0
159	3	270	1	15	28650	18000	261.0	59.0
465	2	303	1	12	35250	15750	281.0	69.0
346	3	342	0	12	24450	14250	117.0	58.0
20	1	32	1	19	110625	45000	120.0	53.0
113	3	65	1	8	21900	14550	41.0	42.0
450	2	335	1	8	31950	15750	408.0	77.0
242	3	189	0	12	36000	19980	240.0	56.0
392	3	190	0	8	29100	16500	35.0	74.0

该数据中，职位（position）、性别（Gender）均为分类变量，在进行建模之前，应当将其转换为虚拟变量，然后再引入模型中。

虚拟变量的设定即是把对变量的定性描述转化成定量数据来进行描述，如性别定性变量有"男"和"女"2 种，在设定虚拟变量时，可考虑用数字"0""1"分别代表"男""女"。在本例的数据中，Gender 变量是一个不需要设定的虚拟变量，因为其值直接就是 0 和 1，如果要表明其编码含义的话，可以使用 3.2.4 节介绍的方法将其标签化。

设定虚拟变量时应当同时遵循如下原则：

- 对于有 k 个表现值的定性变量，只设定 $k-1$ 个虚拟变量。
- 虚拟变量的值通常用"0"或"1"来表示。
- 对于每个样本而言，同一个定性变量对应虚拟变量的值之和不超过 1。

例如 Gender 变量，有 2 个表现值，即"男"和"女"（$k=2$），因此只需设定 1 个虚拟变量即可，可以考虑用"0"代表女性，"1"代表男性。

而例中的职位 position 变量，有 3 个表现值（$k=3$），因此需要设定 2 个虚拟变量

（Position1 和 Position2）来进行分析，如：

Position1	Position2	职位	position 变量的取值
1	0	经理	1
0	1	主管	2
0	0	普通员工	3

Python 第三方工具库 statsmodels（需要事先安装）提供了 Treatment 类，将其实例化便可以自动实现上述虚拟变量的处理，具体用法如下：

```
from patsy.contrasts import Treatment
contrast = Treatment(reference=3).code_without_intercept([1,2,3])
#列表中的数字是分类变量的属性以数字来对应表示，因为原始数据中就是用1、2、3来表示的
print(contrast)
ContrastMatrix(array([[1., 0.],
                      [0., 1.],
                      [0., 0.]]),
               ['[T.1]', '[T.2]'])
```

Treatment 类的 reference 参数，可以指定对照组即参考对象（亦即所有虚拟变量均为 0）的位置。上述程序的具体意思是分类变量有 3 个属性，分别可以用 1、2、3 来表示，参考属性设置为 3。

设置好虚拟变量之后，就可以进行分析了。例如，statsmodels 中的 ols 函数可以直接使用上述参考属性的设置方法来估计带有虚拟变量（本例将普通员工设置为参照属性）的模型：

```
from statsmodels.formula.api import ols
formula='Current_Salary~Education+Begin_Salary+Experience-
Age+C(position,Treatment(reference=3))+C(Gender)'
salary_model=ols(formula,data=salary).fit()
salary_model.summary2()
```

Model:	OLS	Adj. R-squared:	0.813
Dependent Variable:	Current_Salary	AIC:	9175.9545
Date:	2022-01-25 11:44	BIC:	9204.6567
No. Observations:	446	Log-Likelihood:	-4581.0
Df Model:	6	F-statistic:	323.8
Df Residuals:	439	Prob (F-statistic):	1.02e-157
R-squared:	0.816	Scale:	4.9647e+07

	Coef.	Std.Err.	t	P>|t|	[0.025	0.975]
Intercept	3908.9330	2155.2003	1.8137	0.0704	-326.8598	8144.7258
C(position, Treatment(reference=3))[T.1]	11501.1261	1543.7087	7.4503	0.0000	8467.1481	14535.1041
C(position, Treatment(reference=3))[T.2]	6691.6927	1692.3071	3.9542	0.0001	3365.6621	10017.7234
C(Gender)[T.1]	1970.6471	813.6961	2.4218	0.0158	371.4232	3569.8711
Education	506.7274	172.5026	2.9375	0.0035	167.6939	845.7609
Begin_Salary	1.3221	0.0988	13.3870	0.0000	1.1280	1.5162
Experience	-22.5668	3.7782	-5.9728	0.0000	-29.9925	-15.1411

Omnibus:	206.434	Durbin-Watson:	1.962
Prob(Omnibus):	0.000	Jarque-Bera (JB):	1762.413
Skew:	1.786	Prob(JB):	0.000
Kurtosis:	12.060	Condition No.:	130698

请读者根据自身掌握的建模知识，自行查看上述输出结果中的第二个表格，其中含有利用虚拟变量构建模型的参数估计及其检验结果。

上述过程是利用 Python 自动进行虚拟变量编码的方法，该流程也符合绝大多数教科书的标准做法。

当然，也可以使用最直接、最原始的方法，首先将需要进行 dummy 化的对象转换为分类数据类型：

```
salary['position_valuelabel']=salary['position']
salary['position_valuelabel']=salary['position_valuelabel'].astype('category')
salary['position_valuelabel'].cat.categories=['经理','主管','普通员工']
salary['position_valuelabel'].cat.set_categories=['经理','主管','普通员工']
```

然后，直接用传统赋值的方式设定虚拟变量：

```
salary.loc[(salary.position_valuelabel=='经理'),'position1']=1
salary.loc[(salary.position_valuelabel=='经理'),'position2']=0
salary.loc[(salary.position_valuelabel=='主管'),'position1']=0
salary.loc[(salary.position_valuelabel=='主管'),'position2']=1
salary.loc[(salary.position_valuelabel=='普通员工'),'position1']=0
salary.loc[(salary.position_valuelabel=='普通员工'),'position2']=0


salary.sample(10)
```

	position	ID	Gender	Education	Current_Salary	Begin_Salary	Experience	Age	position_valuelabel	position1	position2
284	3	229	0	12	17250	10200	358.0	66.0	普通员工	0.0	0.0
12	1	53	1	18	73750	26250	56.0	52.0	经理	1.0	0.0
10	1	197	1	15	54900	25500	49.0	44.0	经理	1.0	0.0
359	3	334	0	12	24450	10950	32.0	40.0	普通员工	0.0	0.0
235	3	210	1	15	30600	16500	216.0	57.0	普通员工	0.0	0.0
415	3	347	0	12	23100	12000	228.0	62.0	普通员工	0.0	0.0
453	2	45	1	12	30750	13500	307.0	68.0	主管	0.0	1.0
447	2	414	1	8	30300	15750	155.0	46.0	主管	0.0	1.0
256	3	46	0	15	22350	12750	165.0	66.0	普通员工	0.0	0.0
433	3	245	0	12	26700	11550	18.0	38.0	普通员工	0.0	0.0

但是上述手工方法实在太麻烦，当变量有很多值时不便处理。pandas 提供了 get_dummies 方法将指定变量处理为虚拟变量：

```
dm=pd.get_dummies(salary['position_valuelabel'],prefix='position_')
dm.sample(10)
```

	position__经理	position__主管	position__普通员工
439	0	0	1
343	0	0	1
454	0	1	0
338	0	0	1
110	0	0	1
40	1	0	0
64	1	0	0
9	1	0	0
224	0	0	1
324	0	0	1

将上述处理的虚拟变量加入原数据集中，并验证处理的结果：

```
salary=salary.join(dm)
salary[['position_valuelabel','position1','position2','position__主管',
    'position__普通员工','position__经理']].loc[[0,440,470]]
```

	position_valuelabel	position1	position2	position__主管	position__普通员工	position__经理
0	经理	1.0	0.0	0	0	1
440	普通员工	0.0	0.0	0	1	0
470	主管	0.0	1.0	1	0	0

要注意，使用 pd.get_dummies 生成的虚拟变量所代表的含义与手工定义的含义是不同的。请读者自行仔细对照上述输出结果。经过处理后的虚拟变量可按照普通线性回归的方法直接建模：

```
formula='Current_Salary~Education+Begin_Salary+Experience-Age+position__主管
    +position__普通员工+Gender'
salary_model2=ols(formula,data=salary).fit()
print(salary_model2.summary2())
formula='Current_Salary~Education+Begin_Salary+Experience-Age
    +position1+position2+Gender'
salary_model3=ols(formula,data=salary).fit()
print(salary_model3.summary2())
```

请读者自行运行上段程序并对照查看 salary_model3、salary_model2 和 salary_model 的输出结果。

3.2.6　尺度编码

统计学上对数据的测量一般有四种尺度（scales）：定类尺度、定序尺度、定距尺度、定比尺度。

定类尺度也叫名义尺度（nominal scale），是对数据类别或属性的一种测度，其特点是其值只能代表事物的类别和属性，不能比较各类别之间的大小。所以各类别之间没有顺序或者等级，一般以字符、文字表示，如 3.2.1 节介绍过的分类数据。

定序尺度（ordinal scale），是对数据之间等级或者顺序的一种测度。其计算结果只能排序，不能进行算术运算。这类数据具有定类数据的性质，并且数据的顺序或等级的意义明确，这类数据的测量尺度就是定序尺度，如 3.2.2 节介绍过的顺序数据。

定距尺度（interval scale），是对数据次序之间间距的测度。其特点为不仅能够对数据进行排序，还能准确计算数据之间的差距。生活中最典型的定距尺度是温度计。定距尺度可以用众数、中位数或者算术平均值来描述，数据具有顺序数据的性质，测量结果表现为数值，可以进行加或减的运算。

定比尺度（ratio scale），是对两个观测值之间比值的一种测度。与定距尺度最大区别是其有一固定的绝对"零点"，而定距尺度没有。定距变量中"0"不表示没有，只是一个测量值；而定比变量中"0"就是表示没有。定比尺度的主要数学特征是可以进行乘或除的运算。

数据分析意义上的尺度还有一种含义，那就是测量的规模。例如，计量单位是米，一根头发丝的直径可能是 5×10^{-5} 米，而地球直径是 $1.275\,6 \times 10^{7}$ 米。要将二者放在同一框架下进行分析，虽计量单位相同，但测量规模相差过于悬殊，往往得不到预期结论。再如，问卷调查过程中，往往通过量表的形式进行数据收集。例如，有李克特五级量表：非常满意、满意、无所谓、不满意、非常不满意，而人们最初得出的结果往往是一个百分制的满意度。这是如何做到的呢？需要对数据进行数据分析意义上的数据尺度变换，其本质也是数据编码的一种特殊形式。

1. 数据映射

数据映射主要指将数据能够反映的取值范围进行调整。例如将某个变量的区间范围扩大或者缩小，即将原数据区间映射至新的区间。

这种变换在实际的量表调查问卷中比较常用，如满意度调查中常使用 10 级量表来进行数据搜集，即数据的区间范围为[1,10]，而通常人们所说的满意度指数的取值范围为[0,100]，因此计算满意度过程中需要对数据的尺度区间进行映射，映射之后各变量数值的相对位置及数据关系与原数据相同。

设变量 X 的原区间为 $[\min, \max]$，新区间为 $[\min\_new, \max\_new]$，则变量 X 尺度变换的区间映射可根据如下公式进行：

$$X_{new} = \frac{X - \min}{\max - \min}(\max\_new - \min\_new) + \min\_new$$

如果把原数据的十分制变换为百分制，即将原区间 $[1,10]$ 变换为 $[0,100]$，则有：

$$X_{100} = \frac{X_{10} - 1}{10 - 1} \times (100 - 0) + 0$$

有如下[1,10]数值范围的数据需要进行转换编码：

```
csi10=pd.read_csv('csi.csv')
csi10
```

no.	quality	expectation	csi	complaint
0	101	8	9	7	4
1	102	9	7	9	2
2	103	7	8	6	6
3	104	6	9	5	5
4	105	8	8	7	4
5	106	5	8	6	3
6	107	7	8	6	6
7	108	8	9	7	4

按照如上方法定义一个映射编码函数进行[0,100]数值范围的映射：

```
def scaletrans(data,min,max,newmin,newmax):
    newdata=(data-min)*(newmax-newmin)/(max-min)+min
    return newdata

csi100=scaletrans(csi10[['quality','expectation','csi',
                    'complaint']],1,10,0,100)
csi100
```

	quality	expectation	csi	complaint
0	78.777778	89.888889	67.666667	34.333333
1	89.888889	67.666667	89.888889	12.111111
2	67.666667	78.777778	56.555556	56.555556
3	56.555556	89.888889	45.444444	45.444444
4	78.777778	78.777778	67.666667	34.333333
5	45.444444	78.777778	56.555556	23.222222
6	67.666667	78.777778	56.555556	56.555556
7	78.777778	89.888889	67.666667	34.333333

2. 数据标准化

数据标准化的主要作用是使得各种具有不同计量单位的变量可以进行对比分析，或者出于研究目的的需要，把各变量转化为均值、方差相同的新变量。标准化也称为同量纲化。

数据标准化的方法很多，最常用的方法是 Z-Score（Z 得分）法。把变量 X 进行 Z-Score 标准化，具体公式为：

$$Z = \frac{X - \mu_X}{\sigma_X}$$

式中，μ_X 和 σ_X 分别表示 X 的均值和标准差。

按照如上公式，可把变量 X 标准化为均值为 0，标准差或方差为 1 的数列。

Python 中的第三方库 scikit_learn 提供了类 StandardScaler 可直接进行数据的 Z-Score 标准化。例如，对上述的 csi10 数据集进行标准化：

```
from sklearn import preprocessing
zscore=preprocessing.StandardScaler()
csi_zscored=zscore.fit_transform(csi10[['quality','expectation',
                                        'csi','complaint']])
csi_zscored
```
```
array([[ 0.62554324,  1.13389342,  0.33752637, -0.19245009],
       [ 1.4596009 , -1.88982237,  2.13766701, -1.73205081],
       [-0.20851441, -0.37796447, -0.56254395,  1.34715063],
       [-1.04257207,  1.13389342, -1.46261427,  0.57735027],
       [ 0.62554324, -0.37796447,  0.33752637, -0.19245009],
       [-1.87662973, -0.37796447, -0.56254395, -0.96225045],
       [-0.20851441, -0.37796447, -0.56254395,  1.34715063],
       [ 0.62554324,  1.13389342,  0.33752637, -0.19245009]])
```
```
csi_zscored.mean(axis=0)
```
```
array([0.00000000e+00, 2.77555756e-17, 0.00000000e+00, 0.00000000e+00])
```
```
csi_zscored.std(axis=0)
```
```
array([1., 1., 1., 1.])
```

程序运行之后，csi_zscored 返回的是经过 Z-Score 标准化的结果，可以看到其各列标准化之后数据的均值均为 0，标准差均为 1。

本节介绍的内容还可以进行更加深入的探讨，详细内容请见第 8 章数据变换和第 9 章数据缩放的内容。

第4章

数 据 清 洗

　　将数据分析过程与烹饪过程进行类比，我们可以更容易地理解数据分析过程中各项工作之间的关系。对于一位厨师而言，新鲜干净的食材是工作的前提，否则即便是手艺再高超的大厨也做不出一桌好饭菜。在开始烹饪之前，我们要对食材进行清洗。与烹饪道理相同，在进行建模分析之前，我们也要对数据进行清洗，最大限度地确保数据的准确性和适用性。数据清洗（data cleaning）是数据准备的一个重要过程，目的在于识别出数据中存在的错误和不适合分析的各种情况，并采取适当方式进行纠正。在数据分析过程中，未经过清洗，存在问题的数据称为脏数据（dirty data），反之称为净数据（clean data）。

　　本章及下一章将介绍脏数据的几种典型情况及其清洗方法。本章介绍异常值、重复数据、低频类别数据、数据错误和高偏度数据的清洗方法；由于数据缺失的清洗方法较为复杂且自成体系，在下一章专门介绍。

4.1　异常值清洗

　　异常值（outlier）也称为离群值，通俗地说就是在变量中取值特别大或特别小且数量非常少的数据。异常值虽然在数据中所占比例很小，但是若在数据分析过程中出现在模型训练集中，会干扰模型的训练，对建模效果造成不利影响。

　　处理异常值并没有什么太好的办法，这主要是由于多数异常值并不是"错误值"，仅仅是取值比较特殊而已。一些研究甚至将异常值作为研究对象，分析其产生的原因和规律。本部分将基于信用卡欺诈检测数据集介绍异常值的识别方法和通过截断方式处理异常值的方法，并通过一个实例观察异常值对于模型预测效果的影响。相关代码库信息和数据集信息见下面的代码。

```
import pandas as pd
import matplotlib.pyplot as plt
from scipy import stats
#读取信用卡欺诈检测数据集
credit=pd.read_csv("creditcard.csv", header=0, encoding="utf8")
credit
```

	Time	V1	V2	V3	V4	V5	V6	V7	V8	V9	...	V21	V22	V23	V
0	0.0	-1.359807	-0.072781	2.536347	1.378155	-0.338321	0.462388	0.239599	0.098698	0.363787	...	-0.018307	0.277838	-0.110474	0.0669
1	0.0	1.191857	0.266151	0.166480	0.448154	0.060018	-0.082361	-0.078803	0.085102	-0.255425	...	-0.225775	-0.638672	0.101288	-0.3398
2	1.0	-1.358354	-1.340163	1.773209	0.379780	-0.503198	1.800499	0.791461	0.247676	-1.514654	...	0.247998	0.771679	0.909412	-0.6892
3	1.0	-0.966272	-0.185226	1.792993	-0.863291	-0.010309	1.247203	0.237609	0.377436	-1.387024	...	-0.108300	0.005274	-0.190321	-1.1755
4	2.0	-1.158233	0.877737	1.548718	0.403034	-0.407193	0.095921	0.592941	-0.270533	0.817739	...	-0.009431	0.798278	-0.137458	0.1412
...	...	...	...	...	...	...	...	...	...	...	...	...	...	...	
284802	172786.0	-11.881118	10.071785	-9.834783	-2.066656	-5.364473	-2.606837	-4.918215	7.305334	1.914428	...	0.213454	0.111864	1.014480	-0.5093
284803	172787.0	-0.732789	-0.055080	2.035030	-0.738589	0.868229	1.058415	0.024330	0.294869	0.584800	...	0.214205	0.924384	0.012463	-1.0162
284804	172788.0	1.919565	-0.301254	-3.249640	-0.557828	2.630515	3.031260	-0.296827	0.708417	0.432454	...	0.232045	0.578229	-0.037501	0.6401
284805	172788.0	-0.240440	0.530483	0.702510	0.689799	-0.377961	0.623708	-0.686180	0.679145	0.392087	...	0.265245	0.800049	-0.163298	0.1232
284806	172792.0	-0.533413	-0.189733	0.703337	-0.506271	-0.012546	-0.649617	1.577006	-0.414650	0.486180	...	0.261057	0.643078	0.376777	0.0087

284807 rows × 31 columns

该数据集一共有 Time、V1、V2、…、V27、V28、Amount、Class 等 31 列。

4.1.1 异常值识别

异常值的识别方式是考察变量中每一个样本值与变量分布中心的相对距离，将相对距离过大的视为异常值。我们熟知的箱线图就是采取这种思路来确定异常值。但绘制箱线图所必需的中位数、四分位数等指标所需要的运算量相对较大，所以一般利用变量的样本均值 $\bar{x}$ 和样本标准差 σ 来识别异常值，识别标准可以表述为"与 $\bar{x}$ 距离超过 $k\sigma$"，其中 k 一般取大于等于 3 的值。

图 4-1 显示了异常值识别的原理。变量 x 在数轴上以样本均值 $\bar{x}$ 为中心分布，标准差为 σ。该变量的两个值 x_i 和 x_j 与 $\bar{x}$ 的距离不同，x_i 与 $\bar{x}$ 的距离超过了 3 倍的标准差，而 x_j 与 $\bar{x}$ 的距离不到 2 倍标准差。如果异常值的识别标准是"与 $\bar{x}$ 距离超过 3σ"，则 x_i 被识别为异常值。

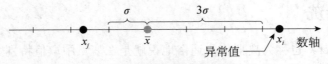

图 4-1 异常值识别的原理

在上述异常值识别标准中使用了标准差的倍数作为距离大小的度量标准，这是因为标准差可以解释为"变量中所有样本值与其均值的平均距离"[1]。这样看，如果一个样本值到均值的距离超出了 3 倍平均水平，可以说明其偏离中心的程度非常高，足够的"异常"，因此可以将其视为异常值。在实际进行数据准备的过程中，k 的取值需要根据分析需要和实际情况决定。

在下面的代码中，我们对信用卡欺诈检测数据集中的 V4 这一列进行异常值识别。首先，绘制箱线图（见图 4-2）观察 V4 的异常值情况；然后，分别使用 3 倍标准差和 5 倍标准差为识别标准，对 V4 中的异常值进行识别，并统计异常值的数量。具体步骤为：

- 第一步，使用 Series 的 mean() 方法计算 V4 的均值 V4_mean。
- 第二步，使用 Series 的 std() 方法计算 V4 的标准差 V4_std。
- 第三步，使用 Series.between() 方法对 V4 中的值进行比较运算，得到取值在[v4_

---

[1] 这个说法可能不够准确，但是有助于读者理解。

mean-3*v4_std, v4_mean+3*v4_std]（以 3 倍标准差为标准）或[v4_mean-5*v4_std, v4_mean+5*v4_std]（以 5 倍标准差为标准）内的样本集合。

- 第四步，使用逻辑运算"非"（符号为"～"）得到上述样本集合的补集，即异常值集合。
- 第五步，使用 Series.sum()方法统计异常值个数。

```
#识别与观察异常值
credit.V4.plot.box()
plt.show()                     #对信用卡数据 V4 画箱线图,可以看到存在若干异常值
v4_mean=credit.V4.mean()       #计算 V4 的平均值
v4_std=credit.V4.std()         #计算 V4 的标准差
print("均值为:%f" % v4_mean)
print("标准差为:%f" % v4_std)
print("超过 3 倍标准差样本量:%d" %(~credit.V4.between(v4_mean-3*v4_std,
                                          v4_mean+3*v4_std)).sum())
print("超过 5 倍标准差样本量:%d" %(~credit.V4.between(v4_mean-5*v4_std,
                                          v4_mean+5*v4_std)).sum())
```

均值为：　　　　　　　　0.000000
标准差为：　　　　　　　1.415869
超过 3 倍标准差样本量：　3094
超过 5 倍标准差样本量：　184

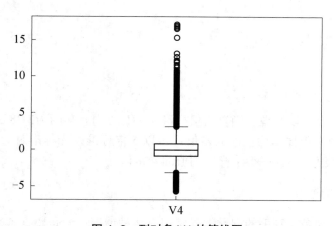

图 4-2　列对象 V4 的箱线图

从图 4-2 和代码执行结果可以观察到，V4 存在较为严重的异常值问题，超过 3 倍标准差的异常值达到了 3094 个，超过 5 倍标准差的异常值为 184 个。

前面代码仅对 V4 的异常值进行了观察，未能将具体的异常值标识出来。在很多数据分析过程中，需要对异常值进行标注，以便进一步分析或处理。下面的代码给出了对异常值进行标注的过程，通过建立新的列 V4_outlier_3（以 3 倍标准差为标准）和 V4_outlier_5（以 5 倍标准差为标准），令不属于异常值的样本在新列中的对应值为 0，大于均值的异常值样本在新列中的对应值为 1，小于均值的异常值样本在新列中的对应值为-1。下面以 V4_outlier_3 为例介绍其运算过程：

- 第一步，计算 V4 的标准分数，得到 V4_s，公式为 $(x_i - \bar{x})/\sigma$ [1]。
- 第二步，建立新列 V4_outlier_3 并将所有值都初始化为 0。
- 第三步，对 V4_s 使用 Series.gt()方法，找出大于 3 的值，并将 V4_outlier_3 的对应位置赋值为 1。
- 第四步，对 V4_s 使用 Series.lt()方法，找出小于−3 的值，并将 V4_outlier_3 的对应位置赋值为−1。

```
#对异常值进行标记
V4_s=(credit.V4-v4_mean)/v4_std          #计算 V4 的标准分数
V4_outlier_3=0*V4_s
V4_outlier_3[V4_s.gt(3)]=1
V4_outlier_3[V4_s.lt(-3)]=-1
V4_outlier_5=0*V4_s
V4_outlier_5[V4_s.gt(5)]=1
V4_outlier_5[V4_s.lt(-5)]=-1
print("3 倍标准差异常值分类计数:\n%s" % V4_outlier_3.value_counts())
print("5 倍标准差异常值分类计数:\n%s" % V4_outlier_5.value_counts())
```
```
3 倍标准差异常值分类计数:
 0.0    281713
 1.0      2853
-1.0       241
Name: V4, dtype: int64
5 倍标准差异常值分类计数:
0.0    284623
1.0       184
Name: V4, dtype: int64
```

从程序执行结果可以发现，当以 3 倍标准差为标准时，V4 存在 2853 个大于样本均值的异常值和 241 个小于样本均值的异常值；当以 5 倍标准差为标准时，V4 存在 184 个大于样本均值的异常值，不存在小于样本均值的异常值。

4.1.2 异常值处理

对异常值的处理是个棘手的问题。异常值有两种情况：一是数据本来就出现了错误；二是数据是准确的，但就是异常的大（或小）[2]。第一种情况应当对错误数据进行改正或删除。第二种情况要视研究目的而定。如果研究目标是数据的统计规律，则由于异常值属于特殊情况，会干扰对统计规律的挖掘，因此可以考虑删除异常值；如果研究的目的就是聚焦于这些异常情况，则需要采取前面介绍的方法对异常值进行标注，并以标注结果为分类数据进行进一步研究[3]。

在处理异常值的方法中，对异常值进行删除是直接而有效的手段，但这样做改变了数

[1]　标准分数其实是对数据进行标准化的一种方式，其原理为用变量中每一个值与样本均值的差相对于标准差的倍数代替样本的原值。标准分数的值体现了对应样本在变量中的相对位置。
[2]　异常值是错误的数据还是正确的数据往往很难通过分析的手段判断，需要分析人员结合其他手段确定。
[3]　这种情况往往会产生不平衡数据或低频分类问题，可以使用本书相应章节介绍的方法进行处理。

据集的样本量，因此很多情况下采取截断的方式代替删除。所谓截断，即将所有超过异常值边界（如 3 倍或 5 倍标准差）的值用同一个值（往往就是边界值）代替，这样仿佛是将数据"截断"了。截断的方法在没有降低样本容量的情况下，避免了异常值对数据分析的影响。下面的代码给出了异常值截断处理的方法，其具体步骤为：

- 第一步，使用 Series.mean() 函数计算 V4_1 的平均值 V4_mean1。
- 第二步，使用 Series.std() 函数计算 V4_1 的标准差 V4_std1。
- 第三步，将大于 v4_mean1+5*v4_std1 的赋值为 v4_mean1+5*v4_std1。
- 第四步，将小于 v4_mean1-5*v4_std1 的赋值为 v4_mean1-5*v4_std1。

通过以上操作，将所有以 5 倍标准差为标准识别出来的异常值全部赋值为 5 倍标准差，完成了数据截断操作。这段代码还对完成截断后的列进行了观察（见图 4-3）。

```
#异常值的截断处理
#将 V4 与均值距离大于 5 倍标准差的赋值为 5 倍标准差
V4_1=copy.deepcopy(credit.V4)
v4_mean1=V4_1.mean()      #计算 V4 的平均值
v4_std1=V4_1.std()        #计算 V4 的标准差
v4_max=v4_mean1+5*v4_std1
v4_min=v4_mean1-5*v4_std1
V4_1[V4_1.gt(v4_mean1+5*v4_std1)]=v4_max
V4_1[V4_1.lt(v4_mean1-5*v4_std1)]=v4_min
V4_1.plot.box()
plt.show()                #对信用卡数据 V4 画箱线图,可以看到存在若干离群点
print("截断后均值为:%f" % V4_1.mean())
print("截断后标准差为:%f" % V4_1.std())
print("超过 3 倍标准差样本量 %d" %(~V4_1.between(v4_mean1-3*v4_std1,
                                    v4_mean1+3*v4_std1)).sum())
print("超过 5 倍标准差样本量 %d" %(~V4_1.between(v4_mean1-5*v4_std1,
                                    v4_mean1+5*v4_std1)).sum())
```

```
截断后均值为:        -0.001423
截断后标准差为:        1.406843
超过 3 倍标准差样本量    3094
超过 5 倍标准差样本量       0
```

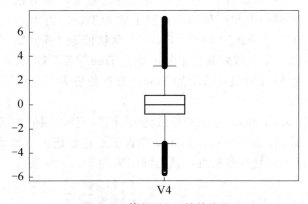

图 4-3　截断后 V4 的箱线图

从图 4-3 和代码执行结果可以看到，列 V4 的超过 5 倍标准差的异常值消失了，也就是说使用截断方法消除了超过 5 倍标准差的异常值。

4.2 重复数据清洗

重复数据是指在数据集中出现两个及以上样本数据完全相同的情况。虽然不能武断地说重复数据一定是错误数据，但多数情况下数据集中是不应该存在重复数据的。因此，在数据清洗阶段，检查数据集中是否存在重复数据，并对重复数据进行去重是一项必要工作。

本小节构造了包含重复数据的波士顿房价数据集：

```
import pandas as pd
import copy
boston_du=pd.read_csv("boston_du.csv",header=0)    #读入包含重复值的 boston 数据集
boston_du.shape        #查看数据集的行、列数量
(516, 14)
```

```
boston_du
```

	CRIM	ZN	INDUS	CHAS	NOX	RM	AGE	DIS	RAD	TAX	PTRATIO	B	LSTAT	target
0	0.00632	18.0	2.31	0	0.538	6.575	65.2	4.0900	1	296	15.3	396.90	4.98	24.0
1	0.02731	0.0	7.07	0	0.469	6.421	78.9	4.9671	2	242	17.8	396.90	9.14	21.6
2	0.02729	0.0	7.07	0	0.469	7.185	61.1	4.9671	2	242	17.8	392.83	4.03	34.7
3	0.03237	0.0	2.18	0	0.458	6.998	45.8	6.0622	3	222	18.7	394.63	2.94	33.4
4	0.06905	0.0	2.18	0	0.458	7.147	54.2	6.0622	3	222	18.7	396.90	5.33	36.2
...	...	...	...	...	...	...	...	...	...	...	...	...	...	...
511	0.06263	0.0	11.93	0	0.573	6.593	69.1	2.4786	1	273	21.0	391.99	9.67	22.4
512	0.04527	0.0	11.93	0	0.573	6.120	76.7	2.2875	1	273	21.0	396.90	9.08	20.6
513	0.06076	0.0	11.93	0	0.573	6.976	91.0	2.1675	1	273	21.0	396.90	5.64	23.9
514	0.10959	0.0	11.93	0	0.573	6.794	89.3	2.3889	1	273	21.0	393.45	6.48	22.0
515	0.04741	0.0	11.93	0	0.573	6.030	80.8	2.5050	1	273	21.0	396.90	7.88	11.9

516 rows × 14 columns

4.2.1 重复数据检测

使用 DataFrame 的 duplicated()方法可以检查重复数据，该方法会返回一个逻辑值序列，数据框中重复的数据在返回序列相应位置上的为 True，否则为 False。该方法有一个重要参数 keep，可取值为"first""last""False"，默认值为"first"。若参数值为"first"，则在一组重复之中除第一个位置外其他重复值均为 True；若参数值为"last"，则在一组重复之中除最后一个位置外其他重复值均为 True；若参数值为 False，则所有重复值位置均为 True。

使用 any()函数对 duplicated()方法的结果进行计算，若返回值为 True，则说明数据集中存在至少一对重复数据，若返回值为 False 则说明不存在任何重复数据。下面的代码对数据集 boston_du 进行了重复数据检查，其返回结果为 True，说明存在重复数据。

```
#检验是否包含重复数据
boston_du1=copy.deepcopy(boston_du)        #复制数据集
```

```
any(boston_du1.duplicated())
True
```

　　进一步地，我们需要观察重复数据的情况，以 duplicated() 方法的结果为索引，即可以从数据集中筛选出重复数据，如下面的代码所示。从代码的输出结果我们可以很清晰地看到数据的重复情况，并判断是否需要进行去重操作。后面两段代码及输出结果则展示了参数 keep 设置成"first"和"last"的情况。

```
#观察重复数据情况
boston_du1[boston_du1.duplicated(keep=False)]
```

	CRIM	ZN	INDUS	CHAS	NOX	RM	AGE	DIS	RAD	TAX	PTRATIO	B	LSTAT	target
95	0.12204	0.0	2.89	0	0.445	6.625	57.8	3.4952	2	276	18.0	357.98	6.65	28.4
96	0.12204	0.0	2.89	0	0.445	6.625	57.8	3.4952	2	276	18.0	357.98	6.65	28.4
114	0.22212	0.0	10.01	0	0.547	6.092	95.4	2.5480	6	432	17.8	396.90	17.09	18.7
115	0.22212	0.0	10.01	0	0.547	6.092	95.4	2.5480	6	432	17.8	396.90	17.09	18.7
121	0.14476	0.0	10.01	0	0.547	5.731	65.2	2.7592	6	432	17.8	391.50	13.61	19.3
122	0.14476	0.0	10.01	0	0.547	5.731	65.2	2.7592	6	432	17.8	391.50	13.61	19.3
138	0.55778	0.0	21.89	0	0.624	6.335	98.2	2.1107	4	437	21.2	394.67	16.96	18.1
139	0.55778	0.0	21.89	0	0.624	6.335	98.2	2.1107	4	437	21.2	394.67	16.96	18.1
144	0.29090	0.0	21.89	0	0.624	6.174	93.6	1.6119	4	437	21.2	388.08	24.16	14.0
145	0.29090	0.0	21.89	0	0.624	6.174	93.6	1.6119	4	437	21.2	388.08	24.16	14.0
399	13.35980	0.0	18.10	0	0.693	5.887	94.7	1.7821	24	666	20.2	396.90	16.35	12.7
400	13.35980	0.0	18.10	0	0.693	5.887	94.7	1.7821	24	666	20.2	396.90	16.35	12.7
442	14.42080	0.0	18.10	0	0.740	6.461	93.3	2.0026	24	666	20.2	27.49	18.05	9.6
443	14.42080	0.0	18.10	0	0.740	6.461	93.3	2.0026	24	666	20.2	27.49	18.05	9.6
447	22.05110	0.0	18.10	0	0.740	5.818	92.4	1.8662	24	666	20.2	391.45	22.11	10.5
448	22.05110	0.0	18.10	0	0.740	5.818	92.4	1.8662	24	666	20.2	391.45	22.11	10.5
455	9.92485	0.0	18.10	0	0.740	6.251	96.6	2.1980	24	666	20.2	388.52	16.44	12.6
456	9.92485	0.0	18.10	0	0.740	6.251	96.6	2.1980	24	666	20.2	388.52	16.44	12.6
457	9.92485	0.0	18.10	0	0.740	6.251	96.6	2.1980	24	666	20.2	388.52	16.44	12.6
489	5.82401	0.0	18.10	0	0.532	6.242	64.7	3.4242	24	666	20.2	396.90	10.74	23.0
490	5.82401	0.0	18.10	0	0.532	6.242	64.7	3.4242	24	666	20.2	396.90	10.74	23.0
491	5.82401	0.0	18.10	0	0.532	6.242	64.7	3.4242	24	666	20.2	396.90	10.74	23.0

```
#观察重复数据情况
boston_du1[boston_du1.duplicated(keep="first")]
```

	CRIM	ZN	INDUS	CHAS	NOX	RM	AGE	DIS	RAD	TAX	PTRATIO	B	LSTAT	target
96	0.12204	0.0	2.89	0	0.445	6.625	57.8	3.4952	2	276	18.0	357.98	6.65	28.4
115	0.22212	0.0	10.01	0	0.547	6.092	95.4	2.5480	6	432	17.8	396.90	17.09	18.7
122	0.14476	0.0	10.01	0	0.547	5.731	65.2	2.7592	6	432	17.8	391.50	13.61	19.3
139	0.55778	0.0	21.89	0	0.624	6.335	98.2	2.1107	4	437	21.2	394.67	16.96	18.1
145	0.29090	0.0	21.89	0	0.624	6.174	93.6	1.6119	4	437	21.2	388.08	24.16	14.0
400	13.35980	0.0	18.10	0	0.693	5.887	94.7	1.7821	24	666	20.2	396.90	16.35	12.7
443	14.42080	0.0	18.10	0	0.740	6.461	93.3	2.0026	24	666	20.2	27.49	18.05	9.6
448	22.05110	0.0	18.10	0	0.740	5.818	92.4	1.8662	24	666	20.2	391.45	22.11	10.5
456	9.92485	0.0	18.10	0	0.740	6.251	96.6	2.1980	24	666	20.2	388.52	16.44	12.6
457	9.92485	0.0	18.10	0	0.740	6.251	96.6	2.1980	24	666	20.2	388.52	16.44	12.6
490	5.82401	0.0	18.10	0	0.532	6.242	64.7	3.4242	24	666	20.2	396.90	10.74	23.0
491	5.82401	0.0	18.10	0	0.532	6.242	64.7	3.4242	24	666	20.2	396.90	10.74	23.0

```
# 观察重复数据情况
boston_du1[boston_du1.duplicated(keep="last")]
```

	CRIM	ZN	INDUS	CHAS	NOX	RM	AGE	DIS	RAD	TAX	PTRATIO	B	LSTAT	target
95	0.12204	0.0	2.89	0	0.445	6.625	57.8	3.4952	2	276	18.0	357.98	6.65	28.4
114	0.22212	0.0	10.01	0	0.547	6.092	95.4	2.5480	6	432	17.8	396.90	17.09	18.7
121	0.14476	0.0	10.01	0	0.547	5.731	65.2	2.7592	6	432	17.8	391.50	13.61	19.3
138	0.55778	0.0	21.89	0	0.624	6.335	98.2	2.1107	4	437	21.2	394.67	16.96	18.1
144	0.29090	0.0	21.89	0	0.624	6.174	93.6	1.6119	4	437	21.2	388.08	24.16	14.0
399	13.35980	0.0	18.10	0	0.693	5.887	94.7	1.7821	24	666	20.2	396.90	16.35	12.7
442	14.42080	0.0	18.10	0	0.740	6.461	93.3	2.0026	24	666	20.2	27.49	18.05	9.6
447	22.05110	0.0	18.10	0	0.740	5.818	92.4	1.8662	24	666	20.2	391.45	22.11	10.5
455	9.92485	0.0	18.10	0	0.740	6.251	96.6	2.1980	24	666	20.2	388.52	16.44	12.6
456	9.92485	0.0	18.10	0	0.740	6.251	96.6	2.1980	24	666	20.2	388.52	16.44	12.6
489	5.82401	0.0	18.10	0	0.532	6.242	64.7	3.4242	24	666	20.2	396.90	10.74	23.0
490	5.82401	0.0	18.10	0	0.532	6.242	64.7	3.4242	24	666	20.2	396.90	10.74	23.0

从单数 keep=False 的输出结果可以发现最后六行数据中两个样本各有三个重复值，其余行均为两个重复值。对照后两段代码的输出结果就可以了解参数 keep 的具体作用。

4.2.2 重复数据删除

删除重复数据需要使用数据框的 drop_duplicates()方法，该方法有三个重要参数，keep、inplace 和 ignore_index。其中参数 keep 的作用与 duplicated()方法类似，根据其取值为"first""last"还是"False"确定哪些重复值被标记为 True，并将标记为 True 的重复值删除。下面介绍另外两个参数的作用。

参数 inplace 为布尔型参数，默认值为 False。当取值为 False 时，该方法会将去除重复数据的数据集放到一个新的数据框中，这样就保留了原始数据集的状态不变；当取值为 True 时，则会对原始的数据框直接进行去重操作。

参数 ignore_index 为布尔型参数，默认值为 False。当取值为 False 时，该方法会保留原来数据集的样本编号不变，这样会导致去重后的数据集样本编号不连续；当取值为 True 时，则会为去重后的数据集重新编号。

下面的代码为所有参数都为默认值时的情况，从输出结果看，去重后的数据集被存储在 boston_du2 中，而原数据集 boston_du1 则没有变化。观察删除重复数据后样本编号的变化可以发现，原来重复的第 95 和 96 号样本，仅保留了第 95 号（这是由于参数 keep 的默认值为"first"），96 这个样本编号消失了，接下来的样本从 97 开始编号。

```
boston_du2=boston_du1.drop_duplicates()
print("boston_du1 是否有重复数据:",any(boston_du1.duplicated()))
print("boston_du1 的行列数量:",boston_du1.shape)
print("boston_du2 是否有重复数据:",any(boston_du2.duplicated()))
print("boston_du2 的行列数量:",boston_du2.shape)
boston_du2[94:100]          #观察删除重复数据后样本编号的变化
boston_du1 是否有重复数据: True
boston_du1 的行列数量: (516, 14)
```

```
boston_du2 是否有重复数据：False
boston_du2 的行列数量 504, 14)
```

	CRIM	ZN	INDUS	CHAS	NOX	RM	AGE	DIS	RAD	TAX	PTRATIO	B	LSTAT	target
94	0.04294	28.0	15.04	0	0.464	6.249	77.3	3.6150	4	270	18.2	396.90	10.59	20.6
95	0.12204	0.0	2.89	0	0.445	6.625	57.8	3.4952	2	276	18.0	357.98	6.65	28.4
97	0.11504	0.0	2.89	0	0.445	6.163	69.6	3.4952	2	276	18.0	391.83	11.34	21.4
98	0.12083	0.0	2.89	0	0.445	8.069	76.0	3.4952	2	276	18.0	396.90	4.21	38.7
99	0.08187	0.0	2.89	0	0.445	7.820	36.9	3.4952	2	276	18.0	393.53	3.57	43.8
100	0.06860	0.0	2.89	0	0.445	7.416	62.5	3.4952	2	276	18.0	396.90	6.19	33.2

如果将参数 ignore_index 设为 True，则会令去重后的数据集重新为样本编号，避免编号不连续的情况。下面的代码展示了这种情况，从输出结果可以看到，在 95 号样本后面，是顺序编号的 96 号样本。

```
boston_du3=boston_du1.drop_duplicates(innore_index=True)
print("boston_du3 是否有重复数据:",any(boston_du3.duplicated()))
print("boston_du3 的行列数量:",boston_du3.shape)
boston_du3[94:100] # 观察删除重复数据后样本编号的变化
boston_du3 是否有重复数据: False
boston_du3 的行列数量: (504, 14)
```

	CRIM	ZN	INDUS	CHAS	NOX	RM	AGE	DIS	RAD	TAX	PTRATIO	B	LSTAT	target
94	0.04294	28.0	15.04	0	0.464	6.249	77.3	3.6150	4	270	18.2	396.90	10.59	20.6
95	0.12204	0.0	2.89	0	0.445	6.625	57.8	3.4952	2	276	18.0	357.98	6.65	28.4
96	0.11504	0.0	2.89	0	0.445	6.163	69.6	3.4952	2	276	18.0	391.83	11.34	21.4
97	0.12083	0.0	2.89	0	0.445	8.069	76.0	3.4952	2	276	18.0	396.90	4.21	38.7
98	0.08187	0.0	2.89	0	0.445	7.820	36.9	3.4952	2	276	18.0	393.53	3.57	43.8
99	0.06860	0.0	2.89	0	0.445	7.416	62.5	3.4952	2	276	18.0	396.90	6.19	33.2

若令参数 keep 为 False，则会删除所有重复数据，下面的代码展示了这种情况，从输出结果看，boston_du4 中只剩下 494 个样本，说明重复的数据一个没留，全部被删除。

```
boston_du4=boston_du1.drop_duplicates(keep=False)
print("boston_du4 是否有重复数据:",any(boston_du4.duplicated()))
print("boston_du4 的行列数量:",boston_du4.shape)
boston_du4 是否有重复数据: False
boston_du4 的行列数量: (494, 14)
```

若令参数 inplace 为 True，则会在原数据集中直接删除重复数据，下面的代码展示了这种情况，从输出结果来看，此时数据集 boston_du1 的重复数据被删除了。

```
boston_du1.drop_duplicates(inplace=True)
print("boston_du1 是否有重复数据:",any(boston_du1.duplicated()))
print("boston_du1 的行列数量:",boston_du1.shape)
boston_du1 是否有重复数据: False
boston_du1 的行列数量: (504, 14)
```

4.3 低频类别清洗

低频类别在数据分析实践中很常见，其形成原因可以大致分为两种：一是由于真实的分类结果确实存在低频类别；二是由于采集数据时格式不规范从而形成了一些频数极小（比如仅有一个）的类别。无论何种原因，过多的低频类别会严重影响建模的效率，在数据准备阶段需要尽量进行处理。

在本节中，将首先通过一个具体的例子观察低频类别的特点，然后将介绍通过合并低频类别的方式处理低频类别的实现方法。本章使用的程序包和数据集信息见下列代码。

```python
import pandas as pd
import matplotlib.pyplot as plt
import time
#读取二手车数据集
car_data=pd.read_csv("craigslistVehiclesFull.csv",header=0)
car_data
```

	url	city	price	year	manufacturer	make	condition	cylinders	fuel	odometer	...	paint_color	
0	https://marshall.craigslist.org/cto/d/2010-dod...	marshall	11900	2010.0	dodge	challenger se	good	6 cylinders	gas	43600.0	...	red	http
1	https://marshall.craigslist.org/cto/d/fleetwoo...	marshall	1515	1999.0	NaN	fleetwood	NaN	NaN	gas	NaN	...	NaN	http
2	https://marshall.craigslist.org/cto/d/2008-for...	marshall	17550	2008.0	ford	f-150	NaN	NaN	gas	NaN	...	NaN	https
3	https://marshall.craigslist.org/cto/d/ford-tau...	marshall	2800	2004.0	ford	taurus	good	6 cylinders	gas	168591.0	...	grey	http
4	https://marshall.craigslist.org/cto/d/2001-gra...	marshall	400	2001.0	NaN	2001 Grand Prix	NaN	NaN	gas	217000.0	...	NaN	https
...	...	...	...	...	...	...	...	...	...	...	...	...	
1723060	https://marshall.craigslist.org/cto/d/05-toyot...	marshall	8450	2005.0	NaN	NICE	like new	8 cylinders	gas	162000.0	...	NaN	https
1723061	https://marshall.craigslist.org/cto/d/2005-che...	marshall	6000	2005.0	chevy	avalanche	good	8 cylinders	gas	NaN	...	NaN	http
1723062	https://marshall.craigslist.org/ctd/d/2007-vol...	marshall	1500	2007.0	volkswagen	jetta sedan	NaN	NaN	gas	0.0	...	NaN	htt
1723063	https://marshall.craigslist.org/cto/d/toyota-c...	marshall	4788	2009.0	toyota	camry	good	4 cylinders	gas	210682.0	...	red	http
1723064	https://marshall.craigslist.org/cto/d/1980-lin...	marshall	2000	1980.0	lincoln	continental	good	8 cylinders	gas	74978.0	...	blue	http

1723065 rows × 26 columns

```python
car_data.info()          #查看数据集中的各列情况
```

```
<class 'pandas.core.frame.DataFrame'>
RangeIndex: 1723065 entries, 0 to 1723064
Data columns(total 26 columns):
 #   Column        Dtype
---  ------        -----
 0   url           object
 1   city          object
 2   price         int64
 3   year          float64
 4   manufacturer  object
 5   make          object
 6   condition     object
 7   cylinders     object
```

```
 8   fuel           object
 9   odometer       float64
10   title_status   object
11   transmission   object
12   vin            object
13   drive          object
14   size           object
15   type           object
16   paint_color    object
17   image_url      object
18   lat            float64
19   long           float64
20   county_fips    float64
21   county_name    object
22   state_fips     float64
23   state_code     object
24   state_name     object
25   weather        float64
dtypes: float64(7), int64(1), object(18)
memory usage: 341.8+ MB
```

4.3.1　观察低频类别

　　在二手车数据集中，make 列为车辆的型号，如丰田公司的 camry（凯美瑞）、本田公司的 civic（思域）等。由于该数据集中的信息都是由 Craigslist 网站用户直接填写的，其填写的内容非常不规范，存在大量低频分类问题。下列代码绘制了 make 列中各类别频数分布的箱线图（见图 4-4）。观察图形可以发现少部分类别频数很高，绝大多数类别的频数很低，箱线图被挤压到 0 附近成为一条线。这说明 make 列存在大量低频分类情况。

```
#通过箱线图观察低频分类现象
box_plot=car_data["make"].value_counts().plot.box()
plt.show()
```

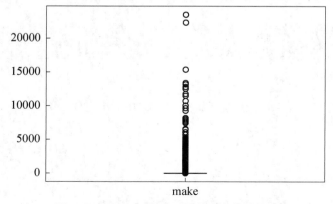

图 4-4　make 列各类别频数分布的箱线图

　　下面的代码进一步计算了 make 列每个类别的频数。由于该变量类别过多，难以都展示出来，因此仅显示了输出结果的部分内容。从输出结果可以发现，make 列共有 107445 个类别，存在大量计数为 1 的类别。

```
#计算每个分类的频数
make_count=car_data["make"].value_counts()
print(make_count)
```
```
1500                        23346
f-150                       22243
silverado 1500              15290
2500                        13289
mustang                     13136
accord                      12798
silverado                   12411
wrangler                    11791
civic                       11644
camry                       11473
altima                      10789
f150                        10649
                          ...
1500 longhorn 5.7l v8 ohv16v    1
pro master small city           1
American Motors corp. Hornet    1
f250 plow truck                 1
3 skyactiv sedan                1
optima lx manual 5-speed        1
davidson flhx street glide      1
cts 4 3.6l v6 performan         1
Name: make, Length: 107445, dtype: int64
```

　　下面的代码计算了每个频数的类别个数，同样因为输出内容过多，因此仅显示了输出结果的部分内容。从输出结果可以发现有 66575 个类别的频数是 1，频数为 2～6 的类别数量也非常多。

```
#再计算每个频数的类别个数
print(make_count.value_counts())
```
```
1       66575
2       15136
3        6456
4        3508
5        2158
6        1646
        ...
1530        1
```

```
1888        1
1120        1
992         1
800         1
603         1
Name: make, Length: 882, dtype: int64
```

上述两段代码的输出结果说明 make 列不但类别众多，还有大量类别的频数极低，如果不加以处理会极大地影响建模效率。

4.3.2 低频类别处理

低频类别的处理方法非常简单直接，即将低频类别进行合并。从技术角度说，合并类别很简单，让人们犹豫不决的往往是合并方式。最简单的合并方式是将频数低于某一水平的类别直接合并为一类。

下列代码展示了将所有频数低于 100 的类别合并为一类的程序，由于合并类别较为耗时，所以在程序开始前设置了计时器，以观察运行耗时。程序通过以下几个步骤实现：

● 第一步，使用 Series.value_counts()函数计算得到 make 列每个类别的频数，并命名为 make_count1;

● 第二步，建立新的分类数据 make1，使用 Series.map()函数使原 make 列中的每一个值映射为新列 make1 中的值，映射规则由 lambda 表达式给出，即如果原 make 列中值 x 的频数<100，则在 make1 列相应位置上映射为"category _under100"，否则将原值 x 直接映射给 make1。

```
#将频数低于 100 的类合为一类
start=time.time()                    #用于计算算法耗时
make_count1=car_data["make"].value_counts()
car_data["make1"]=car_data["make"].map(lambda x: "category_under100" if
make_count1[x]<100 else x,na_action="ignore")
print("算法耗时 %f 秒" %(time.time()-start))
make_count1=car_data["make1"].value_counts()
print(make_count1)
```

```
算法耗时 11.890948 秒
category_under100              376425
1500                           23346
f-150                          22243
silverado 1500                 15290
2500                           13289
                    ...
elantra touring                  100
ml320                            100
scion xa                         100
silverado 1500 classic           100
a3 2.0t                          100
```

```
Name: make1, Length: 1746, dtype: int64
```

这段程序的运行耗时约 11.89 秒，是可以接受的。在新建立的变量 make1 中，类别 "category_under100" 的频数达到了 376425，说明低频分类情况非常严重。

将所有频数小于 100 的类都合并为一类有时过于粗略。在下面的代码中，基于上一段代码给出了更加细致的做法：对于频数小于 100 的所有类别，将频数等于 1 的合并为一类，命名为 "category_1"；将频数等于 2 的合并为一类，命名为 "category_2"；其余以此类推。（当然，也可以不用如此细致，读者可以根据需求自行构造。）

```
#将频数低于 100 的类按其频数分类
start=time.time()    #用于计算算法耗时
make_count1=car_data["make"].value_counts()
car_data["make1"]=car_data["make"].map(
                    lambda x: "category_%d" % make_count1[x]
                    if make_count1[x]<100 else x,na_action="ignore")
print("算法耗时 %f 秒" %(time.time()-start))
make_count1=car_data["make1"].value_counts()
print(make_count1)
```

```
算法耗时 13.688647 秒
category_1                      66575
category_2                      30272
1500                           23346
f-150                          22243
category_3                     19368
                        ...
mirage es                       100
saab 9-3 2.0t convertible       100
silverado 1500 classic          100
scion xa                        100
dts luxury                      100
Name: make2, Length: 1844, dtype: int64
```

4.4 数据纠错

在数据分析过程中，我们使用的数据集经常存在各类数据错误，这些错误往往会导致建模失败或模型结论失效，因此需要在数据准备阶段尽可能予以纠正。在实际分析过程中数据错误形式五花八门，难以给出完善的纠错方法体系，需要具体问题具体分析。本节将数据纠错分为逻辑纠错和格式纠错两类，并通过举例的方式说明其解决思路。在实际应用中读者还需要根据研究背景具体问题具体分析，搞清错误原因，找出合理纠错方法。

本节会用到 Python 中的 pandas、numpy、copy 和 matplotlib 库。数据方面使用如下保险公司理赔数据集：

```
import pandas as pd
import numpy as np
```

```
import copy
import matplotlib.pyplot as plt
data=pd.read_csv("loan.csv",header=0,encoding="gb2312")
data
```

	age	gender	amount	address	channel	date
0	45	男	258852.386	安徽省合肥市长丰县	个险	2015/10/1
1	25	女	29281.14	湖北省黄石市大冶市	个险	2015/10/1
2	35	男	110266.85412999999	安徽省安庆市望江县	个险	2015/10/1
3	51	女	21710.58464	辽宁省抚顺市新宾满族自治县	个险	2015/10/1
4	44	男	125923.28284	NaN	个险	2015/10/1
...	...	...	...	...	...	...
401954	42	女	170807.56589	NaN	个险	2019/9/9
401955	33	女	43331.91785	安徽省淮北市濉溪县	个险	2019/9/9
401956	28	女	20041.25892	山西省运城地区闻喜县	个险	2019/9/9
401957	55	女	39060.1112	河南省许昌市禹州市	个险	2019/9/9
401958	49	女	656313.80117	河南省焦作市武陟县	个险	2019/9/9

401959 rows × 6 columns

4.4.1　逻辑纠错

很多数据错误很难被发现，即使能够发现数据错误，如何纠错也是个棘手的问题。例如，某数据集有"出生年月"这一变量，其中某人的出生年月是 1958 年 5 月，但是在采集数据时被误填为 1985 年 5 月，这种错误如果不与其他数据来源对照或与本人核实是极难发现的。然而其他数据源往往极难获取，而与本人核实又存在工作量过于巨大的问题，因此这种类型的错误通常无法发现，更无法纠正。

所幸很多情况下同一数据集中的某些变量间存在一定的逻辑关系，这种数据自身的逻辑规律或同一数据集内数据间的逻辑关系可以帮助我们发现一些数据错误。还以上述出生年月的数据错误为例，如果存在另一变量"参加工作年月"，这个人是 20 岁参加工作，因此所填数据为 1978 年 7 月，这就与"出生年月"的 1985 年 5 月产生了矛盾，显然出现了逻辑错误，下一步只需要单独核实这个人的数据就可以纠正该错误。数据的逻辑纠错依赖于对数据逻辑的挖掘，要求分析者对于数据背后的相关理论知识非常了解。本部分将以保险公司理赔数据集中的变量 age 为例，展示基于数据逻辑规律识别和纠正数据错误的思路。

人们的年龄应当绝大多数在 0～100 岁之间，即便在数据集中存在一些百岁以上老人的样本，其数量也较为稀少。因此"age 列中绝大多数数据应该在 0～100 之间"就成为该变量的逻辑规律。如果出现了不合理的年龄数据，如何纠正它呢？当然逐一向被调查对象核实是最准确的方法，但由于往往难以找到被调查对象或工作量太大而不可行，因此一个比较简单的方式是将这些不合理的年龄一律替换为缺失值，这样既保持了变量的性质不变，又避免了错误数据的危害。下列代码展示了识别和处理不合理年龄数据的过程，具体步骤如下：

● 第一步，对 age 使用 between()方法以及"非"运算得到值在 0～100 之外的数据，并使用 value_counts()方法得到这些数据的频数。

● 第二步，绘制 age 的箱线图（见图 4-5 左），观察其分布情况。

● 第三步，在发现 age 存在-1 和 999 两类不合理数据后，使用 replace()方法将其替换为缺失值 np.nan。

● 第四步，再次绘制 age 的箱线图（见图 4-5 右），观察纠错后的分布情况。

● 第五步，为了保持 age 的数据类型仍然为 Int64，使用 astype（"Int64"）方法对其进行数据类型转换。

```
#查看年龄不在 0-100 岁之间的样本汇总
print("不合理的年龄数据统计:\n",
      data["age"][~data["age"].between(0,100)].value_counts())
#绘制 age 的箱线图
data["age"].plot.box()
plt.show()
data_1=copy.deepcopy(data)
#将-1 和 999 替换为缺失值
data_1["age"].replace([-1, 999],np.nan,inplace=True)
data_1["age"]=data_1["age"].astype("Int64")
#再次绘制 age 的箱线图
data_1["age"].plot.box()
plt.show()
```

```
不合理的年龄数据统计:
 -1     1375
 999     177
Name: age, dtype: int64
```

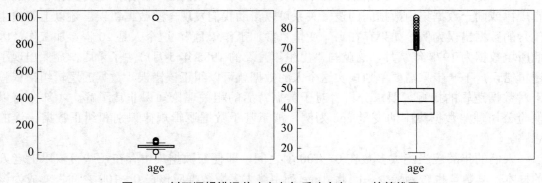

图 4-5　纠正逻辑错误前（左）与后（右）age 的箱线图

上述代码执行结果显示存在-1 和 999 两类数据，从图 4-5 中的左图也能看到其数据的异常分布情况。在没有其他进一步信息的情况下，我们无法确定数据错误的原因，因此最好的处理方式是将其转化为缺失值。从图 4-5 中的右图可以观察到，经过纠错，age 的分布在正常范围内。

4.4.2 格式纠错

规范的数据格式是数据准确性和有效性的保证。数据格式规范指的是在数据类型合理、类别名称唯一、文字表述格式和用词一致等。有些数据错误会表现为不合理的格式，这些有问题的格式有助于我们发现数据错误。问题格式主要有以下三种情形：

第一，文字表述不规范。例如，一些地址类信息出现诸如"北京市朝阳区""北京朝阳区""北京朝阳"等多种表述。

第二，数值类型不合理。例如，在一些本应是数值型数据的列中出现了字符型数据等。

第三，类别名称不统一。例如，在将部门名称作为分类数据时，出现诸如"人力资源部""人资部""HR"三个类别，而这三个类别其实是同一类。

4.4.2.1 地址格式纠错

地址类型格式是常见的数据形式，其特点是数据类型为字符串，内容有一定规范性但规范不严格，例如本章用到的保险公司理赔数据集中的 address 列。地址中经常会出现一些不规范或错误的地名表述，这些表述对于计算机而言完全是不同的含义，因此在处理时需要进行纠正和统一。同时，为了能够更方便地处理数据，经常需要将地址中的一些元素如省、市、县名称等提取成为单独的变量，本部分将分别介绍这两种操作的实现思路。

下列代码展示了识别并纠正不规范和错误的地名表述的方法，具体步骤为：

● 第一步，使用 Series.str.slice()方法[①]截取变量 address 中每个字符串的前三个字母组成的子串，然后使用 unique()方法观察其唯一值。

● 第二步，在发现来自新疆维吾尔自治区的地址信息存在不规范和名称错误的情况后，进一步使用 Series.str.contains()方法将包含"新疆"字样的数据查找出来，并使用 unique()方法进行观察（为便于展示，仅输出了前 8 行数据）。

● 第三步使用 Series.str.replace()方法将"新疆自治区"和"新疆维吾尔族自治区"替换为"新疆维吾尔自治区"。

● 第四步，观察纠错效果。

```
addr=data["address"]
#截取地址的前三个字,并查看唯一值
print("\n检查地址信息前三个字:\n",addr.str.slice(0, 3).unique())
#进一步查看包含新疆的地址数据
print("\n检查具体地址信息:\n",
        addr[addr.str.contains("新疆",na=False)].unique()[0:7])
#替换为正确地名:新疆维吾尔自治区
addr=addr.str.replace("新疆自治区", "新疆维吾尔自治区")
addr=addr.str.replace("新疆维吾尔族自治区", "新疆维吾尔自治区")
#再次截取地址的前三个字,并查看唯一值
print("\n再次检查地址信息前三个字:\n",addr.str.slice(0, 3).unique())
#再次进一步查看包含新疆的地址数据
print("\n再次检查具体地址信息:\n",
```

①　在本例中，使用到了 pandas 序列的字符串处理方法 Series.str。该方法能够以字符串形式访问序列的值，并对其应用几种方法，例如本例用到的 Series.str.slice()、Series.str.contains()和 Series.str.replace()。

```
addr[addr.str.contains("新疆",na=False)].unique()[0:7])
```

检查地址信息前三个字:

['安徽省' '湖北省' '辽宁省' nan '山东省' '山西省' '吉林省' '河北省' '福建省' '黑龙江' '四川省' '河南省' '湖南省' '北京市' '新疆维' '广东省' '江西省' '江苏省' '贵州省' '甘肃省' '内蒙古' '浙江省' '陕西省' '天津市' '广西壮' '云南省' '新疆自' '海南省' '上海市' '西藏自' '重庆市' '宁夏回' '青海省' 'UNK']

检查具体地址信息:

['新疆维吾尔族自治区乌鲁木齐市天山区' '新疆维吾尔族自治区伊犁哈萨克自治州新源县' '新疆维吾尔族自治区昌吉回族自治州呼图壁县' '新疆自治区乌鲁木齐市天山区']

再次检查地址信息前三个字:

['安徽省' '湖北省' '辽宁省' nan '山东省' '山西省' '吉林省' '河北省' '福建省' '黑龙江' '四川省' '河南省' '湖南省' '北京市' '新疆维' '广东省' '江西省' '江苏省' '贵州省' '甘肃省' '内蒙古' '浙江省' '陕西省' '天津市' '广西壮' '云南省' '海南省' '上海市' '西藏自' '重庆市' '宁夏回' '青海省' 'UNK']

再次检查具体地址信息:

['新疆维吾尔自治区乌鲁木齐市天山区' '新疆维吾尔自治区伊犁哈萨克自治州新源县' '新疆维吾尔自治区昌吉回族自治州呼图壁县' '新疆维吾尔自治区伊犁哈萨克自治州霍城县']

观察输出结果，首先发现有两个以"新疆"作为开头的地址，分别为"新疆维"和"新疆自"，说明存在相近但不完全一样的地址表述。进一步查看包含"新疆"二字的地址数据，发现存在"新疆自治区"和"新疆维吾尔族自治区"两种不同表述，这两种表述都是不正确的。这时，我们成功地识别出这一地址错误。

对于这一地址错误，纠错的方式是将"新疆自治区"和"新疆维吾尔族自治区"替换为正确地名"新疆维吾尔自治区"，替换完成后从输出结果中可以发现有两个新疆开头的地址合并了，再次进一步查看包含"新疆"字样的地址，发现不存在两种不正确表述了。

4.4.2.2　数值格式纠错

数据集是数据的"容器"，数据分析都是基于数据集进行的。我们可以形象地把数据集看做一个简单的二维表，表中的每一列是一个变量，每一行是一个样本。从数据采集的角度来看，一个变量是从某一角度对一组同类事物进行测量的结果，因此应当具有相同的统计口径、单位和数据类型。

例如保险公司理赔数据集中的 amount 列，其含义是记录每个发生保险事故后被保险人获得的理赔额，因此其统计口径应为所有获批的理赔额，单位为元，数据类型应为长浮点型（float64）。

在数据采集过程中，由于人为错误、设备故障等无法完全避免的原因，会出现一些数值格式错误的情况。同时，由于数据的存储经常使用文本文件形式，因此无论是数字还是字符，一律都以字符形态存储，这就造成 Python 在读取数据时，无法将本应为数值状态但错误地包含了字符的列正确地识别为数值型。

在下文的代码中，我们识别了出现数值格式错误的变量，并进行了纠错，具体步骤如下：

- 第一步，使用 Series.dtypes 属性观察 amount 的数据类型。
- 第二步，使用 Series.value_counts() 方法和正则表达式，统计所有包含除小数点以外的非数字样本的频数，这些由正则表达式匹配出来的结果即为数值格式出现错误的样本。

● 第三步，使用 Series.str.replace()方法和正则表达式将所有刚才发现数值格式错误的样本都替换为空字符串。

● 第四步，使用 Series.replace()方法将空字符串替换为缺失值，此时 amount 虽然仍然不是数值类型，但其数据仅包含字符型的数字和缺失值，具备转换为数值类型的条件。

● 第五步，使用 Series.astype(float)方法将其转换为浮点型。

```
#查看amount的数据类型
amo=copy.deepcopy(data["amount"])
print("纠正前amount的数据类型为",amo.dtypes)
#利用正则表达式,统计所有包含非数字(小数点除外)的样本
print("\n amount中非数字样本统计:\n",
      amo[amo.str.contains("[^\.\d]")].value_counts())
#利用正则表达式,将所有非数字替换为空字符串
amo=amo.str.replace("[^\.\d]*", "")
#将所有空字符串替换为缺失值
amo.replace("", np.nan,inplace=True)
#将amount转化为浮点型
amo=amo.astype(float)
#再次查看amount的数据类型
print("\n 纠正后amount的数据类型为",amo.dtypes)
```
```
纠正前amount的数据类型为 object
amount中非数字样本统计:
 _NULL_            1775
￥32450               1
￥109737.57           1
￥945460.56           1
Name: amount, dtype: int64
纠正后amount的数据类型为 float64
```

观察输出结果可以发现，amount 的数据类型是 object 而不是数值类型，其中包含了很多以_NULL_形式存在的缺失数据（Python 默认的缺失值不是这种格式）和三个被加上了人民币符号"￥"的数值数据，这样的数据如果执行四则运算或者转型为数值类型的话系统会报错。

在经过上述一系列操作后，amount 的数据类型被纠正为 float64 型，不会再影响分析和建模。

4.4.2.3　分类格式纠错

分类数据是最常见的变量类型之一，无论是作为因变量还是作为自变量，分类数据的应用都非常广泛。分类数据中最常出现的问题就是类别重复，即本属于同一类的样本，由于其类名称不完全一致被系统识别成不同类，因此需要在预处理阶段将这类分类格式错误纠正过来。

下面的代码对 channel 列进行考察，观察各类别唯一值情况，并对出现问题的类别进

行纠正，具体步骤包括：
- 第一步，使用 Series.value_counts()方法查看 channel 的各类别。
- 第二步，使用 Series.replace()方法将上一步发现的不规范的缺失值标识_NULL_替换为 np.nan。
- 第三步，再次使用 Series.value_counts()方法查看 channel 的各类别，确定纠错效果。

```
#查看 channel 唯一值汇总
print("channel 唯一值汇总:\n",data["channel"].value_counts(dropna=False))
#将字符串_NULL_替换为缺失值
data_1=copy.deepcopy(data)#用于修改,避免影响原始数据
data_1["channel"].replace("_NULL_",np.nan,inplace=True)
print("\n再次查看:\n",data_1["channel"].value_counts(dropna=False))
```

```
channel 唯一值汇总:
个险              318181
银行邮政           44221
_NULL_          26514
区域拓展           6723
NaN             5378
团险             486
专业代理           433
非银行邮政          22
内勤业务           1
Name: channel, dtype: int64

再次查看:
个险              318181
银行邮政           44221
NaN             31892
区域拓展           6723
团险             486
专业代理           433
非银行邮政          22
内勤业务           1
Name: channel, dtype: int64
```

观察结果可以发现 channel 除了有正常的缺失值 NaN，还存在以字符串_NULL_表示的缺失值，属于错误分类。如果不经纠错就将该变量用于分析，会使模型将标识为_NULL_的数据当成一个类别而不是缺失值。经过纠错后，_NULL_被替换为 NaN，该列数据可以正常使用。

4.5 数据纠偏

偏度（skewness）是用来测度数据的分布相对其分布中心偏离程度的指标。高偏度数据指的是偏离程度比较严重的数据。由于在统计学理论体系中常常将特定的分布形式作为

模型建立的假设前提，因而对于数据的偏度非常重视，产生了很多矫正数据偏度的方法。目前在机器学习方法体系中对于数据分布的假定较少，很少考虑数据偏度问题，但实际上，经验表明偏度较高的数据会降低模型的预测效果。本小节介绍数据偏度的测量方法、高偏度数据对于数据分析的影响和偏度纠正的方法。相关代码库信息和数据集信息如下：

```
import pandas as pd
import matplotlib.pyplot as plt
import copy
from scipy import stats
#读取波士顿房价数据集
boston=pd.read_csv("boston.csv", header=0)
boston
```

	CRIM	ZN	INDUS	CHAS	NOX	RM	AGE	DIS	RAD	TAX	PTRATIO	B	LSTAT	target
0	0.00632	18.0	2.31	0.0	0.538	6.575	65.2	4.0900	1.0	296.0	15.3	396.90	4.98	24.0
1	0.02731	0.0	7.07	0.0	0.469	6.421	78.9	4.9671	2.0	242.0	17.8	396.90	9.14	21.6
2	0.02729	0.0	7.07	0.0	0.469	7.185	61.1	4.9671	2.0	242.0	17.8	392.83	4.03	34.7
3	0.03237	0.0	2.18	0.0	0.458	6.998	45.8	6.0622	3.0	222.0	18.7	394.63	2.94	33.4
4	0.06905	0.0	2.18	0.0	0.458	7.147	54.2	6.0622	3.0	222.0	18.7	396.90	5.33	36.2
...	...	...	...	...	...	...	...	...	...	...	...	...	...	...
501	0.06263	0.0	11.93	0.0	0.573	6.593	69.1	2.4786	1.0	273.0	21.0	391.99	9.67	22.4
502	0.04527	0.0	11.93	0.0	0.573	6.120	76.7	2.2875	1.0	273.0	21.0	396.90	9.08	20.6
503	0.06076	0.0	11.93	0.0	0.573	6.976	91.0	2.1675	1.0	273.0	21.0	396.90	5.64	23.9
504	0.10959	0.0	11.93	0.0	0.573	6.794	89.3	2.3889	1.0	273.0	21.0	393.45	6.48	22.0
505	0.04741	0.0	11.93	0.0	0.573	6.030	80.8	2.5050	1.0	273.0	21.0	396.90	7.88	11.9

506 rows × 14 columns

4.5.1　数据偏度识别和测量

4.5.1.1　箱线图

在观察数据的偏度时，箱线图（box-plot）是一个非常方便直观的工具。箱线图仅由对应五个统计指标的五条横线及一些辅助性线条组成，非常直观地刻画了数据的分布状况。绘制箱线图后，可以观察出数据分布是否有偏。波士顿房价数据集中的 LSTAT 列的箱线图见图 4-6。

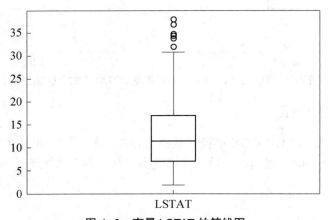

图 4-6　变量 LSTAT 的箱线图

4.5.1.2 偏度系数

箱线图只能概略地展示数据分布的状况，如果需要量化地测量数据分布的偏度，就需要计算偏度系数（skewness）。数据的偏度系数一般使用该序列的三阶中心距来度量：

$$SK = \frac{n\sum_{i=1}^{n}(x_i - \bar{x})^3}{(n-1)(n-2)s^3}$$

式中，SK 为偏度系数；n 为样本数；x_i 为第 i 个样本；$\bar{x}$ 为样本的算术平均值；s 为样本标准差。SK 的值具有如下性质：

- $SK = 0$：数据对称分布，不存在偏态。
- $SK > 0$：数据右偏分布，即大于分布中心的部分（数轴右侧）数据分布较多。
- $SK < 0$：数据左偏分布，即小于分布中心的部分（数轴左侧）数据分布较多。

下列代码绘制了波士顿房价数据集中因变量 target 和变量 LSTAT 的箱线图（见图 4-7），并计算了二者的偏度系数。从计算结果来看因变量 target 和变量 LSTAT 的偏度系数均大于 0，呈现明显的右偏状态。

```
#观察变量偏度
box_plot=boston["target"].plot.box()
plt.show()
box_plot=boston["LSTAT"].plot.box()
plt.show()
print("因变量的偏度为:%f" % boston["target"].skew())
print("变量 LSTAT 的偏度为:%f" % boston["LSTAT"].skew())
```

```
因变量的偏度为:        1.108098
变量 LSTAT 的偏度为:    0.906460
```

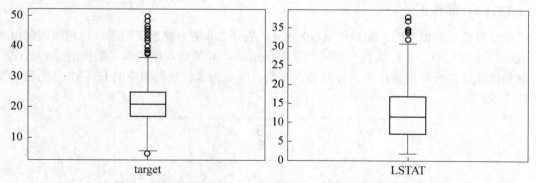

图 4-7　因变量 target（左）和变量 LSTAT（右）的箱线图

4.5.2　数据偏度的纠正

本部分将介绍使用 BOX-COX 变换对数据进行纠偏的方法。BOX-COX 变换是 George Box 和 David Cox（1964）提出的一种广义幂变换方法，其公式如下：

$$y_i = \begin{cases} \dfrac{x_i^{\lambda} - 1}{\lambda}, & \lambda \neq 0 \\ \ln(x_i), & \lambda = 0 \end{cases}$$

式中, x_i 为第 i 个原变量数据; y_i 为经过 BOX-COX 变换后的第 i 个数据; λ 为 BOX-COX 变换的参数, 其取值决定了 BOX-COX 变换的具体形式:

- $\lambda = 0$ 时, BOX-COX 变换等价于对数变换。
- $\lambda \neq 0$ 时, BOX-COX 变换等价于幂变换, 其中:
    - $\lambda = 1$ 时, 相当于未做变换;
    - $\lambda = 0.5$ 时, 相当于平方根变换;
    - $\lambda = 2$ 时, 相当于平方变换;
    - $\lambda = -1$ 时, 相当于倒数变换。

BOX-COX 变换的最大优势就是参数 λ 可以根据需要连续取值, 从而使 BOX-COX 变换成为一族变换。其参数 λ 由极大似然法确定, 可以为数据 "量身定制" 具体的变换方法。

Python 的 scipy.stats 库中的 boxcox 函数可以对数据进行 BOX-COX 变换。boxcox 函数包括三个参数:

- x: 需要进行 BOX-COX 变换的原始数据。
- lambda: 变换参数 λ, 其默认值为 None, 当 lambda=None 时, 其值将由极大似然法确定, 并将得到的 lambda 值作为第二个输出结果返回。
- alpha: 显著性水平值 α, 其默认值为 None, 当 alpha $\neq$ None 时, 会以第三个输出结果形式返回 lambda 的置信度为 (1-alpha) 的置信区间。

下列代码给出了使用 boxcox 函数对因变量 target 和变量 LSTAT 进行 BOX-COX 变换的过程。其参数 lambda 和 alpha 都按照默认设定为 None。经过变换的数据被存回到数据集中, 同时两个变量的 BOX-COX 变换参数 λ 被分别输出到 lam_tar 和 lam_LSTAT 中。这段代码还分别绘制了进行 BOX-COX 变换后两个变量的箱线图和偏度系数。

```
boston_1=copy.deepcopy(boston)
#对因变量做 BOX-COX 变换
boston_1["target"],lam_tar=stats.boxcox(boston_1["target"])
#对 LSTAT 做 BOX-COX 变换
boston_1["LSTAT"],lam_LSTAT=stats.boxcox(boston_1["LSTAT"])
#观察纠偏后两变量的箱线图
box_plot=boston_1["target"].plot.box()
plt.show()
box_plot=boston_1["LSTAT"].plot.box()
plt.show()
print("纠偏后因变量偏度:%f" % boston_1["target"].skew())
print("对因变量进行 BOX-COX 变换的 lambda 为:%f" % lam_tar)
print("纠偏后变量 LSTAT 偏度:%f" % boston_1["LSTAT"].skew())
print("对变量 LSTAT 进行 BOX-COX 变换的 lambda 为:%f" % lam_LSTAT)
```

纠偏后因变量偏度: 0.015882
对因变量进行 BOX-COX 变换的 lambda 为: 0.216621
纠偏后变量 LSTAT 偏度: -0.027886
对变量 LSTAT 进行 BOX-COX 变换的 lambda 为: 0.227767

观察代码执行结果可以发现, 进行 BOX-COX 变换后, 两个变量的偏度系数分别为

0.015882 和 −0.027886，非常接近 0，从而说明其偏度基本被纠正。其参数 λ 的估计值为 0.216621 和 0.227767，可供对数据进行逆变换时使用。从图 4-8 也能明显看出两个变量已经呈对称分布状态了。

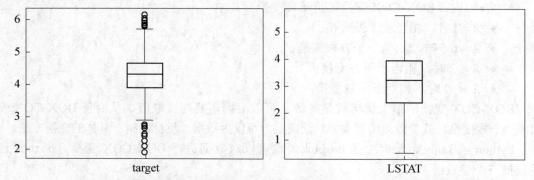

图 4-8　纠偏后因变量 target（左）和变量 LSTAT（右）的箱线图

第 5 章

数 据 插 补

实际数据分析过程中，数据集存在缺失值是常态现象，而没有缺失值才是较为少见的情况。缺失值的存在是由数据形成过程中的各种主客观因素所致，具有一定的客观性和必然性，它影响了数据集信息的完整性和连续性，从而干扰数据分析建模，因此应当在数据准备过程中进行适当的处理。有时缺失值也可以作为影响因素纳入数据建模过程，这时提取缺失值模式或其所包含的信息是数据准备过程中的重要工作。本章将具体介绍缺失值处理的概念和方法。

5.1 缺失值产生原因及其表现

5.1.1 缺失值的含义

缺失值（missing value）是指在对数据进行采集时由于主观或客观原因没有成功采集的数据，也叫缺失数据。在数据采集时，某个样本应当被采集到，但由于技术失误或被调查对象不配合等主客观原因，甚至是由于该数据不存在而未能成功采集，此时该数据即为缺失值。在数据集中，一般将缺失值同样视为一个样本值。

广义上看，数据集中缺失值的形态有两种：一种为整个样本（行）的缺失，又称为数据丢失，这种缺失一般是由于数据采集设备的故障导致，其检测和处理应当在数据获取和存储阶段进行，一般不是数据准备阶段需要考虑的问题，因而本书不予讨论；另一种缺失值的情况为变量（列）中某些值的缺失，本书将介绍对这种情况的处理方法。

5.1.2 缺失值的类型

（1）完全随机缺失（missing completely at random，MCAR）。缺失值的产生与其本应该具有的真实值无关，也与其他变量在该行的值无关，即数据的缺失不受任何内部和外部因素的影响。例如，某调查项目对某商场消费者进行面访调查，在整理问卷时不小心打翻墨水瓶，导致部分问卷的部分问题污损。在这种情况下，如果某几位被调查者的"消费额"变量产生了缺失值，则该值的缺失纯粹是由于意外，与该值本身实际值的大小无关，也与其他变量（如该消费者的性别、年龄等）无关。因此这种缺失记为完全随机缺失（MCAR）。

（2）随机缺失（missing at random，MAR）。缺失值的产生仅仅依赖于其他变量，即受本变量以外因素的影响。例如，在同样的调查项目中，发现某些消费者在变量"年龄"上的数据缺失，经过简单分析发现，年龄数据的缺失与另一变量"性别"有关，大多数发生年龄数据缺失的被调查者为女性。由于该调查项目采取的是面访形式，因此在接受调查时很多女性被调查者不愿意告知调查员自己的年龄（对于很多女性来说，年龄是敏感信息），因而产生了缺失值，该缺失值与被调查者自己年龄的大小关系并不大，因而属于随机缺失（MAR）。

（3）非随机、不可忽略缺失（not missing at random，NMAR or nonignorable）。缺失值的产生依赖于变量自身，即受变量内部因素的影响，这种缺失值是不可忽略的。例如，同样是在该调查项目中，某些消费者在变量"收入"上产生了缺失值，经过分析发现，没有缺失的收入数据大多属于中等收入水平，因而推测收入很高或很低的消费者可能会拒绝回答该问题，这种缺失值产生的原因来自变量自身，属于非随机、不可忽略缺失（NMAR）。

5.1.3 缺失值产生的原因

产生缺失值的原因很多，多与数据采集方式有关，难以进行完善的分类。以下是几种产生缺失值的重要原因，虽不完善，但可供参考。

第一，机械原因。在数据存储过程中，由于设备故障造成存储失败。

第二，人为原因。在数据采集、记录过程中由于人为疏忽造成录入失败。

上述两个原因具有随机特性，因而无法完全避免。

第三，客观原因。在数据采集过程中，由于一些客观原因造成的数据获取失败。例如，在医学研究中被观察的患者因病去世，或被调查者因为没有固定电话而无法提供固定电话号码等。

第四，主观原因。在数据采集中，由于观察或调查对象主观原因造成的数据获取失败。例如被调查者拒绝回答敏感问题，社会学研究中观察对象主动终止某种行为等。

5.1.4 缺失值的影响

一般认为，缺失值会对建模分析产生不利影响，主要有以下几方面。

第一，丢失信息，造成模型解释能力下降。

第二，包含缺失值的数据集表现出来的不确定性与不包含缺失值的数据集表现出来的不确定性相比显著增大。

第三，使某些模型建模失败，算法无法运行。

但是在一些分析场景下，由于数据的缺失存在某种规律，因而可能包含了有价值的信息。例如在研究信用卡持卡人的数据时，会发现一些持卡人的某些信息发生缺失，如果这种缺失存在某种特征，且这一特征还与持卡人的一些特定行为（逾期还款、恶意透支等）具有显著的联系，则缺失信息同样可以作为预测这些行为的因素，从而同样具有分析价值。

5.1.5 缺失值的表现形式

不同系统环境中缺失值表现形式不同。在数据库中为 Null，在 R 语言中为 NA 或

NaN。在 Python 中，默认的缺失值形式为 None，在 Python 的第三方工具库 numpy 或 pandas 中为 NaN（not a number）。Python 环境中一般使用 pandas 进行数据管理和分析，因而 NaN 是本书所采用的缺失值形式。

需要注意的是，pandas 将缺失值 NaN 视为浮点型（float）数值，因此若某整数型（int）变量出现了缺失值，则该变量会被强制转换为浮点型，从而可能导致一些错误。但从 pandas 0.24 版本以后，新增了数据类型 "Int64"，可以令整数型数据也包含缺失值。

特别需要说明的是，空字符串""不是缺失值，空字符串其实也是字符串类型的数据实体，只是其中没有字符而已，而缺失值是没有数据类型的非实体。

本节的示例代码中会用到 Python 中的 pandas、numpy、scikit-learn 和 random 库，数据准备环境配置如下：

```
import pandas as pd
import numpy as np
import random
from pandas.api.types import is_float_dtype
from sklearn.cluster import KMeans
from sklearn.linear_model import LinearRegression
from sklearn.ensemble import GradientBoostingRegressor
from sklearn.metrics import mean_squared_error
```

在数据方面，本节使用 scikit-learn 内置的波士顿房价数据集（boston house-prices dataset）和二手车数据集。

波士顿房价数据集包括 14 个变量和 506 个样本（见 4.5 节），取自卡内基梅隆大学维护的 StatLib 库。波士顿房价数据集本身数据质量较好，没有缺失值。为了进行操作演示，本书对数据集中的变量 LSTAT 进行处理，随机生成 10 个缺失值，供后续各种缺失值插补方法的演示及评估插补效果所用。数据集的读取和缺失值生成方法见下面的代码。

```
#读入波士顿房价数据集
boston=pd.read_csv("boston.csv",header=0)
#基于波士顿房价数据集构造缺失值示例
#注意,由于缺失值是随机构造,因此每次运行会产生不同的结果
sample=random.sample(range(boston.shape[0]),10)
true_value=boston.loc[sample,"LSTAT"]          #保存缺失值的真值用于验证
boston.loc[sample,"LSTAT"]=np.nan              #令"LSTAT"随机产生 10 个缺失值
boston_raw=boston.copy()                       #建立副本保存缺失值原始状态
true_pd=pd.DataFrame(data={"True_LSTAT":true_value})
#显示包含缺失值的部分数据集
true_pd=boston.iloc[true_value.index,-8:-1].merge(true_pd,how="left",
                              left_index=True,right_index=True)
print("缺失值情况:\n%s" % round(true_pd,2))
```

缺失值情况:

	AGE	DIS	RAD	TAX	PTRATIO	B	LSTAT	True_LSTAT
249	17.5	7.83	7.0	330.0	19.1	393.74	NaN	6.56

104	90.0	2.42	5.0	384.0	20.9	392.69	NaN	12.33
389	98.9	1.73	24.0	666.0	20.2	396.90	NaN	20.85
176	47.2	3.55	5.0	296.0	16.6	393.23	NaN	10.11
98	36.9	3.50	2.0	276.0	18.0	393.53	NaN	3.57
77	45.8	4.09	5.0	398.0	18.7	386.96	NaN	10.27
204	31.9	5.12	4.0	224.0	14.7	390.55	NaN	2.88
434	95.0	2.22	24.0	666.0	20.2	100.63	NaN	15.17
119	65.2	2.76	6.0	432.0	17.8	391.50	NaN	13.61
229	21.4	3.38	8.0	307.0	17.4	380.34	NaN	3.76

在上述代码中，将变量 LSTAT 的原始值保存在 true_value 中，以便在插补完成后与插补的值进行对比，从而评估插补效果。从代码运行结果可以看到，在被选出的 10 个样本中，变量 LSTAT 的值已经被替换为缺失值。下面的代码可以对波士顿房价数据集中的缺失值进行概览，从运行结果可以看到变量 LSTAT 的缺失值数量为 10，其他变量则不包含任何缺失值。

```
#boston house-prices dataset 缺失值概览
missing_boston=boston.isna().sum()
print("变量缺失值计数:\n%s" % missing_boston)
缺失值计数:
CRIM       0
ZN         0
INDUS      0
CHAS       0
NOX        0
RM         0
AGE        0
DIS        0
RAD        0
TAX        0
PTRATIO    0
B          0
LSTAT      10
Target     0
dtype: int64
```

本节还应用了二手车数据集，这个数据集来自著名的免费广告网站 Craigslist。人们在这个网站上发布帖子售卖自己的二手车。这个数据集中包含 26 个变量和超过 170 万条数据（见 4.3 节）。该数据集代码的读取即缺失值概览方法见下面的代码，从代码的运行结果来看，该数据集中大多数变量都包含缺失值，且缺失值数量较大。

```
#读取二手车数据集
car_data=pd.read_csv("craigslistVehiclesFull.csv",header=0)
car_data_raw=car_data.copy()          #建立副本保存数据集原始状态
missing_car=car_data.isna().sum()    #二手车数据集缺失值概览
```

```
print("变量缺失值计数:\n%s" % missing_car)
```
变量缺失值计数:
```
url                      0
city                     0
price                    0
year                  6315
manufacturer        136414
make                 69699
condition           700790
cylinders           691291
fuel                 10367
odometer            564054
title_status          2554
transmission          9022
vin                1118215
drive               661884
size               1123967
type                702931
paint_color         695650
image_url                1
lat                      0
long                     0
county_fips          58833
county_name          58833
state_fips           58833
state_code           58833
state_name               0
weather              59428
dtype: int64
```

5.2　缺失值插补

　　对于缺失值,最简单的处理方法莫过于将包含缺失值的样本直接删除。但是这样做会产生非常多的问题。对于抽样数据,删除缺失值会导致样本数据分布被改变,从而影响其代表性。对于拥有较多变量的数据集,如果包含缺失值的变量(列)较多,则样本(行)中含有缺失值的可能性会增大,此时删除包含缺失值的样本会造成数据集中的大量数据被删除,从而损失过多信息。

　　例如,在二手车数据集中,样本总数为 172 万余个,而其中完全不包含缺失值的样本仅有 14 万余个,占样本总数的 8.26%,如果仅保留不含缺失值的样本,则只能放弃绝大多数数据。

　　由于删除缺失值会造成诸多问题,因此使用合理的方法对缺失值进行插补就成为缺失值处理的主要形式。缺失值插补的主要思路有两个:

第一个思路是利用包含缺失值的变量自身的信息进行插补，主要形式为使用该变量非缺失部分构造简单统计量，并用该统计量插补缺失部分。

第二个思路是同时利用包含缺失值的变量自身的信息和其他变量的信息，建立聚类模型或机器学习模型，基于模型对缺失值变量的预测结果进行插补。

这两个思路中，前者较为简单高效，但对于所有缺失值均会插补相同内容，当缺失值较多时效果不好；而后者可以利用变量间的联系推测缺失值的真实内容，为不同的缺失值插补不同的内容，从而更加精准，但缺点是占用运算资源较多，当数据集较大时效率较低。

在本节中，为了能够观察并比较不同方法的插补效果，使用了在非缺失数据集中随机构造缺失值的方式。这样可以使我们能够检验所插补的内容与实际值之间的差异，从而比较不同方法的插补准确度。

5.2.1　简单统计量插补

使用简单统计量插补的思想是：基于变量本身的信息，计算该变量非缺失部分的简单统计量（一般是均值、中位数或众数），再以该统计量作为缺失部分的替代值。这种方法的优点是简单高效，在 Python 的 pandas 中使用 Series.fillna()方法即可完成，是缺失值插补的常用手段，特别是当缺失值数量不多时效果较好。但是这种方法的缺点也很明显，它使用相同内容插补所有缺失值，插补结果与实际情况差异较大，因此当缺失值数量较多时，这种插补方法会对模型的训练产生不利影响。

5.2.1.1　均值插补

下面的代码显示了使用均值对波士顿房价数据集中的变量 LSTAT 的缺失值进行插补的方法。具体操作要点为：对 boston["LSTAT"]使用 Series.fillna()方法进行插补，插补内容为其均值 boston["LSTAT"].mean()。

```
#使用均值插补 boston 房价数据集
boston=boston_raw.copy()      #复制数据集
boston_fill=boston["LSTAT"].fillna(boston["LSTAT"].mean())
print("均值插补效果:\n%s" % pd.DataFrame(data={"True":true_value,
                                "Fill":boston_fill[true_value.index]}))
print("均值插补的 MSE: %s" % mean_squared_error(y_true=true_value,
                                y_pred=boston_fill[true_value.index]))
```

```
均值插补效果:
       True      Fill
249    6.56     12.708347
104    12.33    12.708347
389    20.85    12.708347
176    10.11    12.708347
98     3.57     12.708347
77     10.27    12.708347
204    2.88     12.708347
```

```
434      15.17    12.708347
119      13.61    12.708347
229       3.76    12.708347
```
均值插补的 MSE: 38.39801797509106

　　从上述程序运行的结果可以观察到，对于所有的缺失值都用均值 12.708347 进行了插补。为评估缺失值的插补效果，可利用预先保留的变量 LSTAT 缺失部分的真值 true_value 构造均方误差（mean square error，MSE）作为度量效果的指标，其计算公式为：

$$MSE = \frac{\sum_{i=1}^{m}(\hat{x}_i - x_i)^2}{m}$$

式中，$i = 1, 2, \cdots, m$ 表示 m 个缺失值；$\hat{x}_i$ 为第 i 个缺失值的插补内容；x_i 为第 i 个缺失值的真值。在本例中，使用均值进行缺失值插补得到的 MSE 为 38.398（保留三位小数）。

　　需要说明的是，在实际进行缺失值处理时，是不可能存在缺失值真值的，因此也就根本无法计算均方误差。出于向读者演示不同插补方法的效果差异的目的，本书对波士顿房价数据集随机生成缺失值，因此其缺失部分的真值已知，从而可以构造均方误差来评估缺失值插补方法的效果。在缺失值处理的实战环境中，如果将获取缺失值插补内容视为一个机器学习任务，那么该任务应当是无监督的机器学习任务。

5.2.1.2　根据变量数据类型选择不同的统计量

　　上一小节介绍了使用均值对缺失值进行插补的方法。但是均值的计算要求变量的数据类型必须是定量的，如果变量不是定量型数据则需要使用其他统计量进行缺失值插补。例如，对于整数型（int）数据的缺失值，可使用均值（mean）或中位数（median）进行插补；对于浮点型（float）数据的缺失值，则仅能使用均值插补；最特殊的是对字符串型（string）数据的缺失值，需要使用众数（mode）进行插补。

　　二手车数据集中包含了多种数据类型，在下面的代码中展示了根据变量数据类型选择不同的统计量对缺失值进行插补的过程。

```python
#根据具体情况选择不同指标进行插补,使用二手车数据集
car_data=car_data_raw.copy()          #建立数据集副本
missing_car=car_data.isna().sum()     #计算每个变量缺失值的数量
for i in missing_car.index:
    if missing_car[i]>0:
        try:
            car_data[i]=car_data[i].astype("Int64")
            car_data[i]=car_data[i].fillna(car_data[i].median())
        except:
            if is_float_dtype(car_data[i]):
                car_data[i]=car_data[i].fillna(car_data[i].mean())
            else:
                car_data[i]=car_data[i].fillna(car_data[i].mode()[0])
print("缺失值计数:\n%s" % car_data.isna().sum())
```
缺失值计数:

```
url                0
city               0
price              0
year               0
manufacturer       0
make               0
condition          0
cylinders          0
fuel               0
odometer           0
title_status       0
transmission       0
vin                0
drive              0
size               0
type               0
paint_color        0
image_url          0
lat                0
long               0
county_fips        0
county_name        0
state_fips         0
state_code         0
state_name         0
weather            0
dtype: int64
```

由于 Python 中 pandas 的缺失值属于 float 数据类型，因此如果 int 类型的数据含有缺失值，就会被转换为 float 型，从而导致不能正确判断变量类型。pandas 0.24 版本新增了类型"int64"，可以令 int 型数据包含缺失值，因此可以使用 Series.astype（"Int64"）来尝试将 int 型数据转换为 int64 型。这一操作若能成功，则说明该变量或该列为 int 型，此时需要用中位数插补缺失值；若发生错误，则表示该变量不是包含缺失值的 int 型数据，此时需要再进一步判断变量是 float 型还是 string 型，若是 float 型，则使用均值插补缺失值；若是 string 型，则使用众数插补缺失值。通过代码运行结果可以看到，经过插补后消除了所有缺失值。上述操作的具体步骤为：

- 第一步，建立数据集的副本 car_data。
- 第二步，计算 car_data 中每个变量（列）缺失值的数量，保存在序列 missing_car 中。
- 第三步，以 i 为循环变量，missing_car 的列索引为循环序列进行 for 循环，每次循环中使用 if 语句判断，若当前 i 所对应的变量包含缺失值，即 missing_car[i]>0 成立，则进行如下操作：

（1）使用 try 语句首先尝试将当前变量的数据类型转化为 int64，并使用中位数插补

（通过调用 Series.median()方法），若成功则进入下一个循环周期，若不成功则进入 except 语句部分。

（2）使用 except 语句，在转换 int64 不成功时，检测其是否为浮点型。使用 if 语句以 is_float_dtype()的结果为条件，当条件成立时意味着当前变量为浮点型，则使用均值插补缺失值，若不成功则使用众数插补缺失值（通过调用 Series.mode()方法）。

使用简单统计量对缺失值进行插补的方法简单高效，但因为使用相同内容填充所有缺失值，在缺失值较多时存在与真实情况误差较大的弊端。为了缓解这一弊端，在本节后续部分将以需要插补的变量为因变量，其他变量为解释变量建立模型，使用未缺失的部分数据对模型进行训练，并基于对缺失部分的预测结果进行插补。

5.2.2 聚类插补

上一小节介绍了使用简单统计量对缺失值进行插补的方法，这种方法用相同内容插补所有缺失值，势必会产生较大的插补误差。为了改善插补效果，本小节介绍基于 K-means 聚类模型对缺失值进行插补的方法。

K-means 聚类又称为快速聚类，是一种需要事先确定类别个数的聚类方法。K-means 聚类的思想是从某一个分类状态开始，不断调整类中心的位置，直至找到满足要求的类别划分形式。在聚类的开始阶段，需要人为给定类别的个数，并为每个类别指定一个初始类中心，即"种子"。给定了种子后，需要计算每个样本（包括作为种子的样本）到各个种子的距离，并按照距离远近将样本分类。所有样本都分好类后，根据每一类所包含的样本计算新的类中心（种子就没用了），再利用新的类中心进行分类。如此迭代，直到迭代次数达到某一给定标准或两次迭代类中心变化不大为止，此时类中心稳定下来，从而形成了最终的聚类结果。

使用 K-means 聚类可以将全部样本分成若干组，如果假定包含缺失值的变量在不同分组具有不同的取值，则可以使用该变量非缺失部分在每个分组的均值为相应位置的缺失值进行插补。

这种方式仍然使用均值对缺失部分进行插补，因此可以视为对使用简单统计量进行插补方法的改进，其改进之处在于对于不同分组使用该组数据的组内均值。下面的代码展示了这一过程。

```
#聚类插补,使用波士顿房价数据集
boston=boston_raw.copy()
#初始化 k-means 模型,设置类别数为 5
k_means_model=KMeans(n_clusters=5)
#去掉包含缺失值的变量再进行模型拟合,并计算每条样本所属类别
cluster=k_means_model.fit_predict(boston.drop("LSTAT",axis=1))
#针对每组,分别用平均值插补缺失值
cluster_fill=boston["LSTAT"].groupby(by=cluster).apply(lambda
                                        x:x.fillna(x.mean()))
print("聚类插补效果:\n%s" % pd.DataFrame(data={"True":true_value,
                        "Fill":cluster_fill[true_value.index]}))
print("聚类插补的 MSE: %s" % mean_squared_error(y_true=true_value,
```

```
                                       y_pred=cluster_fill[true_value.index]))
```

聚类插补效果：

	True	Fill
249	6.56	9.521445
104	12.33	12.277872
389	20.85	17.844554
176	10.11	9.521445
98	3.57	9.521445
77	10.27	12.277872
204	2.88	9.521445
434	15.17	21.179118
119	13.61	12.277872
229	3.76	9.521445

聚类插补的 MSE：17.279033474185905

在上述代码中，基于 sklearn.cluster 中的 KMeans()函数，使用除变量 LSTAT 外的其他变量进行分类（类别数设定为5），然后按不同分组用变量 LSTAT 在各组内的均值进行缺失值插补。代码中还用到了 Series.groupby()、Series.apply()等方法以及 lambda 匿名函数。这些方法相关的知识比较基础，请读者自行查询相关资料，这里不再赘述。

从代码运行结果可以看到，对于不同的缺失值，插补的内容出现了差异，但是属于同一组的缺失值仍然使用相同的内容插补，例如第 249、176、98、204 和 229 号样本均使用 9.521445 进行插补。使用聚类插补使得 MSE 达到了 17.279（保留三位小数），远低于全部使用均值时的 38.398，因此可以说，至少在这次缺失值插补中，使用聚类插补的效果明显好于全部使用均值插补。

5.2.3 模型插补

前一小节介绍了基于 K-means 聚类模型对缺失值进行插补的方法。这种方法改善了插补的效果，但"包含缺失值的变量在不同分组具有不同取值"这一假设过强，且在同一分组内仍然使用了相同内容进行插补，因此该方法所取得的插补效果仍然有很大改善空间。

本小节将介绍基于线性回归模型和梯度提升决策树模型（gradient boosting decision tree，GBDT）对缺失值进行插补的方法。无论是线性回归还是 GBDT，都可以纳入监督机器学习（supervised machine learning）框架进行分析。以需要插补的变量为因变量，其他变量为自变量，利用因变量非缺失部分对应的样本对模型进行训练，然后用模型对缺失部分的数据进行预测。

5.2.3.1 线性回归模型

线性回归是最经典的统计模型，其本质可以描述为将因变量的取值分解为自变量的线性组合与随机扰动的和。模型形式为：

$$y = \beta_0 + \beta_1 x_1 + \cdots + \beta_p x_p + \mu$$

将 y 的缺失部分所对应的 $x_1, x_2, \cdots, x_p$ 值代入上述方程，所得到的 $\hat{y}$ 即可以用于缺失值的插补。下面的代码展示了线性回归插补的过程，具体步骤如下：

- 第一步，建立副本数据集 boston。
- 第二步，调用 DataFrame.dropna()方法，设定参数 subset 为包含缺失值的变量 ["LSTAT"]，从而获得不包含缺失值的数据集作为模型的训练集 train。
- 第三步，使用 scikit-learn 库的 LinearRegression()类，调用其 fit()方法建立线性回归模型 reg，设定因变量为 train 中的变量 LSTAT，设定自变量为除因变量外的其他变量。
- 第四步，使用线性回归模型 reg 的 predict()方法，在包含缺失值的数据集 boston 上进行预测。
- 第五步，使用 Series.fillna()方法，利用预测值插补缺失值。

```
#线性回归模型插补,使用波士顿房价数据集
boston=boston_raw.copy()
#使用无缺失的数据作为训练数据
train=boston.dropna(subset=["LSTAT"])
#初始化一个线性回归模型
r=LinearRegression()
#令含有缺失值的变量 LSTAT 作为因变量,其余变量作为自变量拟合模型
r.fit(X=train.drop("LSTAT",axis=1),y=train["LSTAT"])
#使用模型预测变量 LSTAT 的全部数据
predict=pd.Series(r.predict(boston.drop("LSTAT",axis=1)),index=boston.index)
#使用模型预测值插补缺失值
r_fill=boston["LSTAT"].fillna(predict)
print("回归模型插补效果:\n%s"%pd.DataFrame(data={"True":true_value,
                                     "Fill":r_fill[true_value.index]}))
print("回归模型插补的 MSE: %s"%mean_squared_error(y_true=true_value,
                                     y_pred=r_fill[true_value.index]))
```

```
回归模型插补效果:
          True          Fill
249       6.56      4.766427
104      12.33     14.013134
389      20.85     21.975557
176      10.11     10.820094
98        3.57     -1.924128
77       10.27     10.912859
204       2.88     -1.640354
434      15.17     20.849729
119      13.61     14.061273
229       3.76      5.293284
回归模型插补的 MSE: 9.366719529198878
```

从代码执行结果中可以观察到，每一个缺失值都使用一个不同的模型预测值进行填充。相应地，使用线性回归模型进行缺失值插补的 MSE 进一步降低为 9.367（保留三位小数），低于使用 K-means 聚类模型时的 17.279。

使用线性回归模型进行缺失值插补在效果上取得了一定的提升，但是应当看到，线性

回归模型是一个参数化模型，并且使用最为简单的线性形式进行模型构建，因此当自变量与因变量的关系模式较为复杂时，模型对于数据趋势的拟合程度是不足的。在这种情况下可以考虑建立非参数的模型来对缺失值进行插补，当然这将以增加运算量为代价。

5.2.3.2　GBDT 模型

GBDT 模型是一种采用 Boosting 思想的集成算法模型。其思想是以决策树（CART 树）为基学习器，对数据进行多轮迭代式的学习（即使用数据训练模型），在每一轮学习后都基于损失函数（即预测误差）最小的原则对下一轮学习进行优化，经过多轮迭代后得到最终预测结果。因在优化时使用了损失函数的负梯度来拟合本轮损失的近似值，又是以 CART 树作为基学习器，所以该模型被称为梯度提升决策树。

下面的代码展示了使用 GBDT 模型对缺失值进行插补的过程，其过程与使用线性回归模型时非常类似，首先使用 sklearn.ensemble 中的 GradientBoostingRegressor() 建立 GBDT 模型，然后使用 fit() 方法进行拟合，最后使用 predict() 方法得到预测值并进行插补。

```python
#GBDT 模型插补,使用波士顿房价数据集
boston=boston_raw.copy()
#使用无缺失的数据作为训练数据
train=boston.dropna(subset=["LSTAT"])
#初始化一个 GBDT 模型
GBDT_model=GradientBoostingRegressor()
#令含有缺失值的变量 LSTAT 作为因变量,其余变量作为自变量拟合模型
GBDT_model.fit(X=train.drop("LSTAT",axis=1),y=train["LSTAT"])
#使用模型预测变量 LSTAT 的全部数据
predict=pd.Series(GBDT_model.predict(boston.drop("LSTAT",axis=1)),
                                    index=boston.index)
#使用模型预测值插补缺失值
GBDT_fill=boston["LSTAT"].fillna(predict)
print("GBDT 模型插补效果:\n%s"% pd.DataFrame(data={"True":true_value,
                                "Fill":GBDT_fill[true_value.index]}))
print("GBDT 模型插补的 MSE:%s" % mean_squared_error(y_true=true_value,
                                y_pred=GBDT_fill[true_value.index]))
```

```
GBDT 模型插补效果:
          True        Fill
249       6.56        6.295939
104      12.33       15.079178
389      20.85       23.457118
176      10.11       10.663713
98        3.57        3.957895
77       10.27       10.619566
204       2.88        3.183320
434      15.17       21.904348
119      13.61       13.114168
229       3.76        4.682928
```

GBDT 模型插补的 MSE：6.154512208518574

可以看到，在本例中，使用 GBDT 模型进行缺失值插补的 MSE 进一步降低为 6.155（保留三位小数），说明对于本例而言，使用 GBDT 模型进行缺失值插补的效果最好。需要指出的是，用哪种缺失值插补方法效果好并不是一定的，取决于具体的情况。设想一个极端情况，即包含缺失值的变量其本身数据如果就是固定的，那无疑使用均值做简单插补是最好的方式；如果包含缺失值的变量与其他变量的关系本身就是线性的，那使用线性回归模型进行缺失值插补的效果可能比 GBDT 模型要好[①]。因此，使用哪种方法对缺失值进行插补更合理，还需要根据具体情况进行具体分析。

5.3　MVP

缺失值插补就像给破了洞的衣服打补丁，虽然不好看，但保留了衣服的核心功能，可以让这件衣服仍然能穿。因此，对缺失值进行插补是缺失值处理的主要手段。然而很多时候，缺失值的出现本身也存在某种规律，从而使得其本身也包含了可能对于分析有用的信息，此时不但不能对缺失值进行插补，反而应当采取一定方法将其蕴含的规律凸显出来，即对缺失值模式（missing value pattern，MVP）进行分析。这就好像现在的一些年轻人，专门穿破洞牛仔裤，认为这才是时尚。

本小节将介绍一种提取缺失值信息的思路和方法，以其为基础我们可以将缺失值的模式量化表示出来，并作为进一步分析的指标。

5.3.1　MVP 分析思路

缺失值的出现原因很多，比如数据采集设备故障，被调查对象不配合，等等。但是如果进一步思考的话会发现，缺失值本身也并非没有价值。例如，由于数据采集设备故障导致的缺失值，包含了设备运转稳定性的信息，从而可以用来进行设备可靠性分析；由于调查对象不配合导致的缺失值，可能包含了调查对象的某些主观原因，因而可以作为影响因素进行分析。由于以上原因，在很多分析场景下，缺失值可以作为影响因素纳入分析模型，但前提是能够将缺失值信息有效地提取出来。在提取缺失值信息时，有以下两个思路。

第一个思路：为每个包含缺失值的变量建立一个哑变量形式的新变量，用于将该变量的缺失信息标识出来。这种思路的优点是可以将每个变量的缺失值信息单独提取出来，在需要进行因果分析时能够明确地将其对因变量的影响体现出来。然而这种思路的缺点也很明显，即当数据集中包含缺失值的变量较多时，会极大地增加模型的复杂度。

第二个思路：仅建立一个新变量，将每一个样本在所有变量上的缺失值情况标记出来。这种思路可以将数据集的缺失值信息以一个变量体现出来，优点是对模型复杂度影响不大，但却具有无法体现具体变量影响的缺点，因而在以预测为目的的建模时较为适用。

5.3.2　MVP 提取方法

本部分将以上述第二个思路为主体，基于二手车数据集介绍缺失值信息提取的方法，

---

① 本例中使用随机方式令波士顿房价数据集中的变量 LSTAT 产生了 10 个缺失值，由于随机得到的缺失值位置不同，因此在某些情况下，使用线性回归模型插补得到的 MSE 要低于使用 GBDT 模型。

具体分为两个步骤：

步骤1：标记每个变量的缺失值（见下列代码）。步骤1其实就是上述第一个思路。

```python
#将缺失值用 0-1 形式进行标记
mismark_car=pd.DataFrame()          #用于记录每个变量的缺失值模式
car_data=car_data_raw.copy()        #复制原始数据集
#每个变量的缺失值计数,其索引为变量名
missing_car=car_data.isna().sum()
for i in missing_car.index:
    if missing_car[i] > 0:
        mismark_car["missing_%s" % i]=car_data[i].isna().astype(int)
print("二手车数据集缺失值标记:\n%s" % mismark_car[0:10].transpose())
```

二手车数据集缺失值标记:

	0	1	2	3	4	5	6	7	8	9
missing_year	0	0	0	0	0	0	0	0	0	0
missing_manufacturer	0	1	0	0	1	0	0	0	1	0
missing_make	0	0	0	0	0	0	0	0	0	0
missing_condition	0	1	1	0	1	0	0	1	0	0
missing_cylinders	0	1	1	0	1	0	0	1	1	0
missing_fuel	0	0	0	0	0	0	0	0	0	0
missing_odometer	0	1	1	0	0	0	0	0	1	0
missing_title_status	0	0	0	0	0	0	0	0	0	0
missing_transmission	0	0	0	0	0	0	0	1	0	0
missing_vin	1	1	1	0	1	1	1	0	1	0
missing_drive	0	1	1	0	1	0	0	1	1	0
missing_size	1	1	1	0	1	1	0	1	0	1
missing_type	0	1	1	0	1	1	0	1	1	0
missing_paint_color	0	1	1	0	1	1	0	1	1	0
missing_image_url	0	0	0	0	0	0	0	0	0	0
missing_county_fips	0	0	0	0	0	0	0	0	1	1
missing_county_name	0	0	0	0	0	0	0	0	1	1
missing_state_fips	0	0	0	0	0	0	0	0	1	1
missing_state_code	0	0	0	0	0	0	0	0	1	1
missing_weather	0	0	0	0	0	0	0	0	1	1

在上述代码中，新建立了数据集 mismark_car 用于记录数据集 car_data 中的缺失值信息。在 mismark_car 中，每个用于记录单个变量缺失值信息的变量名由"missing_"加上在 car_data 中的原变量名构成。例如，在 car_data 中的变量 fuel，在 mismark_car 中有 missing_fuel 与之相对应。在这段代码中使用了数据框的 DataFrame.isna() 方法，用逻辑值形式（即值为 True 或 False 形式）标记了每个变量中所有值是否为缺失值，继而使用 Series.astype（int）方法将其转化为 0-1 形式（True 为 1，False 为 0）。在代码执行结果中，为了显示效果将输出结果进行了转置，且仅显示了前十个样本的标记情况。此时，已经完成了对每个变量缺失值信息的提取，提取形式为哑变量形式。

步骤2：生成每个样本的缺失值模式。本步骤的操作可以用表 5-1 形象地体现出来：

假设有一个数据集，包含了三个变量 A、B、C，且数据集中有三个样本，如表 5-1 左边部分所示。在上个步骤中，获得了每个变量 0-1 形式的缺失值信息，如表 5-1 中间部分所示。本步骤将构造二进制和十进制两种形式的样本缺失值模式，如表 5-1 右边部分所示。其中二进制形式是将中间部分每个变量 0-1 形式的值转变成字符形式再连接而成，例如样本 2 得到的二进制形式缺失值模式值为 "101"；十进制形式则是由二进制形式转换而来，例如样本 2 的十进制形式缺失值模式值为 5。

表 5-1 变量缺失值信息与样本缺失值模式关系表

	原始变量数据			变量缺失值信息			样本缺失值模式	
	A	B	C	miss_A	miss_B	miss_C	pattern1 （二进制）	pattern2 （十进制）
样本 1	20	30	NaN	0	0	1	"001"	1
样本 2	NaN	33	NaN	1	0	1	"101"	5
样本 3	45	NaN	30	0	1	0	"010"	2

通过这种方式，可以将每个样本的缺失值情况标记出来。构造二进制和十进制两种样本缺失值模式的原因是适应不同模型运算的要求。第二个步骤的操作方法见下面的代码。

```
#提取缺失值模式
#将 0-1 缺失标识转为字符串
mispattern1_car=mismark_car.astype(str)
#将每行字符串拼接为二进制码形式,耗时较久
mispattern1_car=mispattern1_car.apply(lambda x: x.str.cat(),axis=1)
#将二进制码转为十进制
mispattern2_car=mispattern1_car.apply(lambda x: int(x,2))
#合并数据
car_data1=car_data.merge(mismark_car,how="left",
                         left_index=True,right_index=True)
car_data1["missing_pattern1"]=mispattern1_car
car_data1["missing_pattern2"]=mispattern2_car
print("缺失值模式:\n%s" %
                car_data1[['missing_pattern1','missing_pattern2']][0:20])
缺失值模式:
        missing_pattern1        missing_pattern2
0       0000000010100000000          1280
1       0101101001111000000        370624
2       0001101001111000000        108480
3       0000000000000000000             0
4       0101100011111000000        362432
5       0000000010111000000          1472
6       0000000010000000000          1024
7       0001100010101111000000     101312
```

8	01001010011010011111	304799
9	00000000001100011111	287
10	00000000010000011111	1055
11	00000000010000011111	1055
12	00000000000000011111	31
13	00000010010000011111	9247
14	00000000010100011111	1311
15	00000000010000011111	1055
16	00000000010100011111	1311
17	00000000010100011111	1311
18	00000000010100011111	1311
19	00000000010100011111	1311

上述代码的算法步骤是：

● 第一步，将步骤 1 得到的 mismark_car 使用 DataFrame.astype（str）方法转化为字符串型。

● 第二步，使用数据集的 DataFrame.apply() 方法对每行数据都基于 lambda 表达式调用 Series.str.cat()方法将该行中各个 0、1 字符连接成一个二进制形式的字符串，并将结果存放在 mispattern1_car 中，这一步运算时间较长。

● 第三步，仍然使用数据集的 apply 方法对每行数据都基于 lambda 表达式调用 int() 函数，将二进制形式的字符串转换为十进制形式，并将结果存放在 mispattern2_car 中。

第 6 章

数 据 配 平

在因变量为二分类（如 0-1 型）变量的数据分析任务中，常会出现因变量类别间样本数量差异较大的现象，一般称之为不平衡数据或非平衡数据（unbalanced data）。不平衡数据会严重影响模型训练和预测的准确性，因此需要在数据准备阶段进行有效的配平，消除不良影响。本章将介绍不平衡数据的含义与影响，以及几种主要的不平衡数据的配平方法。

6.1 不平衡数据

6.1.1 不平衡数据的含义

在机器学习模型中，分类器模型是常用类型。分类器模型的因变量一般为二分类（0-1 型）变量，即使是多个类别的情况，通常也将其转化为二分类后再分析。例如本章案例所用数据信用卡欺诈检测数据集，其中用于表示信用卡交易是否为欺诈交易的变量 Class 为 0-1 型变量，变量值 "1" 代表该交易为欺诈交易，变量值 "0" 代表该交易为正常交易。分类器需要依据已知真实分类情况的 0-1 型变量构成训练集对模型进行训练，然后用训练得到的分类器对未知情形进行预测。这类分析任务要求 0-1 型变量中两个类别比例大致均衡，否则会对模型的训练产生不利影响。

两个类别比例均衡的标准是什么呢？事实上这并没有明确的标准，但一般认为一个 0-1 型变量中，多数类与少数类的比例达到 20∶1 以上（少数类样本数量占总样本数量 5% 以下）即为不均衡，以这类变量为因变量的数据集也称为不平衡数据集。信用卡欺诈检测数据集就是一个典型的不平衡数据集，该数据集一共包含 284807 个样本，但其中变量 Class 取值为 "1" 的样本仅有 492 个，占比为 0.173%，不平衡程度非常高。

6.1.2 不平衡数据的影响

不平衡数据会对部分模型尤其是分类器模型的训练和预测产生不良影响，例如一个分类器模型在不平衡的训练集上训练得到的准确率非常高，但是该模型在实际数据集上的表现可能非常差，甚至接近失效。

从模型的训练角度看，由于不平衡数据集中的少数类样本较少，因此能够供模型训练使用的有价值信息有限。分类器模型的训练过程通常是建立错分类别的损失函数，然后以损失函数最小为目标优化模型的参数，从而得到训练结果。例如当模型将取值本为"1"的样本错分类为"0"，或将本为"0"的样本错分类为"1"，根据损失函数都会得到一个惩罚值，在对所有样本进行分类后，就会得到所有错分类的一个总惩罚值，模型训练的任务就是使这个总惩罚值尽量小。这一过程通常是通过迭代完成的。

请读者考虑一个极端情况，如果在 10 000 个样本中仅有一个取值是 1，其他 9 999 个都是 0。在这种情况下，当一个分类模型被训练成将所有样本都分类为 0，即仅仅会出现一个错误分类（将唯一的 1 错分类为 0），则其损失函数反馈的惩罚值是微不足道的，分类模型会被认为效果良好，但实际上这个模型根本没有训练出判别少数类的能力，训练失败。

具体而言，可以将不平衡数据对分类器模型的影响归为三类：

第一，数据稀疏问题。在不平衡数据集中，少数类的样本数远少于多数类，因此会产生数据稀疏问题，造成分类器难以准确获得少数类特征，从而造成分类错误。

第二，噪声数据问题。噪声数据指的是由于设备故障、人为错误等原因形成的错误数据。通常如果样本量较大，少量的噪声数据对分类器效果的影响有限，但如果数据是不平衡的，则在少数类中的噪声数据对于分类器的影响会显著提高。

第三，决策边界偏移问题。在很多分类器模型中，每个样本对于优化目标的贡献是相同的，因此在使用不平衡数据训练分类器时，由于样本数量的优势，决策边界会显著向多数类偏移，造成分类器失效。

本章所用案例数据为 4.1 节中使用过的信用卡欺诈检测数据集（credit card fraud detection）[①]。该数据集显示了 2013 年 9 月的某两天在欧洲的持卡人通过信用卡进行的交易。在总共 284807 笔交易中，有 492 笔交易被标记为欺诈交易（变量 Class=1），其余交易被标记为正常交易（Class=0），属于典型的不平衡数据情况。对于信用卡公司来说，如果能够正确识别某笔交易为欺诈交易，则可以阻止该交易的进行，从而在保护信用卡持卡人的利益的同时减少自身的损失。

下面的代码中包含了读取数据集的相关操作，还对变量 Class 的类别比例进行了计算。

```
#读取数据
credit=pd.read_csv("creditcard.csv",header=0,encoding="utf8")
credit
```

	Time	V1	V2	V3	V4	V5	V6	V7	V8	V9	...	V21	V22	V23	V
0	0.0	-1.359807	-0.072781	2.536347	1.378155	-0.338321	0.462388	0.239599	0.098698	0.363787	...	-0.018307	0.277838	-0.110474	0.0669
1	0.0	1.191857	0.266151	0.166480	0.448154	0.060018	-0.082361	-0.078803	0.085102	-0.255425	...	-0.225775	-0.638672	0.101288	-0.3398
2	1.0	-1.358354	-1.340163	1.773209	0.379780	-0.503198	1.800499	0.791461	0.247676	-1.514654	...	0.247998	0.771679	0.909412	-0.6892
3	1.0	-0.966272	-0.185226	1.792993	-0.863291	-0.010309	1.247203	0.237609	0.377436	-1.387024	...	-0.108300	0.005274	-0.190321	-1.1755
4	2.0	-1.158233	0.877737	1.548718	0.403034	-0.407193	0.095921	0.592941	-0.270533	0.817739	...	-0.009431	0.798278	-0.137458	0.1412
...	...	...	...	...	...	...	...	...	...	...	...	...	...	...	...
284802	172786.0	-11.881118	10.071785	-9.834783	-2.066656	-5.364473	-2.606837	-4.918215	7.305334	1.914428	...	0.213454	0.111864	1.014480	-0.5093
284803	172787.0	-0.732789	-0.055060	2.035030	-0.738589	0.868229	1.058415	0.024330	0.294869	0.584800	...	0.214205	0.924384	0.012463	-1.0162
284804	172788.0	1.919565	-0.301254	-3.249640	-0.557828	2.630515	3.031260	-0.296827	0.708417	0.432454	...	0.232045	0.578229	-0.037501	0.6401
284805	172788.0	-0.240440	0.530483	0.702510	0.689799	-0.377961	0.623708	-0.686180	0.679145	0.392087	...	0.265245	0.800049	-0.163298	0.1232
284806	172792.0	-0.533413	-0.189733	0.703337	-0.506271	-0.012546	-0.649617	1.577006	-0.414650	0.486180	...	0.261057	0.643078	0.376777	0.0087

284807 rows × 31 columns

---

① 该数据集可经由链接 https://www.kaggle.com/mlg-ulb/creditcardfraud 下载。

```
#观察数据不平衡情况
print("原始数据分类计数\n%s" % credit["Class"].value_counts())
print("正样本占比%f%%" %(credit["Class"].mean()*100))
原始数据分类计数
0        284315
1           492
Name: Class, dtype: int64
正样本占比 0.172749%
```

本章的示例代码中会用到 pandas、numpy、time、scikit-learn（sklearn）、imbalanced-learn（imblearn）等基本库及第三方工具库。

```
import pandas as pd
import numpy as np
import time
from sklearn.ensemble import GradientBoostingClassifier
from sklearn.linear_model import LogisticRegression
from sklearn.metrics import roc_auc_score
from sklearn.model_selection import train_test_split
from imblearn.over_sampling import SMOTE
from imblearn.under_sampling import RandomUnderSampler
```

6.2 数据配平方法

对于不平衡数据，处理的思路有两种：一是改变数据分布，从数据层面使其分布更加平衡；二是改变分类算法，通过加权等手段使分类算法更加重视少数类提供的信息。从数据准备角度，第一种思路在没有增加模型复杂程度的情况下，仅仅通过改变数据分布就解决了数据不平衡问题，所付出的"代价"较小，因此是处理不平衡数据的常用手段。第一种思路有欠采样（或称为下采样）、过采样（或称为上采样）和混合采样三种常用方法，下面将详细介绍三种方法的实现过程。

6.2.1 欠采样

欠采样（undersampling）思想非常简单，即从多数类样本中随机抽取一部分与少数类样本共同构成训练集，使训练集中多数类与少数类的样本容量相当（不一定完全一样）。欠采样的缺陷显而易见，为了照顾少数类的样本容量，需要放弃大量（有时是绝大多数）多数类的样本，这些样本所包含的信息也随之损失掉了。因此在使用欠采样时，需要解决信息损失问题。解决的思路主要有两个：

● **Bagging 思路**：对多数类进行多次有放回的欠采样，得到多个相互独立的训练集，从而既解决了不平衡数据问题，又有效提高了对原数据集样本的覆盖程度，使用这些数据集可以训练出多个分类器，再对多个分类器的结果进行组合得到最终结果。

● **Boosting 思路**：先通过一次欠采样得到训练集并训练出一个分类器，并从多数类样本集中剔除掉使用该分类器能够正确分类的样本，这样就相当于缩小了多数类的样本集，进而再进行第二次欠采样并训练出第二个分类器，以此类推，最终组合多个分类器结果形成最终结果。

上述两个思路都是在模型层面进行处理，即利用集成学习算法（ensemble learning）的思想弥补单次欠采样造成的信息损失。然而无论是哪种思路，对于欠采样的要求都是一样的。下面的代码给出了使用 imbalanced-learn 程序包中的 RandomUnderSampler 函数实现欠采样的操作。

```
#建立 RandomUnderSampler 模型,并获得欠采样结果
rus=RandomUnderSampler(sampling_strategy=1,random_state=0)
x,y=rus.fit_resample(X=credit.drop("Class",axis=1),y=credit["Class"])
credit_u_s=pd.DataFrame(np.column_stack((x,y)),
                        columns=credit.columns).astype(credit.dtypes)
print("欠采样分类计数\n%s" % credit_u_s["Class"].value_counts())
欠采样分类计数
1    492
0    492
Name: Class, dtype: int64
```

上述程序中，首先使用 RandomUnderSampler 函数建立了对象 rus，其中参数 sampling_strategy 的含义是少数类与多数类样本量的比，在本例中设定为 1 : 1；参数 random_state 是随机数生成器的种子值，在本例中设定为 0。然后调用 rus 对象的 fit_resample 方法，将不包含变量 Class 的数据集赋予参数 X，将变量 Class 赋予参数 y，即可得到欠采样结果。需要指出的是，这个函数的输出结果是两个对象，然后再把它们组合成为一个数据集 credit_u_s。

从执行结果看，多数类（值为 0 的类别）经过欠采样后，其样本容量与少数类（值为 1 的类别）一致了，都是 492 个。从上一节的程序执行结果中可以看到，这次欠采样舍弃了多数类中 99.83% 的样本，信息损失可谓巨大。

6.2.2 过采样

过采样（oversampling）的思想是提升少数类的样本容量，并与多数类样本共同组成训练集。最原始的过采样方法是随机过采样，即将随机选中的少数类中的样本直接复制以增加其容量。这种方法容易造成模型过拟合，对于模型的训练和提高少数类的识别准确率没有益处。目前常用的过采样方法是 SMOTE 算法。下面简单介绍 SMOTE 算法的实现思想。

SMOTE 算法的全称是 synthetic minority oversampling technique，即合成少数类过采样技术，是对随机过采样的改进。在随机过采样技术中，采取直接复制的方式增加少数类样本，在 SMOTE 算法中则采取 k 近邻思想通过分析少数类样本的特征人工合成新的样本，从而增加样本容量，具体过程如下（见图 6-1）：

- 第一步，少数类中的每个样本以欧氏距离为标准计算出自己到其他少数类样本的距离，从而得到 k 个近邻。
- 第二步，每个样本从 k 个近邻中随机选择 n 个样本。

● 第三步，在每个样本和其被选中的近邻的连线上随机选择一个点作为新的样本点。

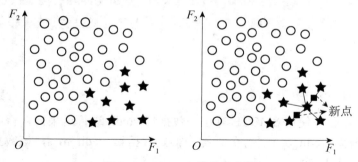

图 6-1　SMOTE 算法示意图

在 imbalanced-learn 程序包中同样给出了 SMOTE 算法的函数，下面的代码展示了使用 SMOTE 算法进行过采样的执行步骤。

```
#建立 SMOTE 模型
smote=SMOTE(sampling_strategy=0.05,random_state=0)
x,y=smote.fit_resample(X=credit.drop("Class",axis=1),y=credit["Class"])
#使用 SMOTE 模型
credit_o_s=pd.DataFrame(np.column_stack((x,y)),
                        columns=credit.columns).astype(credit.dtypes)
print("过采样分类计数\n%s" % credit_o_s["Class"].value_counts())
过采样分类计数
0    284315
1     14215
Name: Class, dtype: int64
```

上述程序首先使用 SMOTE 函数建立了对象 smote，其中的参数 sampling_strategy 的含义是少数分类与多数分类样本量之比，在本例中设定为 5 : 100。这个比例虽然仍然不高，但比原始数据集的 0.17% 好了很多。参数 random_state 为随机数生成器的种子值。从执行结果看，少数类样本增加到了 14215 个，显著改善了数据的不平衡状态。

应当指出的是，SMOTE 算法增加的是人工样本，本身未包含该类别的有用信息，且增大了样本重复的可能，因此使用时需要谨慎。

6.2.3　混合采样

过采样会产生大量人工样本，欠采样会损失大量多数类样本，都存在着明显不足，因此在处理不平衡数据时可以将两种方法结合起来使用，在一定程度上平衡二者的缺陷。这种同时使用过采样和欠采样的方法称为"混合采样"。以下代码展示了混合采样的过程。

```
#首先使用 SMOTE 方法向上抽样,即上面一段代码的结果
smote=SMOTE(sampling_strategy=0.05, random_state=0)
x,y=smote.fit_resample(X=credit.drop("Class",axis=1),y=credit["Class"])
credit_o_s=pd.DataFrame(np.column_stack((x,y)),
                        columns=credit.columns).astype(credit.dtypes)
```

```
#然后使用欠采样
credit_m_s=under_sampling(credit_o_s,target_col="Class",balance_rate=1)
print("混合采样后分类计数\n%s" % credit_m_s["Class"].value_counts())
混合采样后分类计数
1    14215
0    14215
Name: Class, dtype: int64
```

上述代码中，首先使用 SMOTE 算法对数据集 credit 进行过采样，得到数据集 credit_o_s，然后对数据集 credit_o_s 进行欠采样，得到数据集 credit_m_s，该数据集中两类样本容量相同，均为 14215 个。

6.3　数据配平的影响

本章前两节介绍了不平衡数据的概念和配平方法。本节基于机器学习中较为常用的梯度提升树算法（GBDT 模型），观察不平衡数据配平对建模的影响。首先分别使用不平衡的训练集和使用欠采样方法配平的训练集对 GBDT 模型进行训练，然后从三个方面考察不平衡数据的配平对于 GBDT 模型的影响：首先，从模型训练消耗时间和预测结果的 AUC 两个角度对比其训练效果；其次，基于真实数据及与模型预测结果的偏离程度，对比使用平衡数据与不平衡数据模型训练效果的差异，并介绍校正偏离的方法；最后，对不平数据进行随机多次配平，考察数据配平对于模型预测结果稳定性的影响，并介绍提高预测稳定性的方法。

6.3.1　数据配平的效果

6.2 节介绍了不平衡数据的配平方法，使用这些方法能够构造出较为平衡的数据集作为模型的训练集，从而提高模型的预测效果。那么数据的配平能为模型预测准确度带来多大改进呢？本部分将通过一个例子来展示，见下面的代码。

```
#分层抽样,划分训练集和测试集
train,test=train_test_split(credit,test_size=0.3,random_state=0,
                            stratify=credit["Class"])
#对训练集进行欠采样,正负样本1:1
rus = RandomUnderSampler(sampling_strategy=1,random_state=0)
x,y = rus.fit_resample(X=train.drop("Class", axis=1),y=train["Class"])
train_u_s = pd.DataFrame(np.column_stack((x,y)),
                         columns=train.columns).astype(train.dtypes)
#使用全部不平衡的训练集训练 GBDT 模型
start=time.time()
model_ub=GradientBoostingClassifier()
model_ub.fit(X=train.drop("Class",axis=1),y=train["Class"])
print("不平衡模型耗时 %s 秒" %(time.time()-start))
#使用欠采样后的平衡训练集训练 GBDT 模型
start=time.time()
```

```
model_b=GradientBoostingClassifier()
model_b.fit(X=train_u_s.drop("Class",axis=1),y=train_u_s["Class"])
print("平衡模型耗时 %s 秒" %(time.time()-start))
#使用不平衡模型为测试集打分
model_ub_p=model_ub.predict_proba(test.drop("Class",axis=1))[:,1]
#使用平衡模型为测试集打分
model_b_p=model_b.predict_proba(test.drop("Class",axis=1))[:,1]
print("不平衡模型 AUC=%f"%roc_auc_score(y_true=test["Class"],
                                      y_score=model_ub_p))
print("平衡模型 AUC=%f"%roc_auc_score(y_true=test["Class"],
                                    y_score=model_b_p))
```

不平衡模型耗时 178.9218487739563 秒
平衡模型耗时 0.3924133777618408 秒
不平衡模型 AUC = 0.773525
平衡模型 AUC = 0.975092

以上程序使用 GBDT 模型基于信用卡欺诈检测数据集 credit 训练分类模型，对欺诈行为进行预测。在代码中，使用了来自 scikit-learn 库的若干函数，具体过程如下：

● 使用函数 train_test_split() 将数据集 credit 分为训练集 train 和测试集 test，测试集在原数据集中的占比为 30%。

● 按照 1∶1 的比例对训练集 train 进行欠采样，得到平衡的训练集 train_u_s。

● 使用 GradientBoostingClassifier() 函数建立模型，基于不平衡的训练集 train 对模型进行训练，得到 model_ub，并记录模型训练的耗时。

● 同样使用 GradientBoostingClassifier() 函数建立模型，基于欠采样后得到的平衡数据集 train_u_s 对模型进行训练，得到 model_b，并记录模型训练的耗时。

● 利用 model_ub 和 model_b 分别对测试集 test 进行预测，得到预测结果 model_ub_p 和 model_b_p，其含义为取值为"1"的概率 $P(y=1)$。

● 使用 roc_auc_score() 函数，基于测试集的真实分类和两类模型的预测结果计算两个模型的 AUC，利用 AUC 对比二者的预测效果。

从运行结果看，由于欠采样大大减少了样本容量，因此其模型训练所花时间仅为不平衡数据集的 0.22%，但是模型的 AUC 值却从 0.773532 提高到 0.975092，提高幅度达到 26.06%。这说明欠采样极大地改善了 GBDT 模型在 credit 数据集上的效能。

6.3.2 模型预测结果的偏离及其校正方法

上一小节分别使用不平衡数据集和配平后的数据集训练了 GBDT 模型，分别得到了不平衡数据模型预测结果 model_ub_p 和平衡数据模型预测结果 model_b_p。在下面的代码中，分别计算了原始数据因变量 Class 的平均值、model_ub_p 的平均值和 model_b_p 的平均值。

```
print("原始数据因变量平均值 %f" % credit.Class.mean())
print("不平衡模型预测结果平均值 %f" % model_ub_p.mean())
print("平衡模型预测结果平均值 %f" % model_b_p.mean())
```

原始数据因变量平均值	0.001727
不平衡模型预测结果平均值	0.001484
平衡模型预测结果平均值	0.079235

程序运行结果显示，平衡模型预测结果的平均值远大于不平衡模型预测结果的平均值，也远大于原始数据因变量 Class 的平均值。这说明数据配平改变了因变量比例，从而导致平衡模型的预测结果发生了漂移。

预测结果的漂移意味着预测结果分布与实际结果分布存在较大差异。配平后的预测打分若不经过校正，则打分值不具有实际意义，不是准确的 $P(y=1)$，无法作为最终判断分类的概率依据。因此，本书提出采用如下方法来解决预测结果漂移问题：

```
rectify_model=LogisticRegression()
rectify_model.fit(
                X=model_b.predict_proba(train.drop("Class",axis=1))[:,[1]],
                y=train["Class"])
model_b_p_rectify=rectify_model.predict_proba(model_b_p.reshape(-1,1))[:,1]
print("校正后平衡模型预测结果平均值 %f" % model_b_p_rectify.mean())
print("平衡模型 AUC = %f" % roc_auc_score(y_true=test["Class"],
                                        y_score=model_b_p_rectify))
```

校正后平衡模型预测结果平均值 0.001718
平衡模型 AUC = 0.975092

上段程序主要进行了如下操作：

● 使用 scikit-learn 库中的 LogisticRegression()函数建立 logistic 回归模型，命名为"rectify_model"，用于对预测结果重新建立单调映射。

● 使用平衡模型 model_b 对原始数据（不平衡数据）进行预测，得到的结果作为 rectify_model 的解释变量 X。

● 将原始数据（不平衡数据）的因变量 Class 作为 rectify_model 的被解释变量 y。

● 使用 X 和 y 训练 rectify_model 模型[①]。

● 将平衡模型在测试集上的打分作为 X，使用 rectify_model 的预测结果作为漂移的校正结果。

观察程序执行结果可以看到，校正后模型在测试集上的打分无漂移，与原始数据因变量平均值相近。而且校正后的打分不影响 AUC 值。

6.3.3　欠采样对预测稳定性的影响

欠采样会导致样本的损失，影响训练集的代表性，使模型泛化能力降低，其表现就是使用相同的欠采样方法对数据集进行多次独立的配平，并用得到的平衡数据集对模型进行训练，所得到模型的 AUC 值会呈现较大差异，即模型的预测能力是不稳定的。解决这一问题的思路是采用集成算法的思想，对数据集进行多次有放回的欠采样，得到多个相互独

---

① 由于配平后的模型预测结果会出现漂移，即预测的概率与不平衡模型相比整体偏大或偏小，为了校正这一偏差，此时使用配平后模型的预测结果作为自变量，实际类别作为因变量，训练 logistic 回归模型，旨在建立配平后模型预测值与真实类别间一对一的映射，该映射模型可用于校正具体预测结果的漂移。

立的平衡数据训练集，使用这些数据集训练出多个模型，并结合这些模型的预测结果得到最终预测结果。imbalanced-learn 程序包中的 EasyEnsemble 和 BalanceCascade 方法均可以很好地实现这一功能。下面我们通过一个例子来检验欠采样对模型预测稳定性的影响。

```python
auc=pd.Series(index=range(100))
model_predicts=pd.DataFrame(index=test.index)
for i in range(100):
    train_u_s=under_sampling(train,target_col="Class",
                             balance_rate=1,random_state=i)
    model_balance=GradientBoostingClassifier()
    model_balance.fit(X=train_u_s.drop("Class",axis=1),
                      y=train_u_s["Class"])
    predict=model_balance.predict_proba(test.drop("Class",axis=1))[:,1]
    auc[i]=roc_auc_score(y_true=test["Class"],y_score=predict)
    model_predicts["model_%d" % i]=predict
```

上段程序构造了 100 个欠采样得到的平衡数据训练集，并比较使用这些平衡数据训练出来的模型的预测稳定性，具体过程如下：

● 构造一个序列 auc 用于存储 100 个模型的 AUC 值；
● 构造一个数据框 model_predicts 用于存储 100 个模型的预测结果；
● 构造循环（循环次数为 100），每次循环需要进行如下操作：

（1）使用前面构造的函数 under_sampling()进行欠采样得到平衡的训练集，并暂存在 train_u_s 中。

（2）构造 GBDT 模型 model_balance，使用平衡的训练集 train_u_s 对其进行训练。

（3）使用 model_balance 对测试集 test 进行预测，将结果暂存在 predict 中。

（4）根据预测结果 predict 计算模型的 AUC 值，并将计算结果保存在序列 auc 中，同时将 predict 也保存在数据框 model_predicts 中。

通过上述步骤，经过 100 次独立的欠采样得到 100 个独立的平衡训练集，进而训练得到 100 个 GBDT 模型，使用这些模型对同一个测试集 test 进行预测，得到 100 个 GBDT 模型的 AUC 值。在下面的程序中，本书绘制了这 100 个 AUC 值的序列图（如图 6-2 所示），并计算了最大值和最小值，从中可以观察模型预测的稳定性。在这段程序的最后，简单计算了存储在 model_predicts 中 100 个模型预测值的均值 ensemble_predict，并以其为预测结果同样计算了 AUC 值。这里的 ensemble_predict 实质上就是基于 Bagging 思想得到的集成学习分类结果。

```python
#将 100 个 AUC 结果画图展示
auc.plot()
plt.xlabel("random seed")
plt.ylabel("auc")
plt.show()
print("AUC 最大值=%f,AUC 最小值=%f" %(auc.max(),auc.min()))
#计算行平均值
ensemble_predict=model_predicts.mean(axis=1)
```

```
print("ensemble 模型 AUC = %f" % roc_auc_score(y_true=test["Class"],
                                    y_score=ensemble_predict))
```
AUC 最大值 = 0.983928,AUC 最小值 = 0.973699
ensemble 模型 AUC = 0.982928

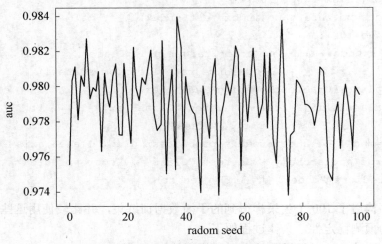

图 6-2　100 个模型的 AUC 值序列图

由图 6-2 可以看出 100 个模型的 AUC 值存在较大波动。上述程序运行结果显示这 100 个模型的 AUC 值在 0.974～0.984 之间变化，而对这 100 个模型的预测结果用计算均值的方式进行整合（ensemble），即相当于 100 个模型共同给出最终结果，这样可以在一定程度上消除抽样误差。从程序运行结果中可以看到，整合后的模型 AUC 值为 0.982928，比大多数单模型要好。若进行多次重复实验，可以发现整合后模型的 AUC 值几乎不变，即模型的稳定性得到了极大改善。

第 7 章

数 据 重 构

如前面章节所述，进行数据分析的数据来源可能纷繁芜杂、特征不够突出，将不同数据源的数据为了同一个分析目的或者不同层次的分析目的聚合起来，更能发现数据之间的联系，从而得到更有效的信息。有些时候大量的数据堆积在一起，需要对数据按照其特征或分析目的进行解构，将数据进行分拆，从而得到更有针对性的信息。这些数据分析工作都是将数据重构为更适合分析的形式，从而达到高效数据分析的目的。

7.1 数据组合

数据组合就是将不同的数据按照一定的方式合并在一起，形成一个新的数据文件。

7.1.1 序列组合

字符串、列表、元组等序列数据类型可以直接使用"+"进行合并，例如：

```
[1,2,3]+[4,5,6]
```
```
[1, 2, 3, 4, 5, 6]
```
```
(1,2,3)+(4,5,6)
```
```
(1, 2, 3, 4, 5, 6)
```
```
'Long long ago,'+'there was a King.'
```
```
'Long long ago,there was a King.'
```

字符串组合的时候可以不需要"+"就能直接合并，只需要把参加合并的字符串写在一起即可：

```
'Long long ago,' 'there was a King.'
```
```
'Long long ago,there was a King.'
```

但是序列中的字典是不能采用这种便捷方法进行组合的，例如：

```
d={'name':'David Nickson','age':76,
    'gender':'male','department':'Statistics'}
d_income={'salary':32500,'bonus':3500}
d_new=d+d_income
```

```
-------------------------------------------------------------------------
TypeError                              Traceback(most recent call last)
......
----> 3 d_new=d+d_income
TypeError: unsupported operand type(s)for +: 'dict' and 'dict'
```

程序运行之后系统提示字典数据类型不能使用"+"操作。如果需要对字典进行组合，可以使用"**"操作，将多个字典进行合并，例如：

```
d_new={**d,**d_income}
d_new
{'name': 'David Nickson',
 'age': 76,
 'gender': 'male',
 'department': 'Statistics',
 'salary': 32500,
 'bonus': 3500}
```

如有多个字典需要参加组合，只需要在参加组合的每一个字典对象名称之前加上"**"即可。

如果参加组合的对象属于不同的数据类型，则可使用"*"的方式将不同基础数据类型的对象组合在一起：

```
l=[1,2,3]
t=(1,2,4)
s='Python'
*l,*t,*s
(1, 2, 3, 1, 2, 4, 'P', 'y', 't', 'h', 'o', 'n')
```

实际数据分析过程中的数据组合，往往是针对更加复杂的数据结构（如 numpy 数组、DataFrame 对象等）而进行的操作。Python 中提供了针对 numpy 数组的组合，具体可以分为：水平组合（hstack）、垂直组合（vstack）、深度组合（dstack）、列组合（colume_stack）、行组合（row_stack）等。

7.1.2 水平组合

水平组合即把所有参加组合的数组拼接起来，各数组行数应当相等：

```
a=np.arange(9).reshape(3,3)
print(a)
[[0 1 2]
 [3 4 5]
 [6 7 8]]
b=np.array([[0,11,22,33],[44,55,66,77],[88,99,00,11]])
print(b)
[[ 0 11 22 33]
```

```
[44 55 66 77]
[88 99  0 11]]
```

将数组 a 和数组 b 水平组合起来：

```
np.hstack((a,b))      #注意:两层括号
array([[ 0,  1,  2,  0, 11, 22, 33],
       [ 3,  4,  5, 44, 55, 66, 77],
       [ 6,  7,  8, 88, 99,  0, 11]])
```

要注意 hstack 函数的参数只有一个，所以应当把要参加组合的数组对象以元组的形式作为参数。

使用 concatenate 函数指定其 axis 参数值为 1 也可以实现同样功能：

```
np.concatenate((a,b),axis=1)
array([[ 0,  1,  2,  0, 11, 22, 33],
       [ 3,  4,  5, 44, 55, 66, 77],
       [ 6,  7,  8, 88, 99,  0, 11]])
```

如果参加组合的各数组的行不一致，则系统会提示错误信息：

```
c=np.array([[0,11,22],[44,55,66],[88,99,00],[22,33,44]])
print(c)
[[ 0 11 22]
 [44 55 66]
 [88 99  0]
 [22 33 44]]
np.hstack((a,c))
------------------------------------------------------------------------
ValueError                              Traceback(most recent call last)
<ipython-input-119-6bcc1f73929a> in <module>()
----> 1 np.hstack((a,c))
……
ValueError: all the input array dimensions except for the concatenation axis
must match exactly
```

7.1.3　垂直组合

垂直组合即把所有参加组合的数组追加在一起，各数组列数应一致：

```
np.vstack((a,c))
array([[ 0,  1,  2],
       [ 3,  4,  5],
       [ 6,  7,  8],
       [ 0, 11, 22],
       [44, 55, 66],
       [88, 99,  0],
```

```
                    [22, 33, 44]])
```

同样，使用 concatenate 函数指定其 axis 参数值为 0 也可实现同样功能：

```
np.concatenate((a,c),axis=0)
array([[ 0,  1,  2],
       [ 3,  4,  5],
       [ 6,  7,  8],
       [ 0, 11, 22],
       [44, 55, 66],
       [88, 99,  0],
       [22, 33, 44]])
```

如果参加组合的各数组的列不一致，则系统会提示错误信息。

7.1.4 深度组合

深度组合即将参加组合的各数组相同位置的数据组合在一起。它要求所有数组维度属性要相同，类似于数组叠加。例如把如上构造的数组 a 和重新构造的数组 d 深度组合起来：

```
d=np.delete(b,3,axis=1)
#delete 函数可以删除数组中的指定数据,axis=1 表示列,axis=0 表示行
print(d)
[[ 0 11 22]
 [44 55 66]
 [88 99  0]]
```

```
np.dstack((a,d))
array([[[ 0,  0],
        [ 1, 11],
        [ 2, 22]],

       [[ 3, 44],
        [ 4, 55],
        [ 5, 66]],

       [[ 6, 88],
        [ 7, 99],
        [ 8,  0]]])
```

7.1.5 列组合

column_stack 函数对一维数组按列方向进行组合：

```
a1=np.arange(4)
a2=np.arange(4)*2
np.column_stack((a1,a2))
```

```
array([[0, 0],
       [1, 2],
       [2, 4],
       [3, 6]])
```

对于二维数组，column_stack 与 hstack 效果相同。

7.1.6　行组合

row_stack 函数对一维数组按行方向进行组合：

```
np.row_stack((a1,a2))
array([[0, 1, 2, 3],
       [0, 2, 4, 6]])
```

对于二维数组，row_stack 与 vstack 效果相同。

7.2　轴向连接

Python 中的 pandas 提供了诸如 concat、append、merge、join、combine_first、update、merge_ordered、merge_asof 等函数或方法对 pandas 的数据对象进行连接或融合。

7.2.1　左右拼接

左右拼接是指将若干个数据以行为基础，增加不同的列。有如下两个 pandas 的 DataFrame 对象：

```
c1=pd.DataFrame({'Name':{101:'Zhang San',102:'Li Si',103:'Wang Laowu',
                104:'Zhao Liu',105:'Qian Qi',106:'Sun Ba'},
        'Subject':{101:'Literature',102:'History',103:'Enlish',
                104:'Maths',105:'Physics',106:'Chemics'},
        'Score':{101:98,102:76,103:84,104:70,105:93,106:83}})
c1
```

	Name	Subject	Score
101	Zhang San	Literature	98
102	Li Si	History	76
103	Wang Laowu	Enlish	84
104	Zhao Liu	Maths	70
105	Qian Qi	Physics	93
106	Sun Ba	Chemics	83

```
c2=pd.DataFrame({'Gender':{101:'Male',102:'Male',103:'Male',104:'Female',
105:'Female',106:'Male'}})
c2
```

	Gender
101	Male
102	Male
103	Male
104	Female
105	Female
106	Male

Python 的第三方工具库 pandas 提供了 concat 函数，其参数 axis 可以指定数据间的轴向连接（axis=0 默认是上下连接，axis=1 是左右连接）。

```
c=pd.concat([c1,c2],axis=1)
c
```

	Name	Subject	Score	Gender
101	Zhang San	Literature	98	Male
102	Li Si	History	76	Male
103	Wang Laowu	Enlish	84	Male
104	Zhao Liu	Maths	70	Female
105	Qian Qi	Physics	93	Female
106	Sun Ba	Chemics	83	Male

从输出结果中可以看到，c1 和 c2 两个 DataFrame 被左右拼接在一起。这种拼接并不是机械的拼接，而是默认按照 DataFrame 的索引进行对齐的拼接。

7.2.2 数据追加

数据追加也叫上下拼接，是以数据列为基础，为数据增加新的行。上下拼接中，如果有相同的列名，则会自动对齐，将所有相同列名的数据追加在一起，如果有不一致的列名，则会自动填补 NaN 作为缺失值来处理。

```
c=pd.concat([c1,c2],axis=0)
c
```

	Name	Subject	Score	Gender
101	Zhang San	Literature	98.0	NaN
102	Li Si	History	76.0	NaN
103	Wang Laowu	Enlish	84.0	NaN
104	Zhao Liu	Maths	70.0	NaN
105	Qian Qi	Physics	93.0	NaN
106	Sun Ba	Chemics	83.0	NaN
101	NaN	NaN	NaN	Male
102	NaN	NaN	NaN	Male
103	NaN	NaN	NaN	Male
104	NaN	NaN	NaN	Female
105	NaN	NaN	NaN	Female
106	NaN	NaN	NaN	Male

上述结果也可以使用 DataFrame 对象的 append 方法来实现：

```
c1.append(c2)      #请读者自行运行程序并查看输出结果
```

在使用 concat 函数过程中，keys 参数可构建层次化索引，在结果中将参与连接的来自不同数据源的数据区分开来：

```
pd.concat([c1,c2],axis=1,keys=['c1','c2'])
```

	c1			c2
	Name	Subject	Score	Gender
101	Zhang San	Literature	98	Male
102	Li Si	History	76	Male
103	Wang Laowu	Enlish	84	Male
104	Zhao Liu	Maths	70	Female
105	Qian Qi	Physics	93	Female
106	Sun Ba	Chemics	83	Male

7.3　数据融合

数据融合在数据组合和轴向连接的基础上加入了基于键的左表、右表、交集、并集等更多的组合操作，使得各种不同数据源的数据能够更好地融合在一起，如图 7-1 所示。

图 7-1　数据融合操作

7.3.1　键融合

数据融合的操作要求两张表要有一个共同的列，即键（key）。Python 可以使用 pandas 中的 merge 函数进行融合，在默认情况下将重叠列（如图 7-1 中 left 和 right 的"姓名"）当做键，也可通过参数 on 指定键。merge 函数可通过参数 how 指定融合方式：

- left：只保留左表中存在的键。
- right：只保留右表中存在的键。
- outer：保留左右表中的键的并集。
- inner：保留左右表中的键的交集（默认值）。

```
left=pd.DataFrame({'姓名': ['张某','李某','段某'],
```

```
                        '年龄': [22,26,24]},index=[0,1,2])
right=pd.DataFrame({'姓名': ['张某','李某','钱某'],
                    '籍贯': ['北京','河北','江苏']},index=[0,1,2])
left
```

	姓名	年龄
0	张某	22
1	李某	26
2	段某	24

```
right
```

	姓名	籍贯
0	张某	北京
1	李某	河北
2	钱某	江苏

```
pd.merge(left, right, on='姓名', how='left')
```

	姓名	年龄	籍贯
0	张某	22	北京
1	李某	26	河北
2	段某	24	NaN

merge 函数可以设定 indicator 参数为 True，融合结果中将增加默认列名为“_merge”的一列（可以直接将 indicator 赋值指定列名），其取值代表了不同的含义：

```
pd.merge(left,right,on='姓名',how='outer',indicator='source')
```

	姓名	年龄	籍贯	source
0	张某	22.0	北京	both
1	李某	26.0	河北	both
2	段某	24.0	NaN	left_only
3	钱某	NaN	江苏	right_only

下面我们来看更加复杂的情况，创建两个表，表中没有同名字的重叠列，但其只是列名字不同，其内容还是可以起到键的作用。

```
left=pd.DataFrame({'姓名': ['张某','李某','段某'],
'年龄':[22,26,24]},index=[0,1,2])
right=pd.DataFrame({'名字': ['张某','李某','钱某'],
'籍贯': ['北京','河北','江苏'],
'年龄': [22,26,29]},index=[0,1,2])
left
```

	姓名	年龄
0	张某	22
1	李某	26
2	段某	24

```
right
```

	名字	籍贯	年龄
0	张某	北京	22
1	李某	河北	26
2	钱某	江苏	29

可以看到，left 中"姓名"一列其实质上跟 right 中的"名字"的作用是一样的，可以将其作为数据融合的键，只是它们的名字不同罢了。而且，上述的 left 和 right 中有相同的数据列"年龄"，但它们只是表示表中的数据，按常理理解不能作为融合的键。

```
pd.merge(left, right, left_on='姓名', right_on='名字', how='outer')
```

	姓名	年龄_x	名字	籍贯	年龄_y
0	张某	22.0	张某	北京	22.0
1	李某	26.0	李某	河北	26.0
2	段某	24.0	NaN	NaN	NaN
3	NaN	NaN	钱某	江苏	29.0

融合后相同名称列默认产生以_x 和_y 后缀命名的列。针对这种情况可以使用 suffixes 利用原列名以及后缀组合形成新的列名：

```
pd.merge(left,right,left_on='姓名',
        right_on='名字',how='outer',suffixes=('_left','_right'))
```

	姓名	年龄_left	名字	籍贯	年龄_right
0	张某	22.0	张某	北京	22.0
1	李某	26.0	李某	河北	26.0
2	段某	24.0	NaN	NaN	NaN
3	NaN	NaN	钱某	江苏	29.0

7.3.2　索引融合

有些时候参与融合的左右表可能并没有相同的列作为键，如 7.2 节中的 c1 和 c2，但它们的索引是相同的：

```
c1
```

	Name	Subject	Score
101	Zhang San	Literature	98
102	Li Si	History	76
103	Wang Laowu	Enlish	84
104	Zhao Liu	Maths	70
105	Qian Qi	Physics	93
106	Sun Ba	Chemics	83

c2

	Gender
101	Male
102	Male
103	Male
104	Female
105	Female
106	Male

这种情况下可以使用左右表的索引作为融合的键将数据进行融合：

```
pd.merge(c1, c2,left_index=True,right_index=True,how='inner')
```

	Name	Subject	Score	Gender
101	Zhang San	Literature	98	Male
102	Li Si	History	76	Male
103	Wang Laowu	Enlish	84	Male
104	Zhao Liu	Maths	70	Female
105	Qian Qi	Physics	93	Female
106	Sun Ba	Chemics	83	Male

使用 DataFrame 的 join 实例方法实现相同的融合更加简便：

```
left.join(right,how='outer',rsuffix=('_right'))
```

	姓名	年龄	名字	籍贯	年龄_right
0	张某	22	张某	北京	22
1	李某	26	李某	河北	26
2	段某	24	钱某	江苏	29

7.3.3 插补融合

数据融合时有一种常见的情况，即需要根据一个指定的 DataFrame 对象的值为另外一个 DataFrame 对象做缺失值填补。其插补融合的逻辑是：如果一个表中的缺失值 NaN 可以在另一个表中的相同位置（相同 index 和相同 columns）找到，则可以通过 DataFrame 的 combine_first 方法来更新数据。

例如有包含缺失值的待融合的 DataFrame 实例对象 df 和 df_update：

```
df=pd.DataFrame({'姓名':['张某','李某','段某'],'年龄':[20,26,24]})
df_update=pd.DataFrame({'姓名':['张某','李某','段某'],
                        '年龄':[20,np.nan,np.nan],
                        '籍贯':['北京','河北','江苏']})
df
```

	姓名	年龄
0	张某	20
1	李某	26
2	段某	24

```
df_update
```

	姓名	年龄	籍贯
0	张某	20.0	北京
1	李某	NaN	河北
2	段某	NaN	江苏

根据 df_update 中的值去填补 df 中的缺失值：

```
df.combine_first(df_update)
```

	姓名	年龄	籍贯
0	张某	20.0	北京
1	李某	26.0	河北
2	段某	24.0	江苏

从运行结果可以看到，df 中的缺失值已经被 df_update 中的数据更新了，实现了数据的插补融合。

7.4　数据重塑

数据重塑主要是针对多重索引的数据对象，将其层次索引、行索引和列索引等进行相互转换，从而根据数据分析的目的来实现数据的重构。Python 中的 pandas 可以很好地实现这种数据分析功能。

7.4.1　Panel

pandas 最初被作为金融数据分析工具而开发出来，因此其为时间序列分析提供了很好的支持。pandas 的名称就来自面板数据（panel data）和数据分析（data analysis）。面板数据是计量经济学中时间序列数据的一种重要类型，在生物统计领域也可以称为纵向数据（longitudinal data），是指在时间序列上取多个截面，在这些截面上同时选取样本观测值所构成的样本数据。因此 pandas 所提供的类 Panel 可以对其进行方便的处理。

Panel 是一种三维数据容器，其数据结构借鉴了面板数据结构。一个 Panel 对象主要由三个轴构成：

- items，对应于 axis 0，每个项目对应于内部包含的 DataFrame。
- major_axis，对应于 axis 1，它是每个 DataFrame 的索引（行）。
- minor_axis，对应于 axis 2，它是每个 DataFrame 的列。

其主要结构如表 7-1 所示。

表 7-1　Panel 的基本结构（示例）

月份	姓名	收入（元）	请假次数
1	张三	18 000	2
	李四	21 000	1
2	张三	20 000	1
	李四	23 000	0
3	张三	26 000	0
	李四	32 000	1

表 7-1 中的月份即为 major_axis，姓名即为 minor_axis。

7.4.2　层次化索引

自 pandas 0.20.0 版本之后，Panel 已经被弃用，但是其基本结构和概念在数据重塑中没有变化，可以使用层次化索引的 DataFrame 来实现其功能。

层次化索引（multiindex）是 pandas 的一项重要功能，它能够在一个轴上拥有多个（两个以上）索引级别，所以可以用于以低维形式处理高维数据。对于类 DataFrame 的实例对象来说，行和列都可以进行层次化索引。

创建层次化索引 DataFrame，可以直接给 index 或 columns 参数传递两个或更多的数组。例如，直接对表 7-1 的数据创建层次化索引 DataFrame：

```
income=pd.DataFrame([[18000,2],[21000,1],[20000,1],
                    [23000,0],[26000,0],[32000,1]],
                index=[['1月','1月','2月','2月','3月','3月'],
                        ['张三','李四','张三','李四','张三','李四']],
                columns=['收入(元)','请假次数'])
income
```

		收入（元）	请假次数
1月	张三	18000	2
	李四	21000	1
2月	张三	20000	1
	李四	23000	0
3月	张三	26000	0
	李四	32000	1

也可以在创建 DataFrame 时使用 pd.MultiIndex.from_product 函数来定义 index：

```
income=pd.DataFrame([[18000,2],[21000,1],[20000,1],
                     [23000,0],[26000,0],[32000,1]],
                   columns=['收入(元)','请假次数'],
                   index=pd.MultiIndex.from_product([['1月','2月','3月'],
                                                     ['张三','李四']]))
income
```

		收入（元）	请假次数
1月	**张三**	18000	2
	李四	21000	1
2月	**张三**	20000	1
	李四	23000	0
3月	**张三**	26000	0
	李四	32000	1

可以按照 DataFrame 实例对象的索引方法对数据进行索引，例如：

```
income.loc['1月']
```

	收入（元）	请假次数
张三	18000	2
李四	21000	1

层次化索引还可以使用 swaplevel 方法更改索引的层级，通过多层级索引进行汇总统计，使用 stack、unstack 方法进行多层级索引轴向转换等功能。

7.4.3　stack 与 unstack

stack 与 unstack 是 DataFrame 进行多级索引轴向转换的两个重要方法。stack 方法将列索引旋转为行索引，实现由 DataFrame 转换为 Series：

```
income_stacked=income.stack()
income_stacked
```
```
1月   张三   收入(元)    18000
            请假次数        2
      李四   收入(元)    21000
            请假次数        1
2月   张三   收入(元)    20000
            请假次数        1
      李四   收入(元)    23000
            请假次数        0
3月   张三   收入(元)    26000
            请假次数        0
      李四   收入(元)    32000
```

```
        请假次数        1
dtype: int64
type(income_stacked)
pandas.core.series.Series
```

从运行结果可以看到，income_stacked 已经将 income 中的"收入"和"请假次数"变成了行索引，其数据类型是 Series。

unstack 方法将层级索引展开，即将其中一层的行索引变成列索引。如果是多层索引，则针对内层索引（level=-1），利用 level 可以选择具体是哪层索引，如果操作对象是 Series，其操作结果返回一个 DataFrame。

```
income_stacked.unstack()
```

		收入（元）	请假次数
1月	张三	18000	2
	李四	21000	1
2月	张三	20000	1
	李四	23000	0
3月	张三	26000	0
	李四	32000	1

从运行结果可以看出，针对 income_stacked 数据的 unstack 默认操作，将 income_stacked 数据中的最内层索引"收入"和"请假次数"重新转换成列索引。

如果要将 income_stacked 中的最外层行索引转为列索引，可以使用 level 参数来控制：

```
income_stacked.unstack(level=0)
```

		1月	2月	3月
张三	收入（元）	18000	20000	26000
	请假次数	2	1	0
李四	收入（元）	21000	23000	32000
	请假次数	1	0	1

如果要将 income_stacked 中的内层索引"张三"和"李四"转换为列索引，也只需要控制 level 参数的值即可：

```
income_stacked.unstack(level=1)
```

		张三	李四
1月	收入（元）	18000	21000
	请假次数	2	1
2月	收入（元）	20000	23000
	请假次数	1	0
3月	收入（元）	26000	32000
	请假次数	0	1

```
income.unstack()
```

	收入（元）		请假次数	
	张三	李四	张三	李四
1月	18000	21000	2	1
2月	20000	23000	1	0
3月	26000	32000	0	1

7.5　数据分拆

数据分拆可以说是 7.1 节的逆操作，其主要作用是根据数据分析需求，将一个数据文件分拆为若干个数据文件。

Python 中的 numpy 数组可以进行水平分拆（hsplit）、垂直分拆（vsplit）、深度分拆（dsplit），括号中的英文名称就是实现其分拆功能的函数名。同时也可以调用 split 函数进行上述各种分拆。数组分拆的结果是一个由数组作为元素构成的列表。

7.5.1　水平分拆

水平分拆是指把数组沿着水平方向分拆。

```
a=np.arange(9).reshape(3,3)
print(a)
[[0 1 2]
 [3 4 5]
 [6 7 8]]
ahs=np.hsplit(a,3)
print(ahs)
[array([[0],
       [3],
       [6]]), array([[1],
       [4],
       [7]]), array([[2],
       [5],
       [8]])]
type(ahs)
list
type(ahs[1])
numpy.ndarray
```

要注意，数组分拆结果返回的是列表，而列表中的元素才是 numpy 数组。

split 函数也可实现同样的功能。

```
np.split(a,3,axis=1)
[array([[0],
       [3],
```

```
      [6]]), array([[1],
      [4],
      [7]]), array([[2],
      [5],
      [8]])]
```

7.5.2 垂直分拆

vsplit 和 split 函数均可实现把数组沿着垂直方向进行分拆。

```
np.vsplit(a,3)
[array([[0, 1, 2]]), array([[3, 4, 5]]), array([[6, 7, 8]])]
np.split(a,3,axis=0)
[array([[0, 1, 2]]), array([[3, 4, 5]]), array([[6, 7, 8]])]
```

7.5.3 深度分拆

按照深度方向分拆 3 个维度以上（含 3 个）的数组的指令示例如下。

```
ads=np.arange(12)
ads.shape=(2,2,3)
ads
array([[[ 0,  1,  2],
        [ 3,  4,  5]],

       [[ 6,  7,  8],
        [ 9, 10, 11]]])
np.dsplit(ads,3)
[array([[[0],
         [3]],

        [[6],
         [9]]]), array([[[ 1],
         [ 4]],

        [[ 7],
         [10]]]), array([[[ 2],
         [ 5]],

        [[ 8],
         [11]]])]
```

7.5.4 逻辑分拆

以上的分拆方式都是将一个对象物理拆分为若干个对象。在实际数据分析过程中有些时候不需要这么做，只需要告诉系统某个对象已经做了逻辑拆分，接下来按照设定好的逻辑拆分规则执行就能得到不同拆分部分数据的分析结果。

7.5.4.1 数据键分拆

例如，有某上市公司股票价格数据，将其读入 pandas 中作为 DataFrame 实例对象：

```
jddf=pd.read_csv('JD.csv',sep=',',header=None,
                names=['name','time','opening_price','closing_price',
                      'lowest_price','highest_price','volume'])
jddf
```

	name	time	opening_price	closing_price	lowest_price	highest_price	volume
0	JD	08/16/2021	68.21	66.67	64.80	68.22	12502810
1	JD	08/13/2021	69.95	69.86	69.19	70.49	5630593
2	JD	08/12/2021	70.36	70.53	69.41	70.96	5783820
3	JD	08/11/2021	72.54	71.07	70.81	72.70	5674238
4	JD	08/10/2021	72.80	71.76	71.52	73.49	5195324
...	...	...	...	...	...	...	...
1253	JD	08/23/2016	25.81	25.94	25.79	26.30	8980175
1254	JD	08/22/2016	25.95	25.77	25.52	25.99	7809738
1255	JD	08/19/2016	26.15	25.91	25.70	26.20	20549000
1256	JD	08/18/2016	25.34	25.40	25.12	25.52	10071250
1257	JD	08/17/2016	24.90	25.39	24.80	25.44	12083340

1258 rows × 7 columns

pandas 可以使用 groupby 方法对数据进行分组分析。为了对上述生成的股票数据进行分组，根据开盘价和收盘价对当天股票行情进行定性：

```
jddf['Market']= list(map(lambda x: 'Good' if x>0 else
                        ('Bad' if x<0 else 'OK'),
                        jddf['closing_price']-jddf['opening_price']))
#将收盘价大于开盘价的行记录使用 Market 变量标记为"Good",小于则标记为"Bad",等于则标记为
"OK"。
jddf.head()
```

	name	time	opening_price	closing_price	lowest_price	highest_price	volume	Market
0	JD	08/16/2021	68.21	66.67	64.80	68.22	12502810	Bad
1	JD	08/13/2021	69.95	69.86	69.19	70.49	5630593	Bad
2	JD	08/12/2021	70.36	70.53	69.41	70.96	5783820	Good
3	JD	08/11/2021	72.54	71.07	70.81	72.70	5674238	Bad
4	JD	08/10/2021	72.80	71.76	71.52	73.49	5195324	Bad

```
jddfgrouped=jddf.groupby(jddf['Market'])
jddfgrouped
<pandas.core.groupby.generic.DataFrameGroupBy object at 0x7fae78ffeb50>
```

经过 groupby 方法处理之后可以得到一个 GroupBy 对象。若想知道每个分组的样本数，可以使用 GroupBy 对象的 size()方法：

```
jddfgrouped.size()
Market
Bad      671
Good     574
OK        13
dtype: int64
```

可以将分组名及其对应的分拆数据块封装成一个字典，这样便于后续选择指定组的数据来进行分析：

```
jddfpieces=dict(list(jddfgrouped))
#不能直接将 groupby 对象打包成字典，必须将其转换为包含多个元组的列表，才能使用 dict()转换成字典
jddfpieces['Good']      #选取分组名为"Good"的分拆数据块
```

	name	time	opening_price	closing_price	lowest_price	highest_price	volume	Market
2	JD	08/12/2021	70.36	70.53	69.41	70.96	5783820	Good
5	JD	08/09/2021	69.93	71.73	69.81	71.87	6342002	Good
8	JD	08/04/2021	70.63	71.40	70.63	72.85	8074923	Good
10	JD	08/02/2021	71.07	71.49	70.81	72.62	8422528	Good
11	JD	07/30/2021	69.97	70.88	69.77	72.20	9947957	Good
...	...	...	...	...	...	...	...	...
1250	JD	08/26/2016	25.46	25.79	25.42	25.99	9557962	Good
1251	JD	08/25/2016	25.40	25.42	25.30	25.70	9101223	Good
1253	JD	08/23/2016	25.81	25.94	25.79	26.30	8980175	Good
1256	JD	08/18/2016	25.34	25.40	25.12	25.52	10071250	Good
1257	JD	08/17/2016	24.90	25.39	24.80	25.44	12083340	Good

574 rows × 8 columns

更为简便的方法是直接使用 GroupBy 对象的 get_group 方法，也可达到同样效果且更为直观：

```
jddfgrouped.get_group('OK')
```

	name	time	opening_price	closing_price	lowest_price	highest_price	volume	Market
351	JD	03/25/2020	41.35	41.35	40.52	42.93	18686200	OK
420	JD	12/13/2019	34.00	34.00	33.93	34.74	12290010	OK
444	JD	11/08/2019	33.23	33.23	32.96	33.45	6369356	OK
504	JD	08/15/2019	30.16	30.16	30.08	30.79	18150760	OK
537	JD	06/28/2019	30.29	30.29	30.03	30.49	10410080	OK
651	JD	01/15/2019	22.25	22.25	22.12	22.74	11806990	OK
784	JD	07/05/2018	38.54	38.54	37.78	38.87	9370850	OK
865	JD	03/09/2018	45.71	45.71	45.29	46.13	10049520	OK
949	JD	11/06/2017	39.01	39.01	38.60	39.18	14477400	OK
1057	JD	06/05/2017	40.32	40.32	40.07	40.53	5542540	OK
1134	JD	02/13/2017	29.52	29.52	29.11	29.65	6083086	OK
1230	JD	09/26/2016	26.54	26.54	26.35	26.61	11145090	OK
1236	JD	09/16/2016	26.23	26.23	26.01	26.55	11369990	OK

经过上述处理之后就可以进行分组数据分析了，如对该股票开盘价进行描述统计分析：

```
jddfgrouped['opening_price'].describe()
```

Market	count	mean	std	min	25%	50%	75%	max
Bad	671.0	45.214098	20.735133	19.86	29.81	39.480	52.9750	106.58
Good	574.0	44.068641	20.529868	19.76	28.85	38.025	51.0125	106.64
OK	13.0	33.626923	6.941729	22.25	29.52	33.230	39.0100	45.71

此外，还可以通过字典、函数和层次化索引级别等实现更加复杂的数据分拆。

7.5.4.2　字典分拆

有如下数据：

```
score=pd.read_excel('scorebygender.xlsx',index_col=0)
score
```

Subject	Alex_male	Ella_female	Tiffany_female	Jackson_male
Maths	88	89	96	98
Physics	98	96	89	98
English	86	93	96	95
Literature	78	86	92	86
Chemics	68	78	80	83
Statistics	90	88	92	78
Datamining	78	89	68	76

该数据中存储了不同学生不同考试科目的成绩，而且以学生姓名后缀的方式标注了该学生的性别。为了按照性别进行分组，可以将原有 DataFrame 中的性别进行映射处理，即通过传入一个自命名为 mapping 的字典，指定分组依据位于 axis=1 轴上，对不同性别的特征进行分组，字典的值 value 将被用做分组名称。

```
mapping={'Alex_male':'Male','Ella_female':'Female',
         'Tiffany_female':'Female','Jackson_male':'Male'}
scorebygender=score.groupby(mapping,axis=1)
scorebygender.get_group('Male')
```

Subject	Alex_male	Jackson_male
Maths	88	98
Physics	98	98
English	86	95
Literature	78	86
Chemics	68	83
Statistics	90	78
Datamining	78	76

7.5.4.3 层次化索引分拆

当 DataFrame 实例对象存在层次化索引时，可以通过参数 level 来指定不同索引级别进行分拆。例如，针对在 7.4 节中用过的 income 数据：

```
income=pd.DataFrame([[18000,2],[21000,1],[20000,1],
                     [23000,0],[26000,0],[32000,1]],
                index=[['1月','1月','2月','2月','3月','3月'],
                       ['张三','李四','张三','李四','张三','李四']],
                columns=['收入(元)','请假次数'])
income
```

		收入（元）	请假次数
1月	张三	18000	2
	李四	21000	1
2月	张三	20000	1
	李四	23000	0
3月	张三	26000	0
	李四	32000	1

现按姓名索引，即按照"张三""李四"来对数据进行分拆：

```
incomegrouped=income.groupby(level=1)
for name,group in incomegrouped:
    print(name)
    print(group)
```

```
张三
        收入(元)  请假次数
1月 张三  18000    2
2月 张三  20000    1
3月 张三  26000    0
李四
        收入(元)  请假次数
1月 李四  21000    1
2月 李四  23000    0
3月 李四  32000    1
```

7.5.4.4 函数分拆

以上的逻辑分拆都是自动按照指定的关键变量或索引进行数据分拆。在实际应用中，还可以自行指定按照一定的规律将指定的行或列分拆出来以达到数据分析的目的。这种情况下可以使用自定义的返回逻辑运算结果的函数来进行数据分拆。

例如针对 score 数据，想对索引中的考试科目名称的最后一个字母是否包含"s"来进行分组，即将数据按照索引 Subject 中最后一个字母是否含有"s"分拆为两个部分：

```
group_func=lambda x:x[-1]=='s'  #定义一个返回逻辑结果的匿名函数
```

```
scorebys=score.groupby(group_func)
for name,group in scorebys:
    print(name)
    print(group)
```

False
	Alex_male	Ella_female	Tiffany_female	Jackson_male
Subject				
English	86	93	96	95
Literature	78	86	92	86
Datamining	78	89	68	76

True
	Alex_male	Ella_female	Tiffany_female	Jackson_male
Subject				
Maths	88	89	96	98
Physics	98	96	89	98
Chemics	68	78	80	83
Statistics	90	88	92	78

本小节所介绍的逻辑分拆并没有生成任何新的物理存在的拆分结果对象，只是针对原数据进行了分组标记。这种机制的实质就是对数据键、指定列以及指定索引进行拆分，然后对所拆分数据键的每一个值进行操作得到一个新值。

使用本小节介绍的 groupby 技术和其他一些数值计算方法，可以实现数据聚合与计算，详见 7.6 节。

7.5.5 随机采样与数据分割

7.5.5.1 随机采样

随机采样是指采用随机方法从现有数据中抽取出部分观测数据作为样本，以达到特定数据分析目的。其实质上也是数据分拆的一种特殊形式。在 Python 中进行随机采样，大致有四种方式：一是从基础数据结构，如序列（列表、元组、字典等）中随机抽取元素；二是利用生成随机索引的方式从数据集中抽取观察数据；三是针对 DataFrame 实例对象调用随机抽样方法得到随机采样数据；四是利用数据挖掘中分割数据方法将数据随机分成训练数据、测试数据、验证数据等。上述第一种方式与第二种方式没有本质区别，在实际应用中可以直接使用第一种方式的实现机制。

Python 中序列数据均是以元素的方式存储的，可以通过索引的方式将元素提取出来。Python 提供了 random 基本库，可以实现从序列中随机抽取元素的目的：

```
import random
pop=range(1,101)
random.sample(pop,random.randint(2,10))
```
[55, 28, 26, 59, 33, 43, 25, 32, 85]

上段程序导入了 random 基本库，使用 random.sample 函数针对包含[1，2，3，…，

100]元素的 pop 列表进行元素的随机抽取。本段程序所运用 sample 函数的第一个参数是总体，即被抽取数据的对象；第二个参数是随机抽取元素的数量，本例使用 random.randint 函数来随机确定。程序实现了从 pop 中随机抽取出的 2～10 之间任意数量的元素。

使用 random.choice 或 random.choices 可以从总体中随机抽取出一个或指定数量的元素：

```
random.choice(pop)
```
```
60
```
```
random.choices(pop,k=3)
```
```
[30, 83, 57]
```

上面几段程序的运行结果是随机的，读者在运行程序的时候，得到的结果可能跟本书是不一致的。如果想要得到一致的伪随机抽样结果，可以在进行抽样之前设置好随机种子：

```
random.seed(0)
random.choices(pop,k=3)
```
```
[85, 76, 43]
```

本段程序运行之后，你肯定能够得到与本书一致的随机抽样结果。

对于 ndarray、Series 数据类型和实例对象，使用上述方法也可得到随机采样的结果：

```
popa=np.array(pop)        #将 pop 转换成一个名为 popa 的 ndarray 数组
random.choices(popa,k=3)
```
```
[79, 31, 48]
```
```
pops=pd.Series(pop)       #将 pop 转换成一个名为 pops 的 Series 实例对象
random.choices(pops,k=3)
```
```
[29, 76, 62]
```

针对常用的数据分析实例对象 DataFrame，可以直接使用 sample 方法达到随机采样的目的，如对前面使用的 jddf 数据对象进行随机采样：

```
jddf.sample(8)     #随机抽取 8 个观测数据
```

	name	time	opening_price	closing_price	lowest_price	highest_price	volume	Market
1001	JD	08/23/2017	42.13	42.44	41.85	43.06	14370160	Good
517	JD	07/29/2019	31.45	31.39	30.78	31.45	10329250	Bad
433	JD	11/25/2019	32.71	32.64	32.26	32.76	9645429	Bad
1213	JD	10/19/2016	26.36	26.30	26.09	26.58	6041417	Bad
251	JD	08/17/2020	64.66	66.98	62.60	67.10	32952630	Good
123	JD	02/19/2021	106.58	106.09	105.42	107.67	6451194	Bad
1115	JD	03/13/2017	31.27	31.69	31.15	31.82	6473355	Good
1021	JD	07/26/2017	44.76	45.87	44.62	46.85	15712460	Good

7.5.5.2 数据分割

在监督任务下的数据挖掘和机器学习过程中，往往需要对已知数据分析结果的数据进行训练以达到模型学习的目的，同时还需要已知结果的验证数据对模型训练的结果进行验证，以评估模型性能，某些领域中还需要新的数据对模型进行性能评估。这种监督学习任务下的分析流程就要求将现有数据进行分割。

所以可以将原数据分割为训练集、验证集，有时还有一个附加的测试集。根据事先确定的比例随机地或根据一些相关变量（如在时间序列预测中，根据数据的时间顺序对数据进行分割）确定地将数据分割成训练集、验证集和测试集。在大多数情况下，应该对数据进行随机分割以避免得到有偏差的数据划分。

Python 的第三方库 scikit-learn 提供的 model_selection 模块中 train_test_split 函数可以实现这种数据分割的功能。例如将前面我们使用过的 DataFrame 的实例对象 jddf 进行数据分割，一般情况下训练集需要的样本量要比较大，所以本例将 80%的数据分割为训练集，剩下 20%数据分割为验证集：

```
from sklearn.model_selection import train_test_split
jddf_train,jddf_test=train_test_split(jddf,test_size=0.2)
#参数 test_size 指定的是按比例分拆原始数据
jddf_train
```

	name	time	opening_price	closing_price	lowest_price	highest_price	volume	Market
1113	JD	03/15/2017	31.35	31.38	31.08	31.53	4334880	Good
908	JD	01/05/2018	44.00	45.64	43.89	45.83	18163550	Good
1242	JD	09/08/2016	26.60	26.86	26.55	27.08	8676151	Good
261	JD	08/03/2020	64.00	64.53	63.94	65.55	10038920	Good
953	JD	10/31/2017	37.84	37.52	37.28	38.03	13555550	Bad
...	...	...	...	...	...	...	...	...
452	JD	10/29/2019	31.41	31.78	31.13	31.80	8676115	Good
619	JD	03/04/2019	29.04	28.89	28.14	29.20	23431540	Bad
508	JD	08/09/2019	27.31	27.10	26.83	27.41	8960062	Bad
730	JD	09/20/2018	27.20	26.93	26.65	27.27	15134120	Bad
846	JD	04/06/2018	39.55	39.23	38.91	40.04	12594580	Bad

1006 rows × 8 columns

```
jddf_test
```

	name	time	opening_price	closing_price	lowest_price	highest_price	volume	Market
457	JD	10/22/2019	31.00	30.27	30.12	31.24	8929143	Bad
330	JD	04/24/2020	45.49	45.05	44.23	45.67	8884067	Bad
689	JD	11/16/2018	23.68	23.05	22.60	24.00	23166090	Bad
890	JD	02/01/2018	46.89	47.55	45.50	49.25	19795260	Good
1143	JD	01/31/2017	28.32	28.40	28.01	28.46	4381626	Good
...	...	...	...	...	...	...	...	...
777	JD	07/16/2018	38.30	38.04	37.79	38.31	6265011	Bad
1030	JD	07/13/2017	41.50	41.43	41.01	41.91	5137832	Bad
543	JD	06/20/2019	29.25	29.12	28.82	29.80	14674390	Bad
1028	JD	07/17/2017	42.05	41.63	40.97	42.14	7558345	Bad
1254	JD	08/22/2016	25.95	25.77	25.52	25.99	7809738	Bad

252 rows × 8 columns

上述过程的数据分割是随机的，故每次运行程序所得到的结果可能有差别。从程序运行结果可以看到，训练集 jddf_train 含有 1006 行数据，正好占原始数据总行数 1258 的 79.96820%。

作为数据的随机采样，上述过程可以完整地实现。但是在数据挖掘过程中，上述过程的数据分割是有问题的。应该将数据分割的对象或总体的特征数据和结果数据分离出来，作为模型的输入和输出分别进行数据分割，才能够更好地达到训练模型的目的。因此，在实现数据挖掘的目的下，可以将上述过程进行改进：

```
from sklearn.model_selection import train_test_split
x=jddf.iloc[:,2:7]        #构造用于判别或分类的特征数据
y=jddf.iloc[:,7]          #构造分类结果数据
x_train, x_test, y_train, y_test=train_test_split(x,y,test_size=0.2)
```

这样得到的数据分割结果可以更好地适用于模型分析，请读者自行查看上述程序运行的结果。

7.6 数据聚合

在数据分析过程中，有些时候需要针对关键变量的不同取值进行分析，如针对不同性别的考试成绩进行统计，可以得出男学生、女学生的考试成绩统计结果。对于以上分析场景，Python 的 pandas 提供了灵活高效的 groupby()方法来实现（见 7.5.4 小节）。使用 groupby()方法可以使用 axis 参数沿着 DataFrame 的任意轴进行拆分（axis=0 表示默认沿纵向轴，axis=1 表示沿横向轴），并且将分组依据的键作为每组的组名。也可以按照多个键进行分组，产生带有层次化索引的对象。

Groupby 技术是对数据进行分组计算并将各组计算结果合并的一项技术，其过程实质上包括三个过程：拆分（数据分组）、应用（对每组应用函数进行计算）、合并（将计算结果进行数据聚合）。以求和应用为例，其实现过程如图 7-2 所示。

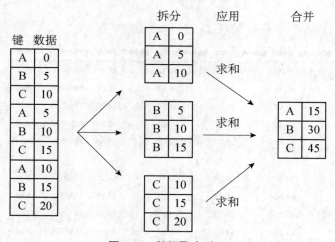

图 7-2　数据聚合过程

数据聚合的实质就是根据分析目的计算样本数据或者样本数据分拆之后的统计量。在

针对 Python 的 pandas 数据对象的数据处理中，可以使用下列三种方式来实现统计量的计算，以达到数据聚合的目的：

- apply()：逐行或逐列应用函数。
- agg()和 transform()：进行聚合和转换。
- applymap()：逐元素应用函数。

继续使用 7.5.4 小节用的 DataFrame 实例对象 score 来进行聚合分析：

```
score=pd.read_excel('scorebygender.xlsx',index_col=0)
score
```

Subject	Alex_male	Ella_female	Tiffany_female	Jackson_male
Maths	88	89	96	98
Physics	98	96	89	98
English	86	93	96	95
Literature	78	86	92	86
Chemics	68	78	80	83
Statistics	90	88	92	78
Datamining	78	89	68	76

求每一门功课的平均分，实为将每一行的所有列的数据进行均值操作以达到聚合的目的，可以使用 apply 方法来实现：

```
score.apply(np.mean,axis=1)
Subject
Maths        92.75
Physics      95.25
English      92.50
Literature   85.50
Chemics      77.25
Statistics   87.00
Datamining   77.75
dtype: float64
```

求每一个学生的平均分，实为将每一列的所有行的数据进行均值操作以达到聚合的目的，也可以使用 apply 方法来实现：

```
score.apply(np.mean)
#对于常见的描述性统计方法，可以直接使用一个字符串来指定，例如:score.apply('mean')
Alex_male        83.714286
Ella_female      88.428571
Tiffany_female   87.571429
Jackson_male     87.714286
dtype: float64
```

apply 方法的返回结果与应用的函数有关。例如，应用类似求均值的统计量函数，每一行或每一列返回一个值，返回结果为 Series 实例对象；应用自定义的 lambda 函数，则可返回相同大小的 DataFrame 实例对象。例如，对所有的成绩进行转换，转换方法为原始分数开算术平方根再乘以 10：

```
score.apply(lambda x:10*x**(1/2))
```

Subject	Alex_male	Ella_female	Tiffany_female	Jackson_male
Maths	93.808315	94.339811	97.979590	98.994949
Physics	98.994949	97.979590	94.339811	98.994949
English	92.736185	96.436508	97.979590	97.467943
Literature	88.317609	92.736185	95.916630	92.736185
Chemics	82.462113	88.317609	89.442719	91.104336
Statistics	94.868330	93.808315	95.916630	88.317609
Datamining	88.317609	94.339811	82.462113	87.177979

agg 方法能够从分析对象中直接产生标量值，其相当于 apply 的特例，可以对 pandas 对象进行逐行或逐列处理，能够使用 agg 的地方，基本上可用 apply 代替。

```
score.agg('mean')
Alex_male        83.714286
Ella_female      88.428571
Tiffany_female   87.571429
Jackson_male     87.714286
dtype: float64
```

在数据聚合的过程中，还可以聚合出多个统计量，例如：

```
score.agg(['mean','sum','max','median','ptp','var'],axis=1)
```

Subject	mean	sum	max	median	ptp	var
Maths	92.75	371.0	98.0	92.5	10.0	24.916667
Physics	95.25	381.0	98.0	97.0	9.0	18.250000
English	92.50	370.0	96.0	94.0	10.0	20.333333
Literature	85.50	342.0	92.0	86.0	14.0	33.000000
Chemics	77.25	309.0	83.0	79.0	15.0	42.250000
Statistics	87.00	348.0	92.0	89.0	14.0	38.666667
Datamining	77.75	311.0	89.0	77.0	21.0	74.916667

本段程序分别计算出了每门功课的均值、总分、最大值、中位数、极差（最大值−最小值）和方差。除此之外，还可以利用字典对特定行或列对象应用特定函数，如求数学成

绩的平均分和最高分，求物理成绩的最低分：

```
score.agg(({'Maths':['mean', 'max'], 'Physics':'min'}),axis=1)
```

	mean	max	min
Subject			
Maths	92.75	98.0	NaN
Physics	NaN	NaN	89.0

图 7–2 描述的 GroupBy 技术可以结合 agg 方法得到数据聚合的结果。例如对 7.5.4.2 小节中构建的 GroupBy 对象 scorebygender 进行均值聚合：

```
scorebygender.agg('mean')   #与 scorebygender.mean()是一致的
```

	Female	Male
Subject		
Maths	92.5	93.0
Physics	92.5	98.0
English	94.5	90.5
Literature	89.0	82.0
Chemics	79.0	75.5
Statistics	90.0	84.0
Datamining	78.5	77.0

第 8 章

数 据 变 换

数据变换的含义非常广泛，只要是数据形态发生了改变就属于数据变换。在数据分析过程中，数据变换是数据准备环节的重要工作，其目的是在维持数据基本特征的基础上，将其变换为更符合数据分析建模需要的形式。在数据准备中经常使用的典型数据变换方法包括函数变换、离散化、次序化、哑变量化、数量化等，本章将对这几种方法进行详细介绍。

8.1 数据变换的含义和作用

数据变换是指根据数据分析的需求，在保留其基本数据含义的基础上将其数据类型从一种状态转换为另一种状态的操作，其具体形式有：使用函数对连续型数据进行变换；将连续型数据转换为定性数据（离散化）；将数据转换为它的秩（次序化）；将多分类型数据转换为二分类型数据（哑变量化）；将定性数据转化为数量型数据等几种形式。

数据变换具有如下作用：

第一，适应算法需要。不同的数据分析算法对数据形式的要求各异。许多机器学习模型需要输入数据为分类型数据，例如 Logistic 回归、决策树等，因此如果获得的数据是连续型数据时，就需要将其离散化为定性数据，以便使用这些模型完成分析任务。同时，在一些需要输入数据类型为连续型的场景下，原本为顺序型的数据只有转化为得分才能够满足算法需求。

第二，使变量包含的信息更接近知识层面的表达，从而更易于理解。在现实中，人们通常会以定性的尺度看待问题。比如某年某月 12 日和 15 日的 24 小时降雨量分别为 8 毫米和 20 毫米，不熟悉降雨量等级划分的人很难理解这两个数字所代表的雨量大小，但是如果说 12 日下的是小雨，15 日下的是中雨，就非常容易理解了。

第三，可以克服连续型数据中隐藏的缺陷，使模型结果更加稳定。例如，在研究人的年龄对其消费习惯的影响时，如果使用连续型数据就会产生诸如"年龄每增加 1 岁，消费增加 X 元"这样似是而非的结论。但是如果将年龄离散化为（青年，中年，老年）这种形态，则可能会得到诸如"老年人平均比中年人少消费 X 元"这样更加有意义的研究结论。

第四，可以克服定性数据固有的信息表达不充分的缺陷，使数据同时包含定性和定量含义。例如，分类型变量"职业类型"仅仅能表示被调查者职业不同，具体哪里不同、差异多大等进一步的信息则无法体现。如果与定量变量"收入"相结合，得到类似"公务员平均收入 X 元""企业普通职员平均收入 X 元"这样的数据形式，则可以明确体现不同职业类别在收入上的量化差异水平。

　　本章将使用二手车数据集和波士顿房价数据集作为演示数据离散化操作的数据来源，将使用到 Python 中的 pandas、numpy、sklearn 和 scipy 代码库。

```python
import pandas as pd
import numpy as np
import matplotlib.pyplot as plt
from sklearn.preprocessing import OneHotEncoder
from scipy import stats
#读取数据
car_data=pd.read_csv("craigslistVehiclesFull.csv",header=0)
car_data
```

	url	city	price	year	manufacturer	make	condition	cylinders	fuel	odometer	...	paint_color	
0	https://marshall.craigslist.org/cto/d/2010-dod...	marshall	11900	2010.0	dodge	challenger se	good	6 cylinders	gas	43600.0	...	red	http
1	https://marshall.craigslist.org/cto/d/fleetwoo...	marshall	1515	1999.0	NaN	fleetwood	NaN	NaN	gas	NaN	...	NaN	http
2	https://marshall.craigslist.org/cto/d/2008-for...	marshall	17550	2008.0	ford	f-150	NaN	NaN	gas	NaN	...	NaN	http
3	https://marshall.craigslist.org/cto/d/ford-tau...	marshall	2800	2004.0	ford	taurus	good	6 cylinders	gas	168591.0	...	grey	http
4	https://marshall.craigslist.org/cto/d/2001-gra...	marshall	400	2001.0	NaN	2001 Grand Prix	NaN	NaN	gas	217000.0	...	NaN	https
...	...	...	...	...	...	...	...	...	...	...	...	...	
1723060	https://marshall.craigslist.org/cto/d/05-toyot...	marshall	8450	2005.0	NaN	NICE	like new	8 cylinders	gas	162000.0	...	NaN	https
1723061	https://marshall.craigslist.org/cto/d/2005-che...	marshall	6000	2005.0	chevy	avalanche	good	8 cylinders	gas	NaN	...	NaN	http
1723062	https://marshall.craigslist.org/ctd/d/2007-vol...	marshall	1500	2007.0	volkswagen	jetta sedan	NaN	NaN	gas	0.0	...	NaN	http
1723063	https://marshall.craigslist.org/cto/d/toyota-c...	marshall	4788	2009.0	toyota	camry	good	4 cylinders	gas	210682.0	...	red	http
1723064	https://marshall.craigslist.org/cto/d/1980-lin...	marshall	2000	1980.0	lincoln	continental	good	8 cylinders	gas	74978.0	...	blue	http

1723065 rows × 26 columns

```python
boston=pd.read_csv("boston.csv",header=0)
boston
```

	CRIM	ZN	INDUS	CHAS	NOX	RM	AGE	DIS	RAD	TAX	PTRATIO	B	LSTAT	target
0	0.00632	18.0	2.31	0	0.538	6.575	65.2	4.0900	1	296	15.3	396.90	4.98	24.0
1	0.02731	0.0	7.07	0	0.469	6.421	78.9	4.9671	2	242	17.8	396.90	9.14	21.6
2	0.02729	0.0	7.07	0	0.469	7.185	61.1	4.9671	2	242	17.8	392.83	4.03	34.7
3	0.03237	0.0	2.18	0	0.458	6.998	45.8	6.0622	3	222	18.7	394.63	2.94	33.4
4	0.06905	0.0	2.18	0	0.458	7.147	54.2	6.0622	3	222	18.7	396.90	5.33	36.2
...	...	...	...	...	...	...	...	...	...	...	...	...	...	...
501	0.06263	0.0	11.93	0	0.573	6.593	69.1	2.4786	1	273	21.0	391.99	9.67	22.4
502	0.04527	0.0	11.93	0	0.573	6.120	76.7	2.2875	1	273	21.0	396.90	9.08	20.6
503	0.06076	0.0	11.93	0	0.573	6.976	91.0	2.1675	1	273	21.0	396.90	5.64	23.9
504	0.10959	0.0	11.93	0	0.573	6.794	89.3	2.3889	1	273	21.0	393.45	6.48	22.0
505	0.04741	0.0	11.93	0	0.573	6.030	80.8	2.5050	1	273	21.0	396.90	7.88	11.9

506 rows × 14 columns

8.2 连续数据函数变换

在现有的数据分析方法中，大多数分析模型要求数据具有特定的分布形式，尤其以对称分布为主要形态。然而我们在现实中获取的数据大多无法满足对称的要求，好在丰富的数学工具使我们可以在不改变数据基本数学性质的条件下对其进行变换，改变数据的分布特征以适应分析需求。由于这些数据变换都是基于数学函数对连续型数据进行的，因此称为连续数据的函数变换。本节将介绍几种常用函数变换方法，包括对数变换、平方根变换、平方变换、倒数变换、幂变换和 BOX-COX 变换。

在 Python 环境中，基于 numpy 的相关函数即可以实现上述函数变换①。由于具体方法和相关代码基本一致，因此本节以最常见的对数变换为例演示相关操作，其他函数变换将仅给出理论解释和相关代码，不再一一演示。

8.2.1 对数变换

在数据分析中使用的对数变换一般指自然对数变换，其公式为：

$$y = \ln x$$

对数函数在其定义域内是单调增函数，因此取对数后不会改变数据的相对关系，对数变换的作用为：第一，缩小数据的绝对数值，方便计算；第二，在一定程度上消除数据的异方差，满足一些模型的要求；第三，对于数据的右偏分布具有较好的纠正作用；第四，将乘法关系转换为加法关系，特别适用于将某些模型线性化以便使用线性回归方法估计。使用 numpy 的 log() 函数即可以直接对数据序列进行对数变换，下面的代码展示了使用对数函数对二手车数据集中的变量 price 进行变换的方法和作用。

首先，使用箱线图（见图 8-1）观察变量 price 的分布情况：

```
#观察变量 price 的基本形态
print(car_data["price"])
car_data["price"].plot.box()
plt.show()
0       11900
1       1515
2       17550
3       2800
4       400
        ...
1723060 8450
1723061 6000
1723062 1500
1723063 4788
1723064 2000
Name: price, Length: 1723065, dtype: int64
```

---

① 需要注意的是，math 包中也有各类数学变换函数，但不适用于对序列进行变换。

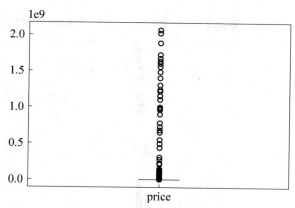

图 8-1　变量 price 的箱线图

从输出结果和图 8-1 可以看到，变量 price 有较为严重的异常值问题，通过对数变换可以降低那些过大数据的绝对值水平，使数据分布更为对称。下面的程序展示了对数变换的过程：

```
#对数变换
import numpy as np
pr=np.log(car_data["price"])
print(pr)
pr.plot.box()
plt.show()
0             9.384294
1             7.323171
2             9.772809
3             7.937375
4             5.991465
            ...
1723060       9.041922
1723061       8.699515
1723062       7.313220
1723063       8.473868
1723064       7.600902
Name: price, Length: 1723065, dtype: float64
```

从输出结果和图 8-2 可以看出，那些过大的异常值在对数变换后不再过大，且数据分布的对称性也极大地改善了。

8.2.2　平方根变换

平方根变换的公式为：

$$y = \sqrt{x}$$

平方根变换要求原数据序列的所有值大于 0，其作用是使方差齐性化，同时对于原数据的右偏分布也有一定纠正作用。平方根变换可以使用 numpy 的 sqrt() 函数变换。

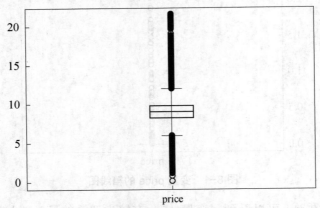

图 8-2　对数变换后变量 price 的箱线图

8.2.3　平方变换

平方变换的公式为：

$$y = x^2$$

平方变换可以将原序列的值非负化，适用于一些仅关注数据绝对量大小，不关注其是否大于 0 的情况，同时对于左偏分布有一定的纠正作用。平方变换可以使用 numpy 的 square() 函数实现。

8.2.4　倒数变换

倒数变换的公式为：

$$y = \frac{1}{x}$$

倒数变换的作用是对于较为严重的右偏分布具有较好的纠正作用，可以使用 numpy 的 reciprocal() 函数实现。

8.2.5　幂变换与 BOX–COX 变换

平方根变换、平方变换和倒数变换的公式还可以写成 $y = x^{0.5}$、$y = x^2$ 和 $y = x^{-1}$，这样三种变换就具有相同的数学形式了：

$$y = x^{\lambda}$$

这种转换称为幂变换，其中 λ 为其参数，可以通过 numpy 的 power() 函数实现，其中的参数 λ 需要人工给定。将幂变换与对数变换相结合，就形成了著名的 BOX-COX 变换，其公式如下：

$$y = \begin{cases} \dfrac{x^{\lambda} - 1}{\lambda}, & \lambda \neq 0 \\ \ln(x), & \lambda = 0 \end{cases}$$

式中，λ 为 BOX-COX 变换的参数，其取值决定了 BOX-COX 变换的具体形式：

- $\lambda = 0$ 时，BOX-COX 变换等价于对数变换。
- $\lambda \neq 0$ 时，BOX-COX 变换等价于幂变换，其中：
  - ◆ $\lambda = 1$ 时，相当于未做变换；
  - ◆ $\lambda = 0.5$ 时，相当于平方根变换；
  - ◆ $\lambda = 2$ 时，相当于平方变换；
  - ◆ $\lambda = -1$ 时，相当于倒数变换。

BOX-COX 变换可以使用 scipy.stats 库中的 boxcox()函数实现，其参数 λ 可以基于数据进行估算，因此在实际使用时会得到一个具体的参数值，对于数据具有较好的适应性。在 4.5 节介绍数据纠偏时使用的就是 BOX-COX 变换，读者可以在 4.5 节看到具体使用细节。

8.3　连续数据离散化

离散化指的是一类将连续型数据（很多时候也包含能够看做连续型的离散变量）在保留其基本数据含义的基础上将其转换为定性数据的操作，它并没有特别严谨的学术性定义。但是在理论和操作层面对数据离散化的含义进行探讨，可以帮助读者在本节学习中更好地掌握数据离散化的内涵。

离散化的理论含义是指把无限空间中有限的个体映射到有限的空间中，以此提高算法的时空效率；而其操作含义则是指将连续型数据的每个取值映射到根据客观或主观标准事先确定好的一系列分组或分类中，从而得到定性数据的数据预处理方法。根据上述含义，数据离散化包括了两个任务：第一个任务是确定需要的类别或分组；第二个任务是将连续型数据的值映射到这些类别或分组。

离散化的方法很多，按照是否有监督可以分为无监督数据离散化和有监督数据离散化。其中有监督离散化事实上是一种对离散形式进行优化的方法，即根据数据离散化后的效果（信息熵的变化、对分析效果的提升等），选择效果最优的方法。有监督数据离散化事实上将无监督数据离散化方法与对数据的建模分析进行了融合，是数据分析的一个步骤，不属于本书所定义的数据预处理范畴。因此本节主要介绍无监督数据离散方法。

在无监督离散化方法中，按照确定分组或分类所依据的内容，可以进一步分为客观法和主观法两种：使用客观法可以得到分组形式的定性数据，需要以原变量本身的分布特征为依据；使用主观法可以得到分类形式或顺序形式的定性数据，需要以研究者基于研究目的为依据。本节分别对两种方法进行介绍。

使用客观法进行数据离散化是计算机科学领域的常见方法，通常称为"分箱"（binning），主要有等宽法（等宽分箱）和等频法（等频分箱）两种形式；而在统计科学领域客观法和主观法都会用到，前者一般称做"分组"（grouping），后者一般称做"分类"（classification）。事实上，无论"分箱"还是"分组"，都只是不同领域对同一种方法的称呼，其实质是一样的。

8.3.1　客观法

客观法的特点是根据连续数据的数据分布状态进行离散化。数据分布状态是客观的，这就是客观法中"客观"二字的含义。客观法的具体形式主要有两种，分别为等宽法和等频法。

客观法会根据连续型数据的分布状态选择具体的离散化形式，一般会产生比较均衡的离散化结果，在后续分析过程中能够较好地与模型相适应。但是客观法无法直接体现分析者的分析意图，在应用后可能会出现与研究对象所处现实场景脱节的情况。

作为示例，本部分将使用二手车数据集中的变量 price 进行操作演示。由于该变量存在异常值情况，因此为了演示结果更加明显，本书使用下面的程序对异常值进行了简单处理。需要指出的是，在实际应用时异常值本身可能存在很高的信息价值，是不能轻易进行删除操作的。

```
#消除异常值
#计算变量 price 的 1%和 99%分位点
qt=stats.scoreatpercentile(car_data["price"],[1,99])
#去掉最大和最小的 1%数据，从而消除异常值
price1=car_data["price"]
price=car_data["price"][(price1>qt[0])&(price1<qt[1])]
```

8.3.1.1 等宽法

等宽法适用于对分布较为均匀的连续型数据进行离散化，根据变量的取值范围，建立若干个宽度相等且首尾相连的区间，将变量的每个值映射到相应的区间，并以区间名称作为新的离散型变量的值。例如，二手车数据集中的变量 price，其数据形式为：

$$\{11900, 1515, 17550, 2800, 400, 9900, \cdots\}$$

如果使用等宽法将这些值映射到五个宽度相等的区间中（为了保证变量的最大值和最小值能够被包含进来，第一个和最后一个区间有时会适当调整），这些区间的形式为：

$$(-49.996, 10401.2] < (10401.2, 20800.4] < (20800.4, 31199.6]$$
$$< (31199.6, 41598.8] < (41598.8, 51998.0]$$

可以观察到，上述区间的宽度均为 10399.2（第一个区间有适当调整），则变量 price 的形式变为：

$$\{(10401.2, 20800.4], (-49.996, 10401.2], (10401.2, 20800.4], (-49.996, 10401.2],$$
$$(-49.996, 10401.2], (-49.996, 10401.2], \cdots\}$$

需要注意的是，区间个数需要事先确定，一般不宜过多或过少。区间过多虽然会将原变量的分布形式保留得比较完整，从而降低原变量在离散化过程中的信息损失，但会失去数据分组所带来的信息整合效果，使数据离散化失去意义；区间过少则会破坏原变量的数据分布形式，从而在离散化过程中损失过多的信息，造成变量在分析过程中起不到应有的作用。本书不给出区间数量的建议，因为选择多少个区间需要分析者根据实际情况判断，永远不会有标准答案。

使用 pandas 库中的 cut 函数可以实现等宽法离散化过程。例如对前文提到的变量 price 进行等宽法离散化，设定组数为 5：

```
#等宽分箱
bin_1=pd.cut(price,bins=5)  # 设定组数为 5
```

```
#将原变量和等宽分箱结果合并进一个数据框
d1={"price":car_data["price"],"bin":bin_1}
p1=pd.DataFrame(data=d1)
print("等宽分箱结果:\n%s" % p1[0:20])
print("等宽分箱频数分布:\n%s" % bin_1.value_counts())
```

等宽分箱结果：

```
    price            bin
0   11900   (10401.2, 20800.4]
1   1515    (-49.996, 10401.2]
2   17550   (10401.2, 20800.4]
3   2800    (-49.996, 10401.2]
4   400     (-49.996, 10401.2]
5   9900    (-49.996, 10401.2]
6   12500   (10401.2, 20800.4]
7   3900    (-49.996, 10401.2]
8   2700    (-49.996, 10401.2]
9   12995   (10401.2, 20800.4]
10  4000    (-49.996, 10401.2]
11  13000   (10401.2, 20800.4]
12  21695   (20800.4, 31199.6]
13  18000   (10401.2, 20800.4]
14  29000   (20800.4, 31199.6]
15  4500    (-49.996, 10401.2]
16  9865    (-49.996, 10401.2]
17  41896   (41598.8, 51998.0]
18  44678   (41598.8, 51998.0]
19  32546   (31199.6, 41598.8]
```

等宽分箱频数分布：

```
(-49.996, 10401.2]   1062435
(10401.2, 20800.4]   387809
(20800.4, 31199.6]   157060
(31199.6, 41598.8]   59883
(41598.8, 51998.0]   20787
Name: price, dtype: int64
```

　　程序运行结果仅展示了前 20 行数据。可以看到，等距分组会产生宽度完全相同的分组形式，但是每个组内所包含原变量的个数有很大差别。其中（-49.996, 10401.2]组包含了100 多万个原变量，而最少的（41598.8, 51998.0]组才包含了 2 万多个原变量，这显然非常不平衡，对于某些分析方法可能会产生不利影响。

8.3.1.2　等频法

　　等频法适用于对数据分布不均匀的连续型数据进行离散化。根据连续型数据的数据分布特征，建立若干首尾相连的区间，通过调整各个区间的宽度使各区间包含原变量数量大致相等。在确定区间后，与等宽法的做法相同，将连续型数据的每个值映射到相应的区间，并以区间名称作为新的离散型变量的值。仍然对二手车数据集中的变量 price 进行分组，其原数据形式为：

$$\{11900, 1515, 17550, 2800, 400, 9900, \cdots\}$$

如果使用等频法将这些值映射到五个宽度不等，但包含原变量值数量大致相等的区间中，这些区间的形式为：

$$(1.999, 2800.0] < (2800.0, 5495.0] < (5495.0, 9500.0]$$
$$< (9500.0, 16999.0] < (16999.0, 51998.0]$$

可以观察到，上述区间中，宽度最小的为 801，宽度最大的为 34999，差距非常大。则变量 price 的形式变为：

$$\{(9500.0, 16999.0], (1.999, 2800.0], (16999.0, 51998.0], (1.999, 2800.0]$$
$$(1.999, 2800.0], (9500.0, 16999.0], \cdots\}$$

对于区间的数量，等频法与等宽法有着相同的要求。使用 pandas 库中的 qcut 函数可以实现等频法离散化过程。对变量 price 进行等频法离散化，设定组数为 5：

```
#等频分箱
bin_2=pd.qcut(price,q=5)  # 设定组数为 5
#将原变量和等频分箱结果合并进一个数据框
d1={"price":car_data["price"],"bin":bin_2}
p1=pd.DataFrame(data=d1)
print("等频分箱结果:\n%s" % p1[0:20])
print("等频分箱频数分布:\n%s" % bin_2.value_counts())
```
等频分箱结果:

```
     price         bin
0    11900    (9500.0, 16999.0]
1    1515     (1.999, 2800.0]
2    17550    (16999.0, 51998.0]
3    2800     (1.999, 2800.0]
4    400      (1.999, 2800.0]
5    9900     (9500.0, 16999.0]
6    12500    (9500.0, 16999.0]
7    3900     (2800.0, 5495.0]
8    2700     (1.999, 2800.0]
9    12995    (9500.0, 16999.0]
10   4000     (2800.0, 5495.0]
11   13000    (9500.0, 16999.0]
12   21695    (16999.0, 51998.0]
13   18000    (16999.0, 51998.0]
14   29000    (16999.0, 51998.0]
15   4500     (2800.0, 5495.0]
16   9865     (9500.0, 16999.0]
17   41896    (16999.0, 51998.0]
```

```
18      44678   (16999.0, 51998.0]
19      32546   (16999.0, 51998.0]
等频分箱频数分布:
(1.999, 2800.0]        346704
(5495.0, 9500.0]       338680
(9500.0, 16999.0]      337777
(16999.0, 51998.0]     335285
(2800.0, 5495.0]       329528
Name: price, dtype: int64
```

程序运行结果同样仅展示了前 20 行数据，结果显示，等频分组虽然产生了宽度差异较大的区间，但保证了各分组包含原变量的个数基本相等，在本例中各组均包含了 33 万～34 万个原变量值。

8.3.2 主观法

使用客观法进行分组需要以原变量数据分布为依据。但是在很多分析场景下，仅仅依靠这些客观信息进行的分组无法很好地实现分析意图。例如某课程考试的成绩，通常按照是否不低于 60 分判断其是否及格。此时如果希望将课程成绩这一变量离散化为{及格，不及格}，则无论这门课成绩分布是否均匀，都只能依据是否不低于 60 分这一主观给定的标准来实现分类。类似的场景非常多，比如根据顾客对某一产品质量或服务的评分将满意度分为{满意，一般，不满意}，根据预测精度标准将预测结果分为{预测成功，预测失败}等。这类方法有可能会产生诸如低频分类数据、不平衡数据等，本书在后面的章节将介绍如何处理这些情况。

使用主观法进行离散化时，根据原变量值性质和离散化的目的，可以将原变量离散化为二分类数据和顺序数据，下面将分别进行介绍。

8.3.2.1 离散化为二分类数据（或 0-1 型变量）

二分类数据是指仅有两个类别的定性数据类型。在形式上，定性数据可以包含多个分类，根据类别间是否包含次序信息又可以进一步分为顺序数据和分类数据。然而二分类数据比较特殊，由于其只包含两个类别，因此即使类别间能够分出次序，一般也不将其看做顺序数据。

二分类数据可能是最有用的定性数据形式。由于二分类数据将某一个集合分成了互不相容的两个子集，因此可以作为大量现实现象的描述手段。读者可以稍微思考一下在日常生活和工作中有多少事物是可以划分成两个类别的，比如正和负、有和无、成功和失败等等。根据二分类的这些特点，不妨将二分类数据统一概括为表示"具备或不具备某一属性"这一含义。

二分类数据的表现形式很多，最常用的形式为 0-1 型，所以有时也可以称其为 0-1 型变量。其中，类别"1"一般对应"是""有""好""成功"等含义，类别"0"一般对应"否""无""坏""失败"等含义。由于"0"和"1"既代表不同类别又是数字形态，因此可以非常方便地用于大量模型中。

将连续型数据离散化为 0-1 型变量，关键步骤是定义划分的条件，即符合某一条件的样本被标记为 1，不符合该条件的样本被标记为 0。根据条件复杂程度，又可以分为单一条件情况和复合条件情况。其中复合条件是指使用多个单一条件组合而成的更加复杂的条件。条件之间使用逻辑"与""或""非"等逻辑运算进行组合。

下面以二手车数据集中变量 odometer 为例，通过将其离散化为名为 bin_3 的 0-1 型变量，介绍使用 Python 语言将连续型数据进行离散化为 0-1 型变量的操作方法。

下面的代码展示了以"变量 odometer 值为 0"为条件对其进行离散化的过程。这段程序使用了 pandas 中的二元运算符函数 Series.eq(other)，其作用是检查序列中的值是否等于给定的某一个值（或序列）。代码中 car_data["odometer"].eq(0) 的含义就是检查变量 odometer 中的值是否等于 0，如果等于 0，则返回"True"，否则返回"False"。进一步地，使用 Series.astype(int) 将 True 转换为 1，将 False 转换为 0。为了使读者能够看明白二分类离散化的结果，在完成了离散化后，进一步将 0-1 型的 bin_3 和原变量 odometer 合并到一个数据框中共同展示。

```
#离散化为 0-1 型变量(条件:变量 odometer 值为 0)
bin_3=car_data["odometer"].eq(0).astype(int)#离散化为 0-1 形式
#将原变量和 0-1 型变量合并进一个数据框
d1={"odometer":car_data["odometer"], "bin":bin_3}
p1=pd.DataFrame(data=d1)
print("二分类离散结果:\n%s" % p1[0:20])
print("二分类离散各类频数:\n%s" % bin_3.value_counts())
```
二分类离散结果：

	odometer	bin
0	43600.0	0
1	NaN	0
2	NaN	0
3	168591.0	0
4	217000.0	0
5	169000.0	0
6	39500.0	0
7	0.0	1
8	NaN	0
9	236000.0	0
10	138000.0	0
11	350000.0	0
12	44814.0	0
13	NaN	0
14	31500.0	0
15	103456.0	0
16	193599.0	0
17	38578.0	0
18	37230.0	0
19	39555.0	0

二分类离散各类频数：

```
0    1717605
1       5460
Name: odometer, dtype: int64
```

　　程序运行结果同样仅展示了前 20 行，可以发现，对变量 odometer 的离散化是成功的，但其频数差距过于悬殊，仅有 5460 个数据被标记为 1，如果使用该数据建模分析的话可能会出现数据不平衡现象（作为因变量）或低频分类数据现象（作为自变量）。同时还可以观察到，变量 odometer 中存在相当多的缺失值（NaN）。因此可以进一步思考，是否可以将 NaN 也标记为 1 呢？这就需要再增加一个判断数据是否为缺失值的条件了。

　　如果需要将值为 0 和 NaN 的数据都标记为 1，需要同时判断两个条件："变量 odometer 的值等于 0" 和 "变量 odometer 的值等于 NaN"。当这两个条件中的任何一个条件成立时，都可以将该数据标记成 1，否则标记为 0，因此这两个条件间是典型的逻辑运算 "或" 的关系，需要使用到运算符 "｜"。

　　如下程序展示了如何实现上述离散化过程。其中第二个条件用到了二元运算符函数 Series.isna()，该函数会检查序列，当序列值为 NA 或 NaN 时返回 True，否则返回 False。程序执行结果显示了转换的结果，可以发现，对变量 odometer 的离散化同样是成功的。而且两个类别的频数分布更加合理，被标记为 1 的数据达到 569514 个，这也说明数据中存在大量的缺失值。

```
#离散化为 0-1 型变量(条件:变量 odometer 值为 0 或 NaN)
bin_3=car_data["odometer"].eq(0)|car_data["odometer"].isna()
bin_3=bin_3.astype(int)# 转换为 0-1 形式
#将原变量和 0-1 型变量合并进一个数据框
d1={"odometer":car_data["odometer"],"bin":bin_3}
p1=pd.DataFrame(data=d1)
print("二分类离散结果:\n%s" % p1[0:20])
print("二分类离散各类频数:\n%s" % bin_3.value_counts())
```

二分类离散结果:

	odometer	bin
0	43600.0	0
1	NaN	1
2	NaN	1
3	168591.0	0
4	217000.0	0
5	169000.0	0
6	39500.0	0
7	0.0	1
8	NaN	1
9	236000.0	0
10	138000.0	0
11	350000.0	0
12	44814.0	0
13	NaN	1

```
14          31500.0                 0
15         103456.0                 0
16         193599.0                 0
17          38578.0                 0
18          37230.0                 0
19          39555.0                 0
二分类离散各类频数：
0    1153551
1     569514
Name: odometer, dtype: int64
```

如果需要将行驶里程处于合理区间的二手车标记出来，例如，设定条件"变量 odometer 在 30000 到 100000 之间"。这个条件实际是由两个条件组成的：（1）变量 odometer 大于等于 30000；（2）变量 odometer 小于等于 100000。可以发现，只有当两个条件同时满足时，才能够满足"变量 odometer 在 30000 到 100000 之间"这一复合条件，因此这是一个典型的"与"运算，需要用到"&"运算符：

```python
#离散化为 0-1 型变量(条件:变量 odometer 值在 30000 到 100000 之间)
bin_3=car_data["odometer"].ge(30000)&car_data["odometer"].le(100000)
#找出变量 odometer 在 30000 到 100000 之间的值
bin_3=bin_3.astype(int) # 转换为 0-1 形式
#将原变量和 0-1 型变量合并进一个数据框
d1={"odometer":car_data["odometer"],"bin":bin_3}
p1=pd.DataFrame(data=d1)
print("二分类离散结果:\n%s" % p1[0:20])
print("二分类离散各类频数:\n%s" % bin_3.value_counts())
```

```
二分类离散结果：
        odometer      bin
0         43600.0        1
1            NaN         0
2            NaN         0
3        168591.0        0
4        217000.0        0
5        169000.0        0
6         39500.0        1
7             0.0        0
8            NaN         0
9        236000.0        0
10       138000.0        0
11       350000.0        0
12        44814.0        1
13           NaN         0
14        31500.0        1
15       103456.0        0
```

```
16        193599.0        0
17         38578.0        1
18         37230.0        1
19         39555.0        1
二分类离散各类频数:
0    1331785
1     391280
Name: odometer, dtype: int64
```

在两个条件中,使用二元运算符函数 Series.ge(other)检查变量 odometer 中的值是否大于等于 30000;使用 Series.le(other)检查变量 odometer 中的值是否小于等于 100000,如果满足条件,两个函数会返回 True,不满足条件则会返回 False。观察代码执行结果可以发现,对变量 odometer 的离散化同样是成功的,行驶里程在 30000 到 100000 之间的二手车有 391280 辆。

8.3.2.2　离散化为顺序数据

顺序数据是指包含了次序信息的定性数据。例如经常在满意度研究中使用的五级量表,其数据形式可能为:{满意,比较满意,一般,比较不满意,不满意,…}。这里面的五个类别是有次序含义的,即满意>比较满意>一般>比较不满意>不满意,尽管类别间只能进行比较运算,却拥有比分类数据更加丰富的信息。

顺序型数据有两种获取方式。第一种是通过调查方式直接获取,例如可以在满意度调查中设置问题:

> 请问你对本产品质量的满意程度是什么?(　　　)
> A. 满意　　　B. 比较满意　　　C. 一般　　　D. 比较不满意　　　E. 不满意

对被调查者在该问题的选择结果加以汇总即可以得到满意度数据。

第二种是通过将连续型数据离散化得到。连续型数据本身就具备次序信息,所以通过对连续型数据进行分组得到的分组形式的定性数据本身就是顺序数据,但是使用客观法得到的分组其现实含义往往难以解释,因此在分析时通常需要按照特定含义对数据进行分组,而特定含义则需要分析者根据研究目标主观确定。

仍然以二手车数据集中的变量 odometer 为例,该变量为二手车的行驶里程信息,因此很大程度代表了二手车的新旧程度。由于变量 odometer 为连续型,因此单纯观察其里程值很难给人以直观印象,如果能够根据其值将二手车划分为"新车"(new)、"旧车"(used)、"老车"(old)和"破车"(worn),则可以非常形象地体现出二手车的新旧程度。下面的代码展示了将变量 odometer 离散化为顺序数据的过程,其值和类别的对应关系见表 8-1。

表 8-1　二手车行驶里程与新旧程度对照表

行驶里程范围	新旧程度
0<odometer<10000	new
10000<odometer<100000	used

续表

行驶里程范围	新旧程度
100000<odometer<200000	old
odometer>200000	worn

```
#离散化为顺序数据
bin_4=pd.cut(car_data["odometer"],bins=[0,10000,100000,200000,np.inf],
            labels=["new","used","old","worn"],include_lowest=True)
#将原变量和顺序数据合并进一个数据框
d1={"odometer":car_data["odometer"],"bin":bin_4}
p1=pd.DataFrame(data=d1)
print("离散为顺序数据结果:\n%s" % p1[0:20])
print("顺序数据各类频数:\n%s" % bin_4.value_counts())
```

离散为顺序数据结果:
```
    odometer   bin
0    43600.0   used
1       NaN    NaN
2       NaN    NaN
3   168591.0    old
4   217000.0   worn
5   169000.0    old
6    39500.0   used
7        0.0    new
8       NaN    NaN
9   236000.0   worn
10  138000.0    old
11  350000.0   worn
12   44814.0   used
13      NaN    NaN
14   31500.0   used
15  103456.0    old
16  193599.0    old
17   38578.0   used
18   37230.0   used
19   39555.0   used
```
顺序数据各类频数:
```
old     526097
used    472594
worn     96243
new      64077
Name: odometer, dtype: int64
```

上述程序仍然使用了在客观法中使用到的 pandas 中的 cut 函数。在这里不是简单地设定分组个数，而是根据表 8-1 设定参数：bins=[0,10000,100000,200000, np.inf]，并给每个分组设定了标签：labels=["new","used","old","worn"]。观察代码执行结果可以发现，对变量 odometer 的离散化是成功的，在所有的二手车中，行驶里程在 10000 到 200000 之间的"旧车"和"老车"占了大多数，"新车"和"破车"则数量相对较少。同时，变量 odometer 中的缺失值在离散化的结果中仍然是缺失值状态。

8.4 数据次序化

数据的次序化也称为数据求秩（ranking），指将序列中的值替换为其按照升序或降序排列后的位置，其计算结果为秩统计量（rank statistic）。表 8-2 展示了对一个数据序列按升序和降序求秩的示例。

表 8-2 数据次序化示例

原数据序列	23	11	8	17	3	25	15	22	13
秩统计量（升序）	8	3	2	6	1	9	5	7	4
秩统计量（降序）	2	7	8	4	9	1	5	3	6

使用 pandas 中序列和数据框的 rank() 方法即可以实现对数据求秩，例如通过如下代码对二手车数据集中的变量 price 求秩：

```
#全部参数为默认值时对变量price求秩
pr_rank=car_data["price"].rank()
pr_rank
0          1145033.0
1           188106.0
2          1383159.0
3           358773.5
4            39989.0
              ...
1723060     953976.5
1723061     769902.5
1723062     173906.0
1723063     616011.5
1723064     251703.0
Name: price, Length: 1723065, dtype: float64
```

从输出结果中可以看到，在全部参数均为默认值的情况下，rank() 方法按照升序的方式将变量 price 次序化，使用如下语句可以查看变量 price 的前五个值，读者可以对照上面输出结果观察数据值和秩的对应关系。

```
print("变量price的前五个值:\n",car_data[0:4]["price"])
变量price的前五个值:
0    11900
1     1515
2    17550
```

```
3      2800
Name: price, dtype: int64
```

用于次序化的方法 rank() 有 ascending、pct、method、na_option、numeric_only 五个主要参数，下面逐项介绍其作用。

8.4.1　升降次序

次序化方法 rank() 的参数 ascending 为布尔类型，默认值为 True，表示对数据按升序排列并求秩，如果将其设定为 False 则会对数据按降序排序并求秩。例如，使用下面的代码对变量 price 求秩：

```
#参数 ascending=False 时对变量 price 求秩
pr_rank=car_data["price"].rank(ascending=False)
pr_rank
0             578033.0
1            1534960.0
2             339907.0
3            1364292.5
4            1683077.0
                ...
1723060       769089.5
1723061       953163.5
1723062      1549160.0
1723063      1107054.5
1723064      1471363.0
Name: price, Length: 1723065, dtype: float64
```

8.4.2　位置与秩

次序化方法 rank() 的参数 pct 为布尔类型，默认值为 False，表示所求的秩显示为其实际位置，若设定为 True 则表示所求的秩显示为实际位置的百分数形式。例如，使用下面的代码对变量 price 求秩：

```
#参数 pct=True 时对变量 price 求秩
pr_rank=car_data["price"].rank(pct=True)
pr_rank
0           0.664533
1           0.109169
2           0.802732
3           0.208218
4           0.023208
              ...
1723060     0.553651
1723061     0.446822
1723062     0.100928
```

```
1723063        0.357509
1723064        0.146079
Name: price, Length: 1723065, dtype: float64
```

8.4.3 秩的计算方法

次序化方法 rank() 的参数 method 非常重要，它的含义是当数据中出现相同值时计算秩的方法，共有 "average" "max" "min" "first" "dense" 五种方法，默认值为 "average"。

当 method 为 "average" 时，所有相同值的秩会被设定为它们排序后位置的平均值，这也是最常用的方法，前述求秩均为这种情况；当 method 为 "max" 时，所有相同值的秩会被设定为它们排序后的最大位置；当 method 为 "min" 时，所有相同值的秩会被设定为它们排序后的最小位置；当 method 为 "first" 时，所有相同值的秩会被设定为它们排序后的实际位置；当 method 为 "dense" 时，所有相同值被视为只占一个位置，其秩会被设定为它们排序后的位置。表 8-3 给出了参数 method 设定为不同值的示例。下方代码展示了使用这五种方法对变量 price 求秩的情况，为了能够凸显五种方法的差别，我们将变量 price 取值为 2500 的数据求秩情况提取出来，便于读者对比。

表 8-3 参数 method 设定为不同值示例

原数据		11	12	21	12	13	6	17	6	6
升序排序后的数据		6	6	6	11	12	12	13	17	21
排序后位置		1	2	3	4	5	6	7	8	9
method	average	4	5.5	9	5.5	7	2	8	2	2
	max	4	6	9	6	7	3	8	3	3
	min	4	5	9	5	7	1	8	1	1
	first	4	5	9	6	7	1	8	2	3
	dense	2	3	6	3	4	1	5	1	1

首先通过下面这段代码观察变量 price 的取值情况：

```
# 观察 price 的取值情况
pr_rank=car_data["price"].value_counts()
pr_rank
2500         32366
3500         29712
1500         28171
4500         25124
2000         24573
     ...
39226         1
25095         1
75720         1
31676         1
55889         1
```

```
Name: price, Length: 30349, dtype: int64
```

观察上面的输出结果可以发现，在数据集中，变量 price 取值为 2500 的有 32366 个样本，是数量最多的重复值，下面将依次展示五种方法。

```
# method=average 时，观察 price 为 2500 时其秩的情况
pr_rank=car_data["price"].rank(method="average")[car_data["price"]==2500]
pr_rank
128          317954.5
212          317954.5
244          317954.5
344          317954.5
453          317954.5
             ...
1722415      317954.5
1722506      317954.5
1722571      317954.5
1722976      317954.5
1723020      317954.5
Name: price, Length: 32366, dtype: float64
```

当 method=“average”时，所有取值为 2500 的 price 数据的秩都为 317954.5。

```
# method=max 时，观察 price 为 2500 时其秩的情况
pr_rank=car_data["price"].rank(method="max")[car_data["price"]==2500]
pr_rank
128          334137.0
212          334137.0
244          334137.0
344          334137.0
453          334137.0
             ...
1722415      334137.0
1722506      334137.0
1722571      334137.0
1722976      334137.0
1723020      334137.0
Name: price, Length: 32366, dtype: float64
```

当 method=“max”时，所有取值为 2500 的 price 数据的秩都为 334137.0。

```
# method=min 时，观察 price 为 2500 时其秩的情况
pr_rank=car_data["price"].rank(method="min")[car_data["price"]==2500]
pr_rank
128          301772.0
212          301772.0
```

```
244          301772.0
344          301772.0
453          301772.0
        ...
1722415      301772.0
1722506      301772.0
1722571      301772.0
1722976      301772.0
1723020      301772.0
Name: price, Length: 32366, dtype: float64
```

当 method="min" 时，所有取值为 2500 的 price 数据的秩都为 301772.0。

```
# method=first 时,观察 price 为 2500 时其秩的情况
pr_rank=car_data["price"].rank(method="first")[car_data["price"]==2500]
pr_rank
128          301772.0
212          301773.0
244          301774.0
344          301775.0
453          301776.0
        ...
1722415      334133.0
1722506      334134.0
1722571      334135.0
1722976      334136.0
1723020      334137.0
Name: price, Length: 32366, dtype: float64
```

当 method="first" 时，所有取值为 2500 的 price 数据的秩分别为 301772.0 至 334137.0，读者们可以验证一下，这正好是从 301772 开始的 32366 个样本的编号。

```
# method=dense 时,观察 price 为 2500 时其秩的情况
pr_rank=car_data["price"].rank(method="dense")[car_data["price"]==2500]
pr_rank
128          1833.0
212          1833.0
244          1833.0
344          1833.0
453          1833.0
        ...
1722415      1833.0
1722506      1833.0
1722571      1833.0
1722976      1833.0
```

```
1723020           1833.0
Name: price, Length: 32366, dtype: float64
```

当 method="dense" 时，所有取值为 2500 的 price 数据的秩都为 1833.0，这表示 2500 是变量 price 中第 1833 大的值。

8.4.4 秩的缺失值处理

次序化方法 rank() 的参数 na_option 负责设定在计算秩时如何处理缺失值（NaN）。该参数共有 "keep" "top" "bottom" 三个选项，默认值是 "keep"。

当参数 na_option 设定为 "keep" 时，所有缺失值均维持原状不变，即缺失值的秩仍然是缺失值，这也是最常见的情况。下面的代码对二手车数据集中的变量 odometer 进行了次序化，该变量中包含了大量缺失值。首先是 na_option="keep" 的情况：

```
#na_option="keep",此时 method 为默认值"average"
odometer_rank=car_data["odometer"].rank(na_option="keep")
odometer_rank
0               217665.0
1                    NaN
2                    NaN
3               949506.0
4              1092979.0
                 ...
1723060         920707.0
1723061              NaN
1723062           2730.5
1723063         1082888.5
1723064          376436.5
Name: odometer, Length: 1723065, dtype: float64
```

从输出的结果可以看到，在显示出来的十个样本中，索引为 1、2 和 1723061 的三个缺失值仍然保持了原状。有些时候，我们不希望在求得的秩中包含缺失值，希望也给缺失值分配一个秩。由于缺失值本身没有任何 "量" 的含义，因此只能算做最小或最大的值，下面的代码首先展示了将缺失值当做最小值的情况：

```
#na_option="top",此时 method 为默认值"average"
odometer_rank=car_data["odometer"].rank(na_option="top")
odometer_rank
0               781719.0
1               282027.5
2               282027.5
3              1513560.0
4              1657033.0
                 ...
1723060        1484761.0
```

```
1723061         282027.5
1723062         566784.5
1723063        1646942.5
1723064         940490.5
Name: odometer, Length: 1723065, dtype: float64
```

　　此时，由于参数 method 为默认值"average"，因此为索引为 1、2 和 1723061 的三个缺失值分配的秩为 282027.5，这是所有缺失值位置的平均值。如果将参数 method 设定为"min"，则更容易观察：

```
#na_option="top"且 method="min"
odometer_rank=car_data["odometer"].rank(method="min",na_option="top")
odometer_rank
0                781708.0
1                     1.0
2                     1.0
3               1513559.0
4               1656620.0
                 ...
1723060         1483735.0
1723061               1.0
1723062          564055.0
1723063         1646941.0
1723064          940489.0
Name: odometer, Length: 1723065, dtype: float64
```

　　从上面的输出结果容易观察到，索引为 1、2 和 1723061 的三个缺失值分配的秩为 1，即将缺失值作为最小值。下面的代码进一步展示了将缺失值当做最大值的情况，这次直接将参数 method 设定为"max"：

```
#na_option="bottom"且 method="max"
odometer_rank=car_data["odometer"].rank(method="max",na_option="bottom")
odometer_rank
0                217676.0
1               1723065.0
2               1723065.0
3                949507.0
4               1093392.0
                 ...
1723060          921733.0
1723061         1723065.0
1723062            5460.0
1723063         1082890.0
1723064          376438.0
Name: odometer, Length: 1723065, dtype: float64
```

从上面的输出结果可以看到，索引为 1、2 和 1723061 的三个缺失值分配的秩为 1723065.0，即将缺失值作为最大值。

8.4.5 DataFrame 中的秩

前面小节介绍的都是如何对单个序列进行次序化，而方法 rank()同样可以用于数据框。多数情况下，需要次序化的是数值型数据，对数据集 car_data 直接应用 rank()方法，并将参数 numeric_only 设为 True，即可以实现对数据集 car_data 中的数值型数据进行次序化。

```
car_rank=car_data.rank(numeric_only=True)car_rank
car_rank
```

	price	year	odometer	lat	long	county_fips	state_fips	weather
0	1145033.0	1111800.0	217665.0	1413015.0	576588.0	1345529.0	1347097.0	19031.0
1	188106.0	278740.5	NaN	1504735.0	578138.0	1343853.0	1347097.0	19031.0
2	1383159.0	959332.5	NaN	1467330.0	470120.5	1346520.0	1347097.0	19031.0
3	358773.5	563900.0	949506.0	1401880.5	619057.5	566098.5	562157.0	354523.0
4	39989.0	365634.5	1092979.0	1357299.0	655129.5	560195.0	562157.0	354523.0
...	...	...	...	...	...	...	...	...
1723060	953976.5	651928.5	920707.0	1418496.0	572540.0	1348122.5	1347097.0	19031.0
1723061	769902.5	651928.5	NaN	1406132.5	566531.5	1345529.0	1347097.0	19031.0
1723062	173906.0	853541.0	2730.5	1157338.5	900418.5	484943.5	497234.5	413205.5
1723063	616011.5	1043474.5	1082888.5	1407476.0	634504.0	555407.0	562157.0	354523.0
1723064	251703.0	84727.5	376436.5	1410043.0	585705.0	564988.5	562157.0	354523.0

1723065 rows × 8 columns

8.5 多分类数据哑变量化

有些时候研究者不仅需要将连续型数据离散化为定性数据，还需要将某些定性数据转换为其他形式。这一转换虽然不能称为离散化，但是其目的相同，都是为了便于分析建模。与数据离散化的原因和目的一样，当定性数据自身的数据类型不能满足分析需求时，需要在保留其基本数据含义的基础上将其类型转化为其他形式。本节将介绍多分类数据哑变量化。多分类数据类型往往来源于事物的自然属性，是对现象的直观表达。但是多分类数据的数学性质不适用于目前很多成熟高效的分析模型，因此通常需要转换为二分类（0-1）型变量使用。

本节将以二手车数据集中反映车辆能源形式的变量 fuel 为例，该变量是一个典型的多分类定性数据，其类别包括汽油（Gas）、柴油（diesel）、混合动力（hybrid）、电动（electric）和其他（other）五种，还有很多缺失值（NaN）。使用下面的代码可以观察变量 fuel 各类别的分布情况：

```
#观察变量 fuel 的分布情况
```

```
car_data["fuel"].value_counts()
Gas            1531426
diesel          121712
other            46161
hybrid           10945
electric          2454
Name: fuel, dtype: int64
```

从代码运行结果可以看到，绝大多数二手车的能源形式为汽油，能源形式为柴油的二手车也占有一定比例，其他形式的能源占比较小。这种多分类的定性数据在分析时并不好用，因为它很难体现出每一个类别单独的效应和类别间的效应。如果将其转换为 0-1 型变量形式，使每一个类别有一个单独的变量相对应，就可以更好地在模型中体现该类别。

8.5.1　哑变量的概念与特征

哑变量（dummy variable）又称虚拟变量、二分类数据、0-1 型变量等，是一种在数据分析中使用率非常高的变量形式。哑变量只有两个类别，用 0 和 1 表示。其中 1 代表具备某一性质，0 代表不具备这一性质。哑变量本身属于定性数据，但是由于其具备 0-1 形式，因此完全可以当成数值型数据使用。同时哑变量的形式和内涵又与二进制数字的形式和内涵一致，其 0-1 形态与逻辑型数据的 False 和 True 相同，因此有利于使用各种计算机领域的方法和模型进行处理。

任何一个 k 个类别的定性数据都可以转换为 $k-1$ 个哑变量，例如，定性数据 X 有 5 个类别 A、B、C、D、E，可以将其转换为 4 个哑变量 X_B、X_C、X_D、X_E，分别对应 B、C、D、E 四个类别，当原变量 X 取值为 B、C、D、E 的某一个值时，则其对应的哑变量取值为 1，同时其余哑变量取值为 0。原变量和哑变量的对应关系如表 8-4 所示。

表 8-4　原变量与哑变量对应表

原变量	哑变量			
X	X_B	X_C	X_D	X_E
A	0	0	0	0
B	1	0	0	0
C	0	1	0	0
D	0	0	1	0
E	0	0	0	1

读者可能已经发现，在上述 4 个哑变量中没有对应类别 A 的哑变量。这是因为，当某一行数据在 X_B、X_C、X_D、X_E 四个哑变量上的值均为 0 时，就意味着这一行数据在原变量 X 中为类别 A，因此使用 $k-1$ 个哑变量不会影响原变量 X 状态的表达。如果再单独设置一个对应类别 A 的哑变量，则会在没有实际增加模型解释能力的情况下增加模型的自由度，从而使模型更加复杂。

8.5.2　哑变量与 one-hot 码

哑变量是在统计学领域内对于 0-1 形式定性数据的称呼，而在计算机科学领域则将其称为 one-hot 码（独热码）。仍然假设定性数据 X 有 5 个类别 A、B、C、D、E，其 one-hot 码形式见表 8-5。

表 8-5   原变量与 one-hot 码对应表

原变量	One-hot 码				
X	1	2	3		
A	1	0	0	0	0
B	0	1	0	0	0
C	0	0	1	0	0
D	0	0	0	1	0
E	0	0	0	0	1

对比表 8-4 和表 8-5 可以发现，同样是这些变量，将其转换成哑变量形式后得到了 4 个哑变量，将其转换为 one-hot 码则得到了 5 个列。one-hot 码的特征是：如果定性数据有 k 个状态（类别），就需要有 k 个比特（bit）[1]来描述，其中只有一个比特为 1，其他比特全为 0。因此 one-hot 码与哑变量的区别在于对于 k 个类别的定性数据，将其转换为哑变量需要 $k-1$ 个哑变量，将其转换为 one-hot 码需要 k 个比特的编码位数。

8.5.3　多分类数据转换为哑变量

将多分类数据转换为哑变量，可以使用 pandas 工具库中的 get_dummies()函数。下面的代码展示了使用该函数将二手车数据集中的变量 fuel 转换为哑变量的方法。

```
#将变量 fuel 转换为哑变量(以某一类别为全 0 项,包含缺失值)
dummy_fuel=pd.get_dummies(car_data["fuel"],prefix="f",dummy_na=True,
                          drop_first=True)
#将原变量和哑变量合并进一个数据框
d1={"fuel":car_data["fuel"][0:20]}
p1=pd.DataFrame(data=d1).join(dummy_fuel[0:20])
print("建立哑变量结果:\n%s" % p1)
```
```
建立哑变量结果:
       fuel     f_electric   f_gas   f_hybrid   f_other   f_nan
0      gas 0    1            0       0          0
1      gas 0    1            0       0          0
2      gas 0    1            0       0          0
3      gas 0    1            0       0          0
4      gas 0    1            0       0          0
5      gas 0    1            0       0          0
6      gas      0            1       0          0         0
7      gas      0            1       0          0         0
8      electric 1            0       0          0         0
9      gas      0            1       0          0         0
```

---

① 计算机专业术语，是二进制数字中的位，为信息量的最小单位。

10	gas	0	1	0	0	0
11	diesel	0	0	0	0	0
12	gas	0	1	0	0	0
13	gas	0	1	0	0	0
14	gas	0	1	0	0	0
15	gas	0	1	0	0	0
16	gas	0	1	0	0	0
17	gas	0	1	0	0	0
18	gas	0	1	0	0	0
19	gas	0	1	0	0	0

在上述程序中需要强调三个参数：

prefix：使用 get_dummies()函数建立的哑变量可以自动命名，其名称的组合形式为"前缀_类别名称"形式，参数 prefix 的作用就是设定前缀，在本例中前缀被设定为"f"。

dummy_na：在本例数据中包含大量缺失值，通过设置 dummy_na=True 可以将缺失值也视为一个类别并建立相应的哑变量。

drop_first：前面已经介绍过，k 个类别的定性数据转换为 k−1 个哑变量，即有一个类别将没有与之对应的哑变量。通过设置 drop_first=True 可以使 get_dummies()函数在建立哑变量时自动忽略第一个类别（类别的顺序一般按字母排序）。在本例中，被忽略的类别为 diesel，所以在代码执行结果中不会看到名为"f_diesel"的哑变量。

如果将参数 dummy_na 和 drop_first 的值都设置为 False（如下面的代码所示），则将得到不包含缺失值，同时包含名为"f_diesel"的哑变量的结果。此时建立的哑变量其实与 one-hot 码的效果相同。

```
#将变量 fuel 转换为哑变量(不以某一类别为全 0 项,不包含缺失值)
dummy_fuel=pd.get_dummies(car_data["fuel"],prefix="f",dummy_na=False,
                          drop_first=False)
#将原变量和哑变量合并进一个数据框
d1={"fuel":car_data["fuel"]}
p1=pd.DataFrame(data=d1).join(dummy_fuel)
print("建立哑变量结果:\n%s" % p1[0:20])
```

建立哑变量结果：

	fuel	f_diesel	f_electric	f_gas	f_hybrid	f_other
0	gas 0	0	1	0	0	
1	gas	0	0	1	0	0
2	gas	0	0	1	0	0
3	gas	0	0	1	0	0
4	gas	0	0	1	0	0
5	gas	0	0	1	0	0
6	gas	0	0	1	0	0
7	gas	0	0	1	0	0
8	electric	0	1	0	0	0
9	gas	0	0	1	0	0

10	gas	0	0	1	0	0
11	diesel	1	0	0	0	0
12	gas	0	0	1	0	0
13	gas	0	0	1	0	0
14	gas	0	0	1	0	0
15	gas	0	0	1	0	0
16	gas	0	0	1	0	0
17	gas	0	0	1	0	0
18	gas	0	0	1	0	0
19	gas	0	0	1	0	0

8.5.4 多分类数据转换为 one-hot 码

　　将多分类数据转换为 one-hot 码可以使用 sklearn 工具库中的 OneHotEncoder()函数，如下面的代码所示。因为该函数无法对缺失值进行处理，因此在进行转换前首先使用 Series.fillna()方法将变量中的所有缺失值替换为"unknown"。这样，"unknown"就成为变量 fuel 的第六个类别。

```
#将变量 fuel 转换为 one-hot 码
#建立 one-hot 编码器 ohe,drop="first"表示以某一类别为全 0 项
ohe=OneHotEncoder(drop="first")
#将变量 fuel 转变为数据框形式,并使用"unknown"替换缺失值
fuel=pd.DataFrame(car_data["fuel"]).fillna("unknown")
#使用 ohe 建立 one-hot 编码
onehot_fuel=ohe.fit_transform(fuel).toarray()
#将原变量和 one-hot 编码合并进一个数据框
onehot_fuel=pd.DataFrame(onehot_fuel)#转换为数据框形式
d1={"fuel":car_data["fuel"]}
p1=pd.DataFrame(data=d1).join(onehot_fuel)
print("建立 one-hot 编码结果:\n%s" % p1[0:20])
```

建立 one-hot 编码结果:

	fuel	0	1	2	3	4
0	gas	0.0	1.0	0.0	0.0	0.0
1	gas	0.0	1.0	0.0	0.0	0.0
2	gas	0.0	1.0	0.0	0.0	0.0
3	gas	0.0	1.0	0.0	0.0	0.0
4	gas	0.0	1.0	0.0	0.0	0.0
5	gas	0.0	1.0	0.0	0.0	0.0
6	gas	0.0	1.0	0.0	0.0	0.0
7	gas	0.0	1.0	0.0	0.0	0.0
8	electric	1.0	0.0	0.0	0.0	0.0
9	gas	0.0	1.0	0.0	0.0	0.0
10	gas	0.0	1.0	0.0	0.0	0.0
11	diesel	0.0	0.0	0.0	0.0	0.0

12	gas	0.0 1.0 0.0 0.0 0.0
13	gas	0.0 1.0 0.0 0.0 0.0
14	gas	0.0 1.0 0.0 0.0 0.0
15	gas	0.0 1.0 0.0 0.0 0.0
16	gas	0.0 1.0 0.0 0.0 0.0
17	gas	0.0 1.0 0.0 0.0 0.0
18	gas	0.0 1.0 0.0 0.0 0.0
19	gas	0.0 1.0 0.0 0.0 0.0

OneHotEncoder()函数的使用相对复杂，首先需要建立 one-hot 编码器 ohe，注意此时设定了参数 drop="first"，这与前面代码中的 drop_first=True 效果一样，均为忽略第一个类别，因此这时建立的 one-hot 码并不是典型形式。在建立 ohe 后，调用其方法"fit_transform()"对变量 fuel 进行编码并转换为 csr_matrix 数据类型，进而使用 Series.toarray()方法得到 ndarray 数据类型的 one-hot 编码结果。

注意，此时每行数据的 one-hot 码均为 5 比特长，而此时变量 fuel 有六个类别（缺失值已经转换为"unknown"，也算做一个类别）。因此这里 one-hot 码与哑变量形式一致。将 OneHotEncoder()函数的参数设置 drop="first"改为 drop=None（见下面的代码），则可以得到典型的 one-hot 码形式，此时每行数据的 one-hot 码均为 6 比特长。

```
#将变量 fuel 转换为 one-hot 编码
#建立 one-hot 编码器 ohe,drop=None 表示不以某一类别为全 0 项
ohe=OneHotEncoder(drop = None)
#将变量 fuel 转变为数据框形式,并使用"unknown"替换缺失值
fuel=pd.DataFrame(car_data["fuel"]).fillna("unknown")
#使用 ohe 建立 one-hot 编码
onehot_fuel=ohe.fit_transform(fuel).toarray()
#将原变量和 one-hot 编码合并进一个数据框
onehot_fuel=pd.DataFrame(onehot_fuel)   #转换为数据框形式
d1={"fuel":car_data["fuel"]}
p1=pd.DataFrame(data=d1).join(onehot_fuel)
print("建立 one-hot 编码结果:\n%s" % p1[0:20])
```

建立 one-hot 编码结果:

	fuel	0	1	2	3	4	5
0	gas	0.0	0.0	1.0	0.0	0.0	0.0
1	gas	0.0	0.0	1.0	0.0	0.0	0.0
2	gas	0.0	0.0	1.0	0.0	0.0	0.0
3	gas	0.0	0.0	1.0	0.0	0.0	0.0
4	gas	0.0	0.0	1.0	0.0	0.0	0.0
5	gas	0.0	0.0	1.0	0.0	0.0	0.0
6	gas	0.0	0.0	1.0	0.0	0.0	0.0
7	gas	0.0	0.0	1.0	0.0	0.0	0.0
8	electric	0.0	1.0	0.0	0.0	0.0	0.0
9	gas	0.0	0.0	1.0	0.0	0.0	0.0

10	gas	0.0	0.0	1.0	0.0	0.0	0.0
11	diesel	1.0	0.0	0.0	0.0	0.0	0.0
12	gas	0.0	0.0	1.0	0.0	0.0	0.0
13	gas	0.0	0.0	1.0	0.0	0.0	0..0
14	gas	0.0	0.0	1.0	0.0	0.0	0.0
15	gas	0.0	0.0	1.0	0.0	0.0	0.0
16	gas	0.0	0.0	1.0	0.0	0.0	0.0
17	gas	0.0	0.0	1.0	0.0	0.0	0.0
18	gas	0.0	0.0	1.0	0.0	0.0	0.0
19	gas	0.0	0.0	1.0	0.0	0.0	0.0

8.6 定性数据数量化

8.3 节介绍了如何将连续数据转化为离散型数据。在某些分析场景，我们需要反过来将离散型的定性数据转化为数量型数据。本节将介绍两种定性数据数量化的情形。

第一，顺序数据转化为得分。顺序型数据通常来源于满意度、综合评价等研究场景。这种形式体现了不同等级间"质"的区别，但没有体现等级间"量"的差异，使得顺序型数据是一种定性而非定量的数据类型。如果某些研究场景可以针对等级间"量"的差异设定一些假设（如等级间差异均等），则可以将顺序数据转化为得分变量。

第二，构造定性数据的平滑值。很多定性数据（不仅是顺序数据）其实隐含了类别间差异的信息[1]。如果能够找到某一与定性数据存在紧密关联的定量变量，则可以基于定性数据加工出新的数据序列，使其既包含定性数据的分类含义，又体现出类别间的量化差异水平。由于这种方法用定量信息将原定性数据间的差异进行了量化表示，从可视化层面看是将锯齿状的形式平滑为曲线形式，因此称新数据为定性数据的平滑值。

8.6.1 顺序数据转化为得分

顺序数据是定性数据的重要形式，其来源主要有两个：一是使用 8.3 节介绍的主观法和客观法从连续型数据转换而来；二是来自直接调查，如满意度调查、信心调查等。正像在 8.3 节中我们需要将连续型数据转换为顺序数据形式进行分析一样，有时候我们也需要将顺序数据转换为定量形式。最常用的方式是对顺序数据的每一个类别赋予一个得分，并使得分的大小与各类别的次序相对应。

对于大多数数据集来说，不同类别得分间距的选择对于结果几乎没有影响，因此可以直接将"好""一般""差"映射为间距相等的（1，2，3）或（3，2，1）。但是当数据非常不均衡时（如某些类别的样本比其他类别明显多时），得分的选择就可能左右检验结果。出现这种情况时，我们可以在对样本排序后计算每个样本的秩（序号），然后将每个类别包含样本的平均秩（也称为中间秩）作为该类别的得分。例如一共 100 辆二手车，车况为"好""一般""差"的分别为 9 辆、50 辆和 41 辆，则类别"好"的中间秩为 5，类别"一般"的中间秩为 34.5，类别"差"的中间秩为 80，因此可以将"好""一般"

---

[1] 例如，"职业类别"往往被认为是分类型变量，类别间不存在差异。但是当该变量应用于某一具体研究场景时（如收入研究、劳动强度研究等），不同的职业类别间就存在明显的差异了。

"差"映射为（5，34.5，80）。

在 8.3.2 小节，根据二手车数据集中的变量 odometer 将二手车划分为"新车"（new）、"旧车"（used）、"老车"（old）和"破车"（worn），并使用相应代码得到顺序数据 bin_4。如果我们将 bin_4 当做原生的顺序数据[①]，则可以将其转换为得分形式（本书只介绍将顺序数据转换为间距相等的得分的操作方法），如下面的代码所示。假定二手车越新得分越高，则 new 对应 4 分、used 对应 3 分、old 对应 2 分、worn 对应 1 分。在操作时我们使用了 Series.map()方法建立每一个类别到得分的映射。

```
#顺序数据的赋值
bin_4_order=bin_4.map({"new":4,"used":3,"old":2,"worn":1})
#将原变量、顺序数据和顺序数据的赋值合并进一个数据框
d1={"odometer":car_data["odometer"],"bin":bin_4,"bin_order":bin_4_order}
p1=pd.DataFrame(data=d1)
print("顺序数据赋值结果:\n%s" % p1[0:20])
```

顺序数据赋值结果:

	odometer	bin	bin_order
0	43600.0	used	3.0
1	NaN	NaN	NaN
2	NaN	NaN	NaN
3	168591.0	old	2.0
4	217000.0	worn	1.0
5	169000.0	old	2.0
6	39500.0	used	3.0
7	0.0	new	4.0
8	NaN	NaN	NaN
9	236000.0	worn	1.0
10	138000.0	old	2.0
11	350000.0	worn	1.0
12	44814.0	used	3.0
13	NaN	NaN	NaN
14	31500.0	used	3.0
15	103456.0	old	2.0
16	193599.0	old	2.0
17	38578.0	used	3.0
18	37230.0	used	3.0
19	39555.0	used	3.0

8.6.2　构造定性数据的平滑值

8.3.2 小节中介绍了对于连续型数据可以根据主观指定的范围将其转变为顺序数据形式。例如前面例子中按照二手车的行驶里程（变量 odometer）将其划分为四个水平

---

① 实际上，bin_4 是从连续型数据 odometer 转换而来，因此将 bin_4 赋值还不如直接使用变量 odometer。本部分为 bin_4 赋值仅仅是希望在展示该方法时不再引入新变量，方便操作。

（new、used、old、worn）。但有的时候需求正好反过来，希望根据某一个连续型数据的值将另一个定性数据转换成数值形式，以体现不同类别在某一方面的数量差异性，这个变换称为构造定性数据的平滑值。

构造定性数据的平滑值的目的不是简单地将原变量数据形式进行转换，而是利用另一个变量为原变量赋予更多的信息。例如，二手车数据集中的变量 manufacturer 给出了二手车的品牌，变量 price 给出了二手车的售价，作为常识大家知道不同品牌在产品的价格定位上是有区别的，因此如果以每种品牌的平均价格（以变量 manufacturer 作为分组变量对变量 price 求均值得到的结果）作为变量 manufacturer 数据的替代，则可以使分类型的变量 manufacturer 具有次序属性，反映汽车品牌中内含的价格定位信息。

因为二手车数据集来源于实际，其二手车的售价是每个车主自己的报价而不是成交价格，从经济学意义上这一价格并不是市场价格，因而数据中有大量违反常理的价格（特别高或特别低），为了避免这些反常价格的干扰，本书在构造平滑值前先使用下面的代码消除了数据集中价格异常的所有行，得到数据集 car_data1。

```
#消除数据集中价格异常的所有行
qt=stats.scoreatpercentile(car_data["price"], [1,99])  car_data1 = car_data
[(price1 > qt[0])&(price1 < qt[1])]
```

下面给出了构造定性数据的平滑值的方法，具体步骤包括：

● 第一步，使用 DataFrame.groupby()方法以变量 manufacturer 为依据对数据集进行分组，并调用 DataFrame.mean()函数计算每组均值，得到数据框 smooth_value。

● 第二步，使用 DataFrame.to_dict()将数据框 smooth_value 转换为字典形式 smooth_dict。

● 第三步，使用 Series.map()方法，以 smooth_dict 为依据建立变量 manufacturer 每一个类别到变量 price 均值的映射。

```
#计算每个品牌的平均价格
smooth_value=car_data1[["price","manufacturer"]].groupby(
                                        by="manufacturer",).mean()
smooth_dict=smooth_value["price"].to_dict()      #转换为字典
#将品牌名替换为各自的平均价格
smooth_manufacturer=car_data1["manufacturer"].map(smooth_dict)
#将原变量和平滑变量合并进一个数据框
d1={"manufacturer":car_data1["manufacturer"],
    "smooth_manufacturer":smooth_manufacturer}
p1=pd.DataFrame(data=d1)
print("构造定性数据的平滑值结果:\n%s" % round(p1[0:20],2))
```

构造定性数据的平滑值结果:

	Manufacturer	smooth_manufacturer
0	dodge	9379.48
1	NaN	NaN
2	ford	11595.72
3	ford	11595.72

4	NaN	NaN
5	gmc	14186.72
6	jeep	12531.63
7	bmw	11211.04
8	NaN	NaN
9	ford	11595.72
10	chev	7765.86
11	chevrolet	11602.02
12	hyundai	8677.29
13	chevrolet	11602.02
14	hyundai	8677.29
15	chev	7765.86
16	honda	7271.23
17	ram	19357.53
18	acura	8035.19
19	bmw	11211.04

第 9 章

数 据 缩 放

数据缩放是数据变换的一种形式，主要目的是在维持数据基本特征的基础上改变其分布位置和尺度，以适应分析的需求。在数据准备过程中常用的几种主要数据缩放方法包括：中心化、标准化、Min-Max 缩放、Max-ABS 缩放和 Robust 缩放，本章将对这几种数据缩放方法进行介绍。

9.1 数据缩放的概念

变量的数据特征是指其取值的分布特点，与数据所反映的信息内容、测量尺度和采集方式等有关。有些数据的取值范围是无限的（例如某商品的销售量），而有些数据的取值则存在严格或不严格的限制（例如经纬度数据有严格的范围，而年龄数据虽有范围，但是其边界不严格）。从数据分析角度来看，原始数据的分布特征往往与模型的要求不一致。比如当两个变量要进行比较时，不同的量纲使比较无法进行；再如有些模型的分析结果会受到数据尺度的影响，尺度不同的数据无法纳入同一个模型进行分析。

由于数据特征与分析需要不匹配，因此我们在数据准备阶段要进行数据缩放，以适应分析的需要。简单地说，数据缩放就是把原始数据通过某种算法限制在需要的范围内，同时尽量保持其分布特征。数据缩放对数据分析有以下三个方面的意义。

（1）多数数据缩放方法可以消除数据的量纲，同时保留其分布特征，有利于不同量纲数据之间的比较，避免对建模的影响。

（2）数据缩放可以提高梯度下降求解（迭代运算）的收敛速度，提高建模效率。

（3）数据缩放可以提高一些模型的预测精度。

数据缩放的方法可以简单地概括为"首先中心化，然后除以尺度"，即：

$$X_{scaled} = \frac{X - center}{scale}$$

式中，X 为原始数据；X_{scaled} 为缩放后的数据；$center$ 为数据的比较基准，它可以是均值或中位数，也可以是最小值等其他比较基准；$scale$ 是数据缩放的尺度，它可以是数据的标准差或四分位差，也可以是最大值与最小值之差或最大值的绝对值等。对比较基准和尺度的不同选择形成了不同的数据缩放方法。

本节介绍五种数据缩放方法，包括数据的标准化方法（中心化和标准化）、数据的归一化方法（Min-Max 缩放和 Max-ABS 缩放）以及对包含异常值数据的标准化方法。scikit-learn 库为我们提供了较为完善的数据缩放实现方法，这些方法分为两类，以数据标准化方法为例，函数 scale()提供了对单一序列进行标准化的实现方式，模块 StandardScaler 则提供了建立数据标准化模型的方法。

StandardScaler 模块可以基于训练集训练（fit）出用于数据标准化的模型，得到训练集中每个变量的比较基准和尺度等标准化参数，该模型可以用于对测试集及其他结构相同的数据集进行数据标准化操作。这种方式将模型生成和应用两个场景分离，即数据科学家负责建模，实际开发或业务人员可以直接应用模型而不需要了解模型的训练过程。

本节使用了 scikit-learn 库的许多模块，波士顿房价数据集也是 scikit-learn 库内置的数据集。这些库和数据的加载过程见下面的代码。

```
import pandas as pd
import matplotlib.pyplot as plt
import copy
from sklearn.datasets import load_boston
from sklearn.preprocessing import scale
from sklearn.preprocessing import StandardScaler
from sklearn.preprocessing import minmax_scale
from sklearn.preprocessing import MinMaxScaler
from sklearn.preprocessing import maxabs_scale
from sklearn.preprocessing import MaxAbsScaler
from sklearn.preprocessing import robust_scale
from sklearn.preprocessing import RobustScaler
from sklearn.decomposition import PCA
boston=pd.read_csv("boston.csv",header=0)
```

	CRIM	ZN	INDUS	CHAS	NOX	RM	AGE	DIS	RAD	TAX	PTRATIO	B	LSTAT	target
0	0.00632	18.0	2.31	0	0.538	6.575	65.2	4.0900	1	296	15.3	396.90	4.98	24.0
1	0.02731	0.0	7.07	0	0.469	6.421	78.9	4.9671	2	242	17.8	396.90	9.14	21.6
2	0.02729	0.0	7.07	0	0.469	7.185	61.1	4.9671	2	242	17.8	392.83	4.03	34.7
3	0.03237	0.0	2.18	0	0.458	6.998	45.8	6.0622	3	222	18.7	394.63	2.94	33.4
4	0.06905	0.0	2.18	0	0.458	7.147	54.2	6.0622	3	222	18.7	396.90	5.33	36.2
...	...	...	...	...	...	...	...	...	...	...	...	...	...	...
501	0.06263	0.0	11.93	0	0.573	6.593	69.1	2.4786	1	273	21.0	391.99	9.67	22.4
502	0.04527	0.0	11.93	0	0.573	6.120	76.7	2.2875	1	273	21.0	396.90	9.08	20.6
503	0.06076	0.0	11.93	0	0.573	6.976	91.0	2.1675	1	273	21.0	396.90	5.64	23.9
504	0.10959	0.0	11.93	0	0.573	6.794	89.3	2.3889	1	273	21.0	393.45	6.48	22.0
505	0.04741	0.0	11.93	0	0.573	6.030	80.8	2.5050	1	273	21.0	396.90	7.88	11.9

506 rows × 14 columns

在本节后面的内容中，将主要以波士顿房价数据集中的变量 B 为例演示数据缩放。为了便于与未进行缩放的数据比较，笔者在下面的代码中分别计算了变量 B 的平均值、标准差、最大值和最小值，并绘制了该变量的序列图和箱线图（见图 9-1），以及波士顿房价数据集中所有变量的箱线图（见图 9-2）。通过序列图和箱线图，可以很直观地观察变量分布的特征；通过对后续经过缩放后变量的序列图和箱线图进行对比，可以帮助我们观察缩放前后数据分布的变化情况。

```
#观察原始数据
B=boston["B"]
print("变量B的分布\n平均值:%f\n标准差:%f\n最大值:%f\n最小值:%f"
    %(B.mean(),B.std(),B.max(),B.min()))
plt.plot(B)                    #序列图
plt.xlabel("Index")
plt.ylabel("Values of B")
plt.show()
plt.boxplot(B,labels="B")        #箱线图
plt.show()
plt.boxplot(boston.values,labels=boston.columns, vert=False)
plt.xlabel("Values of boston")
plt.show()
```

变量B的分布
平均值：   356.674032
标准差：   91.294864
最大值：   396.900000
最小值：   0.320000

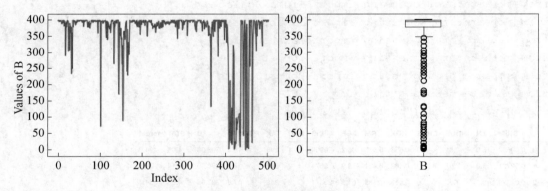

图9-1　变量B的分布

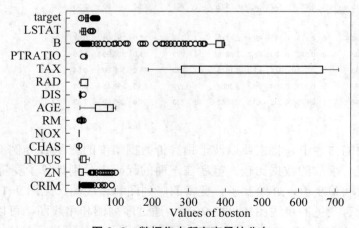

图9-2　数据集中所有变量的分布

9.2 数据缩放方法

本部分介绍五种常用的数据缩放方法，包括中心化、标准化、Min-Max 缩放、Max-ABS 缩放和 Robust 标准化。

9.2.1 中心化

中心化（centralization）也称零均值化（zero-centered）或去均值化（mean-subtraction），其算法非常简单，用变量中的每个值减去该变量的均值即可得到，即：

$$X_{scaled} = X - \overline{X}$$

式中，$\overline{X}$ 为变量 X 的平均值。数据中心化其实既没有"缩"，也没有"放"，而是将数据进行了整体平移，使其分布的中心变为 0，因此可以使数据更加容易向量化。数据中心化其实是数据标准化的第一个步骤。

在下面的代码中展示了几种数据中心化的实现方法：

（1）直接计算。

（2）使用 scikit-learn 库的 scale()函数，并将 with_std 参数设定为 False。

（3）使用 scikit-learn 库的 StandardScaler 模块，具体有两个步骤：

① 使用 StandardScale()函数，将 with_std 参数设定为 False，建立模型 scaler；

② 调用模型的 fit_transform()方法对模型进行训练并直接对数据进行转换。在执行这一步时需要注意两点：第一，该方法实际是将 fit()方法和 transform()方法合二为一了，在实际场景下可以分别进行训练和转换，以便区分模型训练和应用两个场景；第二，该方法只能对二维对象进行操作，因此需要用 boston[["B"]]形式保持变量 B 的二维特征。

为了展示数据中心化的结果，我们输出了中心化后变量 B 的平均值、标准差、最大值和最小值，并绘制了折线图和箱线图（见图 9-3）。

```
#直接计算
centralize=B-B.mean()
#使用 scikit-learn 的 scale()函数
centralize_s=scale(B,with_std=False)
#使用 StandardScaler 类,对变量 B 中心化
scaler=StandardScaler(with_std=False)
centralize_scaler=scaler.fit_transform(boston[["B"]])
print("中心化后 B 的分布\n 平均值:%f\n 标准差:%f\n 最大值:%f\n 最小值:%f"
    %(centralize_scaler.mean(),centralize_scaler.std(),
        centralize_scaler.max(),centralize_scaler.min()))
plt.plot(centralize_scaler)
plt.xlabel("Index")
plt.ylabel("Values of centralize_scaler")
plt.show()
plt.boxplot(centralize_scaler,labels="B")
plt.ylabel("Values of centralize_scaler")
plt.show()
```

中心化后 B 的分布

平均值：　　　　　　　-0.000000
标准差：　　　　　　　91.204607
最大值：　　　　　　　40.225968
最小值：　　　　　　　-356.354032

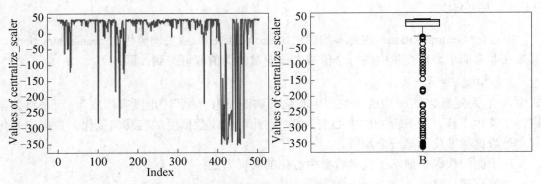

图 9-3　对变量 B 进行中心化后的数据分布

　　从程序执行结果可以看到，中心化后的变量 B 平均值为 0，相应的最大值和最小值也发生了改变，但是中心化后变量 B 的标准差仍然与原始数据相同，说明该变量的尺度没有发生变化。观察图 9-3 的两个图形并与图 9-1 对比，变量 B 的分布形状没有发生改变，说明中心化对于数据的分布形状没有影响。

　　在接下来的代码中，使用 scikit-learn 库的 StandardScaler 模块对波士顿房价数据集中的所有变量进行中心化，输出了其缩放尺度属性 scale_ 和均值属性 mean_，并绘制了所有缩放后变量的箱线图（见图 9-4）。

```
#使用 StandardScaler 类,对整个数据集中心化
scaler=StandardScaler(with_std=False)
boston_centralize=scaler.fit_transform(boston)
print(pd.DataFrame({"Scale":scaler.scale_,"Mean":scaler.mean_},
                index=boston.columns))
plt.boxplot(boston_centralize,labels=boston.columns,vert=False)
plt.xlabel("Values of boston_centralize")
plt.show()
```

	Scale	Mean
CRIM	None	3.613524
ZN	None	11.363636
INDUS	None	11.136779
CHAS	None	0.069170
NOX	None	0.554695
RM	None	6.284634
AGE	None	68.574901
DIS	None	3.795043
RAD	None	9.549407

```
TAX          None      408.237154
PTRATIO      None       18.455534
B            None      356.674032
LSTAT        None       12.653063
target       None       22.532806
```

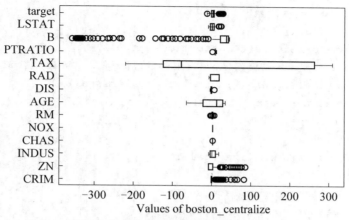

图 9-4　对波士顿房价数据集中所有变量中心化后的结果

从程序运行结果可以观察到，由于本例对变量 B 进行的是中心化缩放，未使用数据的尺度属性，因而其 Scale 那一列的值都为 None。观察图 9-4 并对比图 9-2 可以发现，每个变量的分布形状都没有改变，但图 9-4 中所有变量都以 0 为中心分布。

在本部分，我们较为详细地介绍了数据中心化的实现方法。下面陆续介绍另外四种数据缩放的方法，其实现形式和展示出来的步骤都与本部分相似。因此在后续四种数据缩放方法的介绍中，仅对每种方法的要点加以强调，具有共性的技术细节不再赘述。

9.2.2　标准化

标准化（standardization 或 normalization）方法又称为 Z-score 标准化，该方法是在中心化的基础上，再除以该数据的标准差，缩放后的变量均值为 0，标准差为 1，其公式为：

$$X_{scaled} = \frac{X - \overline{X}}{S}$$

式中，S 为标准差。经过标准化处理后的每个新值体现了变量原值在序列中的相对位置，表现为"与均值的距离是标准差的 X_{scaled} 倍"，而正负号则代表了原值是大于（+）还是小于（−）均值。例如某个值经过标准化后为 1.5，说明该值在原序列中处于大于均值 1.5 倍标准差的位置，另一个值经过标准化后为−3，说明该值在原序列中处于小于均值 3 倍标准差的位置。由于标准差可以理解为变量中的值到均值的平均距离，因此若一个值远离均值达到 3 倍标准差以上，这个值往往可以被看做异常值[①]。

与前面数据中心化的操作类似，下面的代码展示了直接计算和使用 scikit-learn 库中的 scale()函数及 StandardScaler 模块对变量 B 进行标准化的操作，输出了标准化后变量 B 的

---

① 本书已经在 6.3 节专门介绍了异常值的识别及处理方法。

平均值、标准差、最大值和最小值，并绘制了序列图和箱线图（见图 9-5）。

```
#直接计算
normalize=(B-B.mean())/B.std()
#使用 scikit-learn 的 scale()函数
normalize_s=scale(B)
#使用 StandardScaler 类,对变量 B 标准化
scaler=StandardScaler()
normalize_scaler=scaler.fit_transform(boston[["B"]])
print("标准化后 B 的分布\n 平均值:%f\n 标准差:%f\n 最大值:%f\n 最小值:%f"
    %(normalize_scaler.mean(),normalize_scaler.std(),
      normalize_scaler.max(),normalize_scaler.min()))
plt.plot(normalize_scaler)                      #折线图
plt.xlabel("Index")
plt.ylabel("Values of normalize_scaler")
plt.show()
plt.boxplot(normalize_scaler,labels="B")        #箱线图
plt.ylabel("Values of normalize_scaler")
plt.show()
```

标准化后 B 的分布
平均值： -0.000000
标准差： 1.000000
最大值： 0.441052
最小值： -3.907193

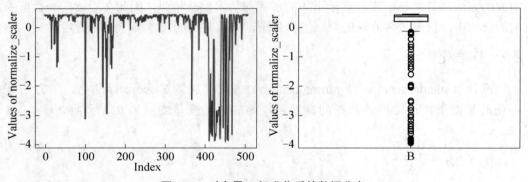

图 9-5　对变量 B 标准化后的数据分布

从程序运行结果可以看到，标准化后的变量 B 的均值为 0，标准差为 1。进一步观察图 9-5 并与图 9-1 对比可以发现，变量 B 标准化后的分布形状没有变化，改变的只是均值和方差。同时还可以观察到，变量 B 标准化后，有一部分值小于-3，这说明这些数据的原值在序列中与均值的差异超过了 3 倍标准差的标准，属于非常特殊的数据，应当予以关注。

在下面的代码中，展示了使用 StandardScaler 模块对波士顿房价数据集中所有变量进行标准化的过程，调用该模块的 scale_参数和 mean_参数输出了对这些变量进行标准化所

依据的标准差和均值，并绘制了箱线图（见图 9-6）。

```
#使用 StandardScaler 类,对整个数据集标准化
scaler=StandardScaler()
boston_normalize=scaler.fit_transform(boston)
print(pd.DataFrame({"Scale":scaler.scale_,"Mean":scaler.mean_},
                    index=boston.columns))
plt.boxplot(boston_normalize,labels=boston.columns,vert=False)
plt.xlabel("Values of boston_normalize")
plt.show()
```

	Scale	Mean
CRIM	8.593041	3.613524
ZN	23.299396	11.363636
INDUS	6.853571	11.136779
CHAS	0.253743	0.069170
NOX	0.115763	0.554695
RM	0.701923	6.284634
AGE	28.121033	68.574901
DIS	2.103628	3.795043
RAD	8.698651	9.549407
TAX	168.370495	408.237154
PTRATIO	2.162805	18.455534
B	91.204607	356.674032
LSTAT	7.134002	12.653063
target	9.188012	22.532806

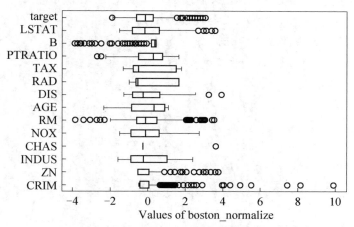

图 9-6　对波士顿房价数据集中所有变量标准化后的结果

　　从输出结果可以观察到，各变量经过标准化后，变量间数据的分布范围差异明显变小，但变量本身的分布形状并未改变，这样在建立一些模型时就能避免数据尺度差异对模型造成的负面影响，提高模型的预测精度。

9.2.3 Min-Max 缩放

Min-Max 缩放也可以称为离差标准化（deviation standardization），该方法可以将数据缩放至指定的区间，通常情况下这一指定区间为[0,1]，Min-Max 缩放的相关公式为：

$$X_{std} = \frac{X - X_{min}}{X_{max} - X_{min}}$$

$$X_{scaled} = X_{std} \times (R_{max} - R_{min}) + R_{min}$$

式中，X_{min} 为数据中的最小值；X_{max} 为数据中的最大值；R_{max} 和 R_{min} 为指定区间的上、下界，即 $[R_{min}, R_{max}]$。Min-Max 缩放是将最小值 X_{min} 作为比较基准，以 $(X_{max} - X_{min})/(R_{max} - R_{min})$ 为尺度进行的缩放。若区间为[0,1]，即 $R_{min} = 0$ 且 $R_{max} = 1$，则上述公式简化为：

$$X_{scaled} = X_{std} = \frac{X - X_{min}}{X_{max} - X_{min}}$$

在下面的代码中，仍然按照之前的模式展示了直接计算、使用 scikit-learn 库的 minmax_scale()函数和 MinMaxScaler 模块将变量 B 缩放到区间[0,1]的过程，然后输出了相关结果并绘制了序列图和箱线图（见图 9-7）。

```
#直接计算,将变量 B 缩放到区间[0,1]
B_01=(B-B.min())/(B.max()-B.min())
#使用 minmax_scale 函数将变量 B 缩放到区间[0,1]
B_01=minmax_scale(B)
#使用 MinMaxScaler 类,将变量 B 缩放至区间[0,1]
minmaxs_scaler=MinMaxScaler()
B_01_scaler=minmaxs_scaler.fit_transform(boston[["B"]])
print("缩放后 B 的分布\n 平均值:%f\n 标准差:%f\n 最大值:%f\n 最小值:%f"
    %(B_01_scaler.mean(),B_01_scaler.std(),
      B_01_scaler.max(),B_01_scaler.min()))
plt.plot(B_01_scaler)                      #折线图
plt.xlabel("Index")
plt.ylabel("Values of B_01_scaler")
plt.show()
plt.boxplot(B_01_scaler,labels="B")        #箱线图
plt.ylabel("Values of B_01_scaler")
plt.show()
```

缩放后 B 的分布

平均值：0.898568

标准差：0.229978

最大值：1.000000

最小值：0.000000

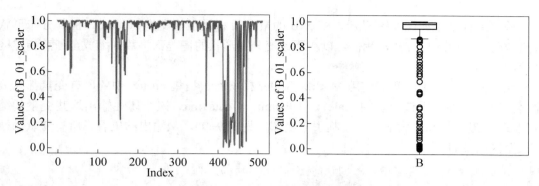

图 9-7 使用 MinMaxScaler 模块将变量 B 缩放至区间[0, 1]

观察程序运行结果，缩放后的最大值和最小值分别为 1 和 0，从图 9-7 可以看到，变量 B 的分布形状没有改变。在 Min-Max 缩放方法中，可以通过设置 minmax_scale()函数和 MinMaxScaler 模块的 feature_range 参数来改变其缩放区间。该参数默认值为（0,1），在下面的代码中我们尝试将该参数赋值为（0,10），并观察其缩放结果（见图 9-8）。

```
#使用 MinMaxScaler 类,将变量 B 缩放至任意区间[a,b]
minmaxs_scaler=MinMaxScaler(feature_range=(0,10))
B_ab_scaler=minmaxs_scaler.fit_transform(boston[["B"]])
print("缩放后 B 的分布\n 平均值:%f\n 标准差:%f\n 最大值:%f\n 最小值:%f" %
(B_ab_scaler.mean(),B_ab_scaler.std(),B_ab_scaler.max(),B_ab_scaler.min()))
plt.plot(B_ab_scaler)                 #折线图
plt.xlabel("Index")
plt.ylabel("Values of B_ab_scaler")
plt.show()
plt.boxplot(B_ab_scaler,labels="B")    #箱线图
plt.ylabel("Values of B_ab_scaler")
plt.show()
```

缩放后 B 的分布
平均值: 8.985678
标准差: 2.299778
最大值: 10.000000
最小值: 0.000000

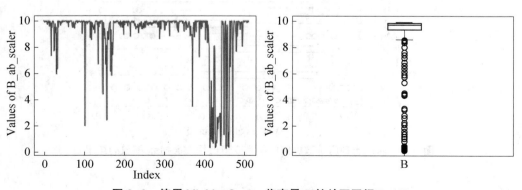

图 9-8 使用 MinMaxScaler 将变量 B 缩放至区间[0, 10]

程序运行结果如图 9-8 显示，变量 B 的最大值和最小值变为 10 和 0，但其分布形状没有改变。使用这种方法，我们可以在不改变分布形状的情况下将数据缩放至任意指定区间范围内。

在下面的代码中，我们使用 MinMaxScaler 模块将数据集 boston 中的所有变量都缩放至区间[0,1]，并调用该模块的 scale_、data_min_、data_max_ 三个属性输出这些变量的缩放尺度[1]、最小值和最大值，并绘制了箱线图（见图 9-9）。从输出结果看，所有变量都被缩放至区间[0,1]。

```
#使用 MinMaxScaler 类,将数据集中所有变量缩放至区间[0,1]
mm_scaler=MinMaxScaler()
boston_01=mm_scaler.fit_transform(boston)
print(pd.DataFrame({"Scale":mm_scaler.scale_,"Min":mm_scaler.data_min_,
                "Max":mm_scaler.data_max_},index=boston.columns))
plt.boxplot(boston_01,labels=boston.columns,vert=False)
plt.xlabel("Values of boston_01")
plt.show()
```

	Scale	Min	Max
CRIM	0.011240	0.00632	88.9762
ZN	0.010000	0.00000	100.0000
INDUS	0.036657	0.46000	27.7400
CHAS	1.000000	0.00000	1.0000
NOX	2.057613	0.38500	0.8710
RM	0.191608	3.56100	8.7800
AGE	0.010299	2.90000	100.0000
DIS	0.090935	1.12960	12.1265
RAD	0.043478	1.00000	24.0000
TAX	0.001908	187.00000	711.0000
PTRATIO	0.106383	12.60000	22.0000
B	0.002522	0.32000	396.9000
LSTAT	0.027594	1.73000	37.9700
target	0.022222	5.00000	50.0000

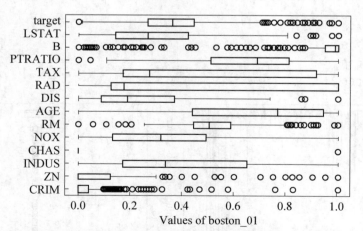

图 9-9　对波士顿房价数据集中所有变量使用 Mix-Max 缩放的结果

---

① 这里 MinMaxScaler 模块 scale_ 属性对应的尺度为 $(R_{max} - R_{min})/(X_{max} - X_{min})$.

9.2.4　Max-ABS 缩放

Max-ABS 缩放可以将变量缩放至区间[−1,1]，但采取的方式与 Min-Max 缩放不同。Max-ABS 缩放的算法非常简单，变量的每个值除以变量绝对值的最大值即可，公式为：

$$X_{scaled} = \frac{X}{|X|_{max}}$$

式中，$|X|_{max}$ 为 X 绝对值的最大值。Max-ABS 缩放的作用是将数据直接压缩到区间[−1,1]。需要注意的是，经过 Max-ABS 缩放后，数据的正负取决于其原值的正负，也就是说，这个方法不是将原数据的所有值整体缩放到区间[−1,1]，而是将原值大于 0 的数据缩放到区间(0,1]，将原值小于 0 的数据缩放到区间[−1,0)，原值等于 0 的数据缩放后还为 0。

在下面的程序中，首先使用直接计算的方法对变量 B 进行 Max-ABS 缩放。由于变量 B 的所有值均大于 0，因此本书构造了一个新变量 B1，该变量将从变量 B 中随机抽取的 100 个值乘以−1，从而使得 B1 同时拥有正、负的值。使用 scikit-learn 库中的 maxabs_scale()函数对变量 B 和变量 B1 均进行缩放，然后输出两个变量缩放后的描述统计指标，包括样本数量（count）、均值（mean）、标准差（std）、最小值（min）、下四分位数（25%）、中位数（50%）、上四分位数（75%）和最大值（max），并绘制了两个变量缩放前后的箱线图（见图 9−10）。

```
#直接计算,将变量 B 缩放至区间[-1,1]
B_ma=B/B.abs().max()
#使用 maxabs_scale()函数将变量 B 缩放至区间[-1,1]
B_ma=pd.Series(maxabs_scale(B))
#随机抽取 100 个数据变成负数,然后再缩放至区间[-1,1]
B1=copy.deepcopy(B)
index1=B1.sample(n=100,random_state=0).index
B1[index1]=-1*B1[index1]
B1_ma=pd.Series(maxabs_scale(B1))
print(round(pd.DataFrame({"缩放后的 B":B_ma.describe(),
                          "缩放后的 B1":B1_ma.describe()}),3))
plt.boxplot((B,B1),labels=("B","B1"))          #箱线图
plt.ylabel("Values of B & B1")
plt.show()
plt.boxplot((B_ma,B1_ma),labels=("B_ma","B1_ma"))  #箱线图
plt.ylabel("Values of B_ma & B1_ma")
plt.show()
```

	缩放后的 B	缩放后的 B1
count	506.000	506.000
mean	0.899	0.553
std	0.230	0.746
min	0.001	-1.000
25%	0.946	0.429
50%	0.986	0.975

75%	0.998	0.996
max	1.000	1.000

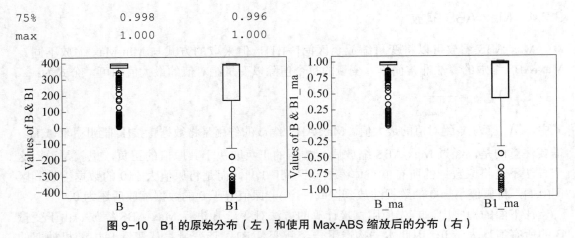

图 9-10 B1 的原始分布（左）和使用 Max-ABS 缩放后的分布（右）

从输出结果可以观察到，不包含负数的变量 B 缩放后的结果仍然不包含负数，缩放后的结果分布在区间(0,1]内（请注意，缩放后变量 B 的最小值是 0.001），而包含负数的变量 B1 缩放后的结果则分布在区间[-1,1]内。在下面的代码中，展示了使用 MaxAbsScaler 模块对变量 B 和波士顿房价数据集中所有变量进行 Max-ABS 缩放的方法。对变量 B 缩放的结果见图 9-11，可以发现原变量的分布形状仍然得以保留。

```
#使用 MaxAbsScaler 模块将变量 B 缩放至区间[-1,1]
ma_scaler=MaxAbsScaler()
B_ma_scaler=ma_scaler.fit_transform(boston[["B"]])
plt.plot(B_ma_scaler)              #折线图
plt.xlabel("Index")
plt.ylabel("Values of B_ma_scaler")
plt.show()
plt.boxplot(B_ma_scaler,labels="B")
plt.ylabel("Values of B_ma_scaler")
plt.show()
#使用 MaxAbsScaler 模块将数据集中所有变量缩放至区间[-1,1]
ma_scaler=MaxAbsScaler()
boston_ma=ma_scaler.fit_transform(boston)
print(pd.DataFrame({"Scale":ma_scaler.scale_,"MaxABS":ma_scaler.max_abs_,},
                index=boston.columns))
plt.boxplot(boston_ma,labels=boston.columns,vert=False)
plt.xlabel("Values of boston_ma")
plt.show()
```

	Scale	MaxABS
CRIM	88.9762	88.9762
ZN	100.0000	100.0000
INDUS	27.7400	27.7400
CHAS	1.0000	1.0000
NOX	0.8710	0.8710

RM	8.7800	8.7800
AGE	100.0000	100.0000
DIS	12.1265	12.1265
RAD	24.0000	24.0000
TAX	711.0000	711.0000
PTRATIO	22.0000	22.0000
B	396.9000	396.9000
LSTAT	37.9700	37.9700
target	50.0000	50.0000

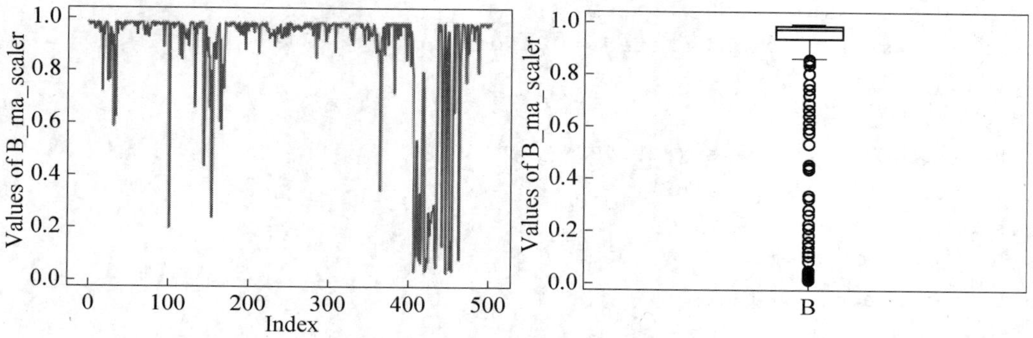

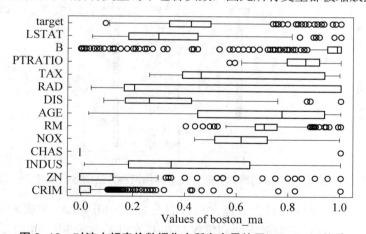

图 9-11　使用 MaxAbsScaler 模块对变量 B 缩放后的分布

对于波士顿房价数据集，除了对其所有变量进行了 Max-ABS 缩放，还输出了 MaxAbsScaler 模块的 scale_ 属性和 max_abs_ 属性，并绘制了箱线图（见图 9-12）。从运行结果可以得知，Max-ABS 缩放的尺度就是变量绝对值的最大值。从图 9-12 可以观察到，由于波士顿房价数据集中的所有变量均不包含负数，因此所有变量都被缩放到区间(0,1]内。

图 9-12　对波士顿房价数据集中所有变量使用 Max-ABS 缩放

使用上一部分介绍的 Min-Max 缩放方法，如果将参数 feature_range 设定为（-1,1）也可以实现将变量缩放到区间[-1,1]内的功能，但是其与 Max-ABS 缩放的效果是否相同？能否相互替代？下面我们通过实验来了解一下。

下面的代码以变量 B 和新构造的变量 B2 作为测试对象，步骤为：

● 第一步，建立新变量 B2，方法为从变量 B 中随机抽取一个位置，将其值改为-100。

● 第二步，绘制箱线图（见图 9-13 左）观察其变量 B 和 B2 的原始分布。

● 第三步，使用 minmax_scale(feature_range=(-1,1))函数对变量 B 和 B2 进行缩放，得到 Bmm 和 B2mm。

● 第四步，使用 maxabs_scale()函数对变量 B 和 B2 进行缩放，得到 Bma 和 B2ma。

● 第五步，绘制 Bmm、Bma、B2mm 和 B2ma 的箱线图（见图 9-13 右）。

```
#min_max 方法与 max_abs 方法的比较
#生成 B2
B2=copy.deepcopy(B)
index2=B2.sample(n=1,random_state=0).index
B2[index2]=-100
#观察 B 和 B2 原值的分布
plt.boxplot((B,B2),labels=("B","B2"))
plt.ylabel("Values of B & B2")
plt.show()
#分别对变量 B 用两种方法缩放
Bmm=minmax_scale(B,(-1,1))
Bma=maxabs_scale(B)
#分别对变量 B2 用两种方法缩放
B2mm=minmax_scale(B2,(-1,1))
B2ma=maxabs_scale(B2)
plt.boxplot((Bmm,Bma,B2mm,B2ma),labels=("Bmm","Bma","B2mm","B2ma"))
plt.show()
```

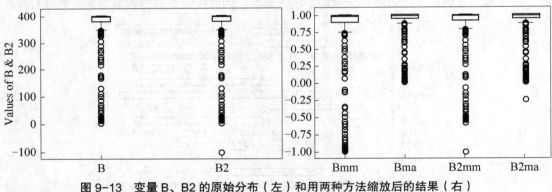

图 9-13 变量 B、B2 的原始分布（左）和用两种方法缩放后的结果（右）

观察图 9-13 可以发现，对于不包含负数的变量 B，Min-Max 缩放方法将其缩放到整个区间[-1,1]；而 Max-ABS 缩放方法则仅仅将其缩放到大于零的区间(0,1]。对于包含一个值为-100 的负数的变量 B2 来说，Min-Max 缩放方法仍然将其缩放到整个区间[-1,1]，而且值-100 在缩放后转变为-1，其他值按比例缩放；而 Max-ABS 缩放方法虽然也是将其缩放到区间[-1,1]范围内，但值-100 在缩放后转变为-100/396.9。从实验的结果看，Min-Max 缩放与 Max-ABS 缩放的效果明显不同，因而无法完全相互替代。

9.2.5 Robust 缩放

在 9.2.2 小节介绍数据标准化的结果时，提到变量 B 经过标准化后，部分结果的绝对值大于 3，可以视为异常值。变量中的异常值是数据预处理需要重点关注的内容之一，异常值的存在会对数据分析甚至数据预处理本身产生影响。在不存在异常值或存在异常值但情况不严重时，标准化方法是适用的。但是如果变量的异常值情况比较严重，那么标准化方法就不再适用，需要使用本部分介绍的 Robust 缩放方法。

标准化方法之所以对异常值问题比较严重的变量不适用，是因为数据标准化算法需要用到的均值和标准差是两个极易受极端值影响的统计量，一旦数据中出现过大或过小的异常数据（即极端值），哪怕数量极少，都会令均值和标准差指标出现偏差，从而失去统计意义。

Robust[1]缩放方法与标准化方法的理念相同，都是"首先中心化，然后除以尺度"。二者的区别是 Robust 缩放用不易受极端值影响但作用相近的中位数（median）和四分位差（IQR）替代了均值和标准差，公式为：

$$X_{scaled} = \frac{X - Median}{IQR}$$

为了观察 Robust 缩放与标准化方法的差异，我们在下面的代码中进行了一个实验，具体步骤为：

● 第一步，生成包含异常值的变量 B3，具体方法为从变量 B 中随机抽取 10 个数据，并将其值乘以 5。

● 第二步，使用 scikit-learn 库中的 scale()函数对变量 B 和 B3 进行标准化，得到 B_std 和 B3_std。

● 第三步，使用 scikit-learn 库中的 robust_scale()函数对变量 B 和 B3 进行 Robust 缩放，得到 B_rob 和 B3_rob。

● 第四步，调用 Series.describe()方法输出 B、B3、B_std、B3_std、B_robB 和 3_rob 的描述统计指标。

● 第五步，分别绘制未缩放时、标准化缩放时和 Robust 缩放时变量 B 和 B3 的箱线图（见图 9–14 和图 9–15）。

```
#生成包含异常值的数据 B3
B3=copy.deepcopy(B)
index3=B3.sample(n=10,random_state=0).index
B3[index3]=5*B3[index3]
#使用 scale 函数将变量 B 和 B3 标准化
B_std=pd.Series(scale(B))
B3_std=pd.Series(scale(B3))
#使用 robust_scale 函数将变量 B 和 B3 标准化
B_rob=pd.Series(robust_scale(B))
B3_rob=pd.Series(robust_scale(B3))
```

[1] Robust 可以直接音译为"鲁棒性"，也可以意译为"稳健性"，在数据分析领域其含义为对数据的分析或处理结果不易受其他因素干扰。

```
print(round(pd.DataFrame({"B":B.describe(),"B3":B3.describe(),
                "B_std":B_std.describe(),"B3_std":B3_std.describe(),
                "B_rob":B_rob.describe(),"B3_rob":B3_rob.describe()}),3))
plt.boxplot((B,B3),labels=("B","B3"))
plt.show()
plt.boxplot((B_std,B3_std), labels=("B_std","B3_std"))
plt.show()
plt.boxplot((B_rob,B3_rob), labels=("B_rob","B3_rob"))
plt.show()
```

	B	B3	B_std	B3_std	B_rob	B3_rob
Count	506.000	506.000	506.000	506.000	506.000	506.000
mean	356.674	384.503	-0.000	-0.000	-1.668	-0.354
std	91.295	225.482	1.001	1.001	4.379	10.818
min	0.320	0.320	-3.907	-1.706	-18.761	-18.787
25%	375.378	376.058	0.205	-0.037	-0.770	-0.759
50%	391.440	391.880	0.381	0.033	0.000	0.000
75%	396.225	396.900	0.434	0.055	0.230	0.241
max	396.900	1984.500	0.441	7.103	0.262	76.412

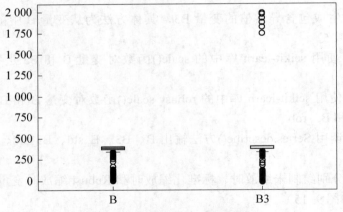

图 9-14　B 和 B3 原始数据的分布

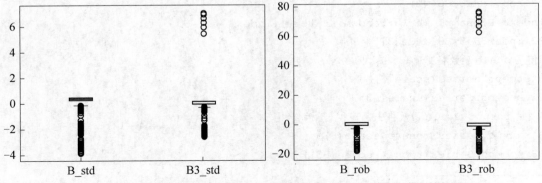

图 9-15　对 B 和 B3 标准化缩放（左）和使用 Robust 缩放（右）的结果

　　仔细观察程序运行结果可以发现，包含异常值的变量 B3，其均值明显大于变量 B，其标准差更是达到了变量 B 的近 2.5 倍。这仅仅是将变量 B 中的 10 个数据乘以 5 所制造出来的异常值的影响，其数量只占 506 个样本的不到 2%，充分说明均值和标准差易受极端值影响。反观中位数（输出结果中"50%"对应的行）和四分位差（输出结果中"75%"对应的行与"25%"对应的行的差），在变量 B 和 B3 之间差异很小，说明它们不易受极端值影响。结合图 9-14 进一步观察，变量 B 和 B3 除了那 10 个极端异常值外，其他数据的分布形状是基本一致的，因此应当在数据缩放后保持这一特点。

　　继续观察输出结果，图 9-15（左）显示了使用标准化方法对变量 B 和 B3 缩放的效果，结合对代码执行结果的观察可以发现，经过标准化后 B3 的最小值为−1.706，与 B 的最小值（−3.907）差异较大，在中位数上二者也有不小的差距。这说明原本分布差异很小的 B 和 B3（不到 2% 的数据有差异），在标准化后变得完全不同了，这充分说明了标准化方法在处理异常值情况时效果不好。图 9-15（右）显示了使用 Robust 缩放方法对变量 B 和 B3 缩放的效果，可以很清楚地看到，经过缩放后，变量 B 和 B3 的分布形状没有改变，这显示了 Robust 缩放不受异常值影响的特性。

　　在下面的代码中演示了通过直接计算和使用 scikit-learn 库中的 RobustScaler 模块对变量 B 和数据集 boston 中所有变量进行 Robust 缩放的过程，调用模块的 scale_属性和center_属性输出了这些变量的四分位差和中位数，并绘制了箱线图（见图 9-16）。

```
#直接计算
B_rob=(B-B.median())/(B.quantile(0.75)-B.quantile(0.25))
#使用 RobustScaler 类,将变量 B 标准化
rob_scaler=RobustScaler()
B_rob_scaler=rob_scaler.fit_transform(boston[["B"]])
#使用 RobustScaler 模块将数据集中所有变量标准化
rob_scaler=RobustScaler()
boston_rob=rob_scaler.fit_transform(boston)
print(pd.DataFrame({"Scale":rob_scaler.scale_,"Median":rob_scaler.center_},
                index=boston.columns))
plt.boxplot(boston_rob,labels=boston.columns,vert=False)
plt.xlabel("Values of boston_rob")
plt.show()
```

	Scale	Median
CRIM	3.595038	0.25651
ZN	12.500000	0.00000
INDUS	12.910000	9.69000
CHAS	1.000000	0.00000
NOX	0.175000	0.53800
RM	0.738000	6.20850
AGE	49.050000	77.50000
DIS	3.088250	3.20745
RAD	20.000000	5.00000
TAX	387.000000	330.00000

```
PTRATIO      2.800000           19.05000
B           20.847500          391.44000
LSTAT       10.005000           11.36000
target       7.975000•          21.20000
```

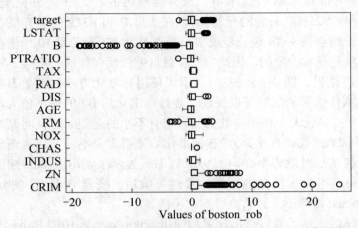

图 9-16　对波士顿房价数据集中所有变量 Robust-scale 标准化

　　观察图 9-16 并对比图 9-6 可以发现，Robust 缩放更倾向于保持异常值的"异常"，而不像标准化方法有将异常值过度压缩的倾向，这点在变量 B 和变量 CRIM 上表现得尤其突出。

第 10 章

数 据 归 约

在进行数据分析时，我们总是希望数据越多越好。样本越多，意味着对研究对象观察的规模越大，因而遗漏的信息就越少；变量越多，意味着对研究对象观察的角度越丰富，因而对信息的掌握越全面。但是在数据分析过程中，数据量却并不总是多多益善。一方面，变量过多，可能造成共线性增加，模型训练效率低下；另一方面，样本数过多，会造成模型训练耗时过长，同时研究效果提升不显著。因此对于数据分析而言，"合理""够用"往往才是我们的目标。数据归约是指在保证数据集信息含量的基础上减少变量或样本的工作，本章将对数据归约的概念和方法进行介绍。

10.1 数据归约的概念

数据归约（data reduction）是指在尽量保持数据集原貌的前提下减小数据规模，从而提高运算效率。这里的"尽量保持数据集原貌"指的是在数据归约过程中，数据集中所包含的有价值信息不产生大的损失，对于分析结论不产生大的影响。数据归约有两种形式：维度归约（dimensionality reduction），即减少数据集中变量（列）的数量；数量归约（numerosity reduction），也可以称为样本归约，即减少数据集中样本（行）的数量。

维度归约通常有两个思路：一是变量选择，即直接删除分析价值较低的变量；二是变量合并，即将类似变量合并成为一个变量。两个思路都有很多实现方式，变量选择可以基于相关系数等简单统计量或一些模型等实施，变量合并可以使用主成分分析等方式实现。本书主要介绍变量选择的方法。

数量归约是指从所有样本中选择一个有代表性的子集，因此也称为样本归约。根据数据科学研究的经验，模型预测准确度并不会总是随着样本数量的增加而同步增加，往往会在样本量达到一定量级后稳定在一个水平。因此，如果能够找到这一"足够的样本量"，则可以在保证较高预测精度的同时，大幅降低样本量，从而提高效率。

数据归约是数据准备的重要环节，其对于数据分析的意义在于：

第一，可以降低无效、错误数据对数据建模的影响，提高建模准确性。

第二，大幅缩减模型的训练时间，在需要反复训练模型的场景下能够极大地提高建模效率。

第三，可以降低数据存储的空间成本。

第四，属性归约可以减少维度数量，从而满足一些建模算法的需求。

本章使用信用卡欺诈检测数据集来演示数据归约的相关操作，下面的代码给出了用到的各代码库。

```
import pandas as pd
import numpy as np
import copy
import time
from scipy.stats import pearsonr, spearmanr, f_oneway
from imblearn.under_sampling import RandomUnderSampler
from sklearn.ensemble import GradientBoostingClassifier
from sklearn.linear_model import Lasso
from sklearn.model_selection import train_test_split
from sklearn.metrics import roc_auc_score
import matplotlib.pyplot as plt
```

为了能够更好地演示数据归约，在下面的程序中进行了如下操作：

● 读取信用卡欺诈检测数据集。

● 使用 scikit-learn 库中的 train_test_split()函数将数据集切分为训练集 train 和测试集 test。

● 由于信用卡欺诈检测数据集中作为因变量的 Class 是一个典型的不平衡数据，因此使用了第 6 章介绍的 imbalanced-learn 库中的欠采样函数 RandomUnderSampler()按照 1∶2 的比例对训练集进行数据配平，得到配平后的训练集 train_b。

● 为了方便后续建模操作，对配平后的训练集和测试集进行进一步变量抽取，形成因变量 train_y 和 test_y，以及自变量 train_x 和 test_x。

```
#读取信用卡欺诈检测数据集,并切分为训练集和测试集
credit=pd.read_csv("creditcard.csv",header=0,encoding="utf8")
#切分训练集和测试集
train,test=train_test_split(credit,test_size=0.3,random_state=0,
                            stratify=credit["Class"])
#对训练集平衡抽样,采用欠采样方法
random_u_s=RandomUnderSampler(sampling_strategy=0.5,random_state=0)
x,y=random_u_s.fit_resample(X=train.drop("Class",axis=1),y=train["Class"])
train_b=pd.DataFrame(np.column_stack((x,y)),
                     columns=train.columns).astype(train.dtypes)
#划分自变量和因变量
train_x,train_y=train_b.drop("Class",axis=1),train_b["Class"]
test_x,test_y=test.drop("Class",axis=1),test["Class"]
```

为了能够形象地展示数据归约对数据建模的意义，在下面的程序中首先使用未进行数据归约的全部数据建立 GBDT 模型，该模型将作为比较基准，通过与后面使用的各种方法进行数据归约后再建立的模型进行比较来反映数据归约的效果。

模型的对比主要基于三个方面：

第一，自变量个数，反映数据归约的直接结果。

第二，训练耗时，反映数据归约对于建模效率的影响。

第三，模型的 AUC 值，反映数据归约对模型预测能力的影响。

```
#使用训练集的全部变量训练 GBDT 模型
start=time.time()
model_all=GradientBoostingClassifier(random_state=0)
model_all.fit(X=train_x,y=train_y)
duration=time.time()-start
#在测试集上计算全模型的 AUC 值,作为实验对照
auc_all=roc_auc_score(y_true=test_y,
                      y_score=model_all.predict_proba(test_x)[:,1])
print("model_all 自变量个数:%d\n" % train_x.shape[1])
print("model_all 训练耗时:%f 秒\n" % duration)
print("model_all 的 AUC:%f" % auc_all)
```

```
model_all 自变量个数:      30
model_all 训练耗时:        0.335380 秒
model_all 的 AUC:         0.978633
```

这段程序主要完成了以下几个方面的工作：

第一，使用 time 库中的 time() 函数获取系统时间，并在模型建立之后再次调用该函数，并计算得到模型训练耗时 duration。

第二，使用 scikit-learn 库中的 GradientBoostingClassifier() 函数，基于训练集数据建立 GBDT 模型 model_all，设定随机种子 random_state 为 0。

第三，使用 scikit-learn 库中的 roc_auc_score() 函数，基于测试集数据计算模型的 AUC 值。

从程序执行结果可以看到，使用全部数据的 model_all 有 30 个自变量，模型训练耗时为 0.34 秒[①]，模型的 AUC 值为 0.979。

10.2 变量选择方法

本节介绍常用的变量选择方法。在进行变量选择时需要遵循的原则是剔除的变量必须对数据分析影响较小，因此本节介绍的几种变量选择方法都是以变量对数据分析的影响程度为主要选择依据。具体包括使用统计量、决策树模型和 Lasso 算法三种方法。

10.2.1 使用统计量

10.2.1.1 使用相关系数选择变量

相关系数是度量两个变量之间相关程度的统计量。常用的有 Pearson 相关系数和

---

① 读者可能感觉这一训练已经非常快了，是否还需要进行数据归约？事实上，由于该数据集的因变量为不平衡分类变量，因此我们用向下抽样的方式进行了数据配平，此举大大减少了训练集样本量（1000 多个），因此训练耗时较短。本章所介绍的数据归约方法，在训练集数据量较大时，能够体现其作用。读者还需要注意的是模型的训练耗时计算与计算机的性能等诸多因素有关，读者在自行尝试类似操作时会得到不同的耗时结果。

Spearman 相关系数。变量 X 和 Y 的 Pearson 相关系数的定义为：

$$r = \frac{\sum(x_i - \overline{x})(y_i - \overline{y})}{\sqrt{\sum(x_i - \overline{x})^2 \cdot \sum(y_i - \overline{y})^2}}$$

式中，x_i、y_i 分别为变量 X 和 Y 的第 i 个样本，$\overline{x}$、$\overline{y}$ 为各自的样本均值。

变量 X 和 Y 的 Spearman 相关系数其实是等级变量之间的 Pearson 相关系数。等级指的是每个原始数据依据其在变量中的降序位置，被分配了一个等级。最大的值等级为 1，其次等级为 2，以此类推。若令 R_i、S_i 分别为变量 X 和 Y 的第 i 个等级，$\overline{R}$、$\overline{S}$ 为其平均等级，则变量 X 和 Y 的 Spearman 相关系数可以表示为：

$$r_s = \frac{\sum(R_i - \overline{R})(S_i - \overline{S})}{\sqrt{\sum(R_i - \overline{R})^2 \cdot \sum(S_i - \overline{S})^2}}$$

无论是 Pearson 相关系数还是 Spearman 相关系数，其值均在 $[-1,1]$ 分布，当其值为 0 时两个变量不相关，当其值为 1 或 -1 时，表示两个变量完全正相关或完全负相关，相关系数的绝对值越大，说明两个变量的相关性越强。

在下面的程序中，分别计算了每个变量与因变量 Class 的 Pearson 相关系数和 Spearman 相关系数，并将两个相关系数的绝对值均高于 0.5 的变量保留下来，其余变量由于相关系数较低被剔除。需要指出的是，这里将"0.5"作为筛选标准，其依据来自经验。变量选择进一步提高了模型的 AUC 值，因此说明这一筛选标准可行。在实际操作中，读者可能需要进行多次试验，以确定更加合理的筛选标准。

这段程序中具体执行的操作包括：

● 第一步，建立 pearson 和 spearman 两个序列，使用 for 循环，调用 scipy.stats 库中的 pearsonr() 和 spearmanr() 两个函数分别计算 train_x 中的每个变量与 train_y 的两种相关系数，存入上述两个序列中。

● 第二步，使用"与"运算，得到满足"在 pearson 和 spearman 两个序列中绝对值同时大于 0.5"这一条件的逻辑值序列 var_cor。

● 第三步，将序列 var_cor 中值为 true 的元素的索引值提取出来，这是需要保留的变量名。

经过上述操作，得到了序列 var_cor，该序列中记录了保留下来的变量，从而实现了使用相关系数进行变量选择。

```
#计算训练集每一列与因变量的 Pearson 相关系数和 Spearman 相关系数
pearson=pd.Series(name="pearson correlation")
spearman=pd.Series(name="spearman correlation")
for i in train_x:
    pearson[i]=pearsonr(train_y,train_x[i])[0]
    spearman[i]=spearmanr(train_y,train_x[i])[0]
#查找两个相关系数的绝对值同时大于 0.5 的变量
var_cor=(pearson.abs()>0.5)&(spearman.abs()>0.5)
var_cor=var_cor[var_cor].index  # 提取变量名
print(pd.DataFrame((pearson,spearman)).T)
```

```
print("\n 与因变量相关性较强的自变量为:\n%s" % var_cor.values)
```

	pearson correlation	spearman correlation
Time	-0.188031	-0.185691
V1	-0.474460	-0.510973
V2	0.507948	0.580620
V3	-0.609180	-0.666171
V4	0.734643	0.724957
V5	-0.434133	-0.391585
V6	-0.384953	-0.420068
V7	-0.537650	-0.581558
V8	0.043739	0.266340
V9	-0.585058	-0.571609
V10	-0.676888	-0.676969
V11	0.716269	0.679308
V12	-0.735139	-0.712462
V13	-0.049714	-0.031367
V14	-0.792759	-0.735624
V15	-0.067896	-0.059152
V16	-0.658762	-0.589776
V17	-0.635135	-0.543016
V18	-0.528036	-0.428010
V19	0.296641	0.268582
V20	0.173247	0.285183
V21	0.153023	0.415342
V22	-0.015611	0.012551
V23	-0.031182	-0.079948
V24	-0.109599	-0.134457
V25	0.037242	0.074822
V26	0.043844	0.054060
V27	0.099345	0.356051
V28	0.104593	0.258743
Amount	0.109410	-0.065648

与因变量相关性较强的自变量为:

['V2' 'V3' 'V4' 'V7' 'V9' 'V10' 'V11' 'V12' 'V14' 'V16' 'V17']

为了解这次变量选择对于数据建模的作用，在下面的程序中，再次建立了 GBDT 模型 model_cor，与 10.1 节所建立的 model_all 不同的是，model_cor 中的自变量仅包括了 var_cor 中的变量。

```
#使用相关系数筛选出的变量训练 GBDT 模型
start=time.time()
model_cor=GradientBoostingClassifier(random_state=0)
model_cor.fit(X=train_x[var_cor],y=train_y)
```

```
duration=time.time()-start
#在测试集上计算 AUC 值
auc_cor=roc_auc_score(y_true=test_y,
                      y_score=model_cor.predict_proba(test_x[var_cor])[:,1])
print("model_cor 自变量个数:%d\n" % var_cor.size)
print("model_cor 训练耗时:%f 秒\n" % duration)
print("model_cor 的 AUC:%f" % auc_cor)
```

```
model_cor 自变量个数:      11
model_cor 训练耗时:       0.148105 秒
model_cor 的 AUC:        0.981351
```

从程序执行结果可以看到，model_cor 保留了 11 个自变量，与 model_all 相比剔除了 19 个自变量；模型的训练耗时为 0.15 秒，明显短于 model_all 的 0.34 秒；同时 model_cor 的 AUC 值为 0.981，也高于 model_all 的 0.979，这主要是因为剔除无关变量后，降低了模型的过拟合，因此测试集有更优表现。上述结果说明以相关系数为依据进行变量选择是可行且成功的。

10.2.1.2 使用方差分析的 F 检验结果选择变量

方差分析（analysis of variance，ANOVA）是用于检验两组或多组数据间样本均值的差异是否显著的方法，其检验形式是 F 检验。若检验结果是显著的，则说明不同组别的数据间具有明显的差异。方差分析的结果可以用于变量选择，以信用卡欺诈检测数据集为例其步骤如下：

● 第一步，建立 anova 和 anova_sig 两个序列，分别记录各变量 F 检验的 P 值以及 P 值是否小于 0.01。

● 第二步，使用 for 循环，每次循环中以 train_x 中的一个变量为操作对象，令因变量 Class 为分组变量对其分组，调用 scipy.stats 库中的 f_oneway()函数进行方差分析的 F 检验，并将其 P 值记录下来。

● 第三步，将 P 值小于 0.01 的变量保留下来，得到 var_anova，作为变量选择的结果。

需要指出的是，本例以 0.01 作为筛选标准是因为 0.01 是常用的显著性水平之一，读者根据实际情况也可以选择其他的显著性水平。

```
anova=pd.Series(name="P-value")
anova_sig=pd.Series(name="P<0.01")
for i in train_x:
    group_0=train_x[i][train_y.eq(0)]  # 创建 Class=0 的变量 i 数组
    group_1=train_x[i][train_y.eq(1)]  # 创建 Class=1 的变量 i 数组
    anova[i]=f_oneway(group_0,group_1)[1]   #执行 anova,并记录 p 值
#查找 P 值小于 0.01 的变量
anova=anova.to_frame()
anova=anova.join(anova_sig)
anova["P<0.01"]=anova["P-value"]<0.01
var_anova=anova["P-value"][anova["P<0.01"]].index
print(anova)
```

```
print("\nF 检验 P<0.01 的自变量为:\n%s" % var_anova.values)
```

	P-value	P<0.01
Time	9.006037e-07	True
V1	6.278613e-37	True
V2	4.694729e-46	True
V3	3.750628e-68	True
V4	5.523351e-115	True
V5	8.126628e-30	True
V6	1.575437e-30	True
V7	5.721484e-49	True
V8	2.565135e-02	False
V9	5.985823e-63	True
V10	1.408717e-93	True
V11	1.174289e-109	True
V12	6.237088e-121	True
V13	9.146669e-02	False
V14	2.318652e-151	True
V15	1.199061e-01	False
V16	7.356350e-88	True
V17	9.186617e-76	True
V18	3.079632e-49	True
V19	1.786558e-11	True
V20	8.666346e-07	True
V21	3.028723e-03	True
V22	5.016853e-01	False
V23	1.252082e-01	False
V24	8.506750e-04	True
V25	1.968624e-01	False
V26	5.630144e-01	False
V27	1.208051e-01	False
V28	2.038282e-04	True
Amount	3.380020e-02	False·

F 检验 P<0.01 的自变量为:

```
['Time' 'V1' 'V2' 'V3' 'V4' 'V5' 'V6' 'V7' 'V9' 'V10' 'V11' 'V12' 'V14' 'V16'
 'V17' 'V18' 'V19' 'V20' 'V21' 'V24' 'V28']
```

观察程序执行结果，这次保留了 21 个自变量。在下面的代码中，利用这 21 个自变量训练 GBDT 模型 model_anova，训练耗时为 0.17 秒，模型 AUC 值为 0.980，无论是建模效率还是预测效果仍然优于 model_all。

```
# 使用 anova 筛选出的变量训练 GBDT 模型
start=time.time()
model_anova=GradientBoostingClassifier(random_state=0)
model_anova.fit(X=train_x[var_anova],y=train_y)
```

```
duration=time.time()-start
# 在测试集上计算 AUC 值
auc_anova=roc_auc_score(y_true=test_y,
                y_score=model_anova.predict_proba(test_x[var_anova])[:,1])
print("model_anova 自变量个数:%d\n" % var_anova.size)
print("model_anova 训练耗时:%f 秒\n" % duration)
print("model_anova 的AUC:%f" % auc_anova)
```

```
model_anova 自变量个数:     21
model_anova 训练耗时:     0.172599 秒
model_anova 的AUC:     0.980372
```

10.2.2　决策树模型

决策树（decision tree）模型[①]是最基础的机器学习算法，该算法形象地以树状结构建立模型，再现了人类决策的过程。决策树具有建立过程直观易理解、便于可视化、应用范围广等一系列优点，同时也存在不能保证得到全局最优决策树、容易形成复杂结构从而过拟合等缺点。在实际应用时，我们一般不单独使用决策树模型，而是将其作为集成学习算法的基学习器，如 GBDT 算法以及 XGBoost 算法等。

在建立决策树时，需要根据信息熵（information entropy）、基尼指数（Gini index）等指标来度量自变量的不纯度（impurity），然后确定自变量纳入决策树的顺序，越早进入决策树的自变量对于因变量而言越重要。决策树的这一特点可以帮助我们确定自变量的重要性。

10.1 节使用 scikit-learn 库的 GradientBoostingClassifier()函数建立了包含所有变量的 GBDT 模型 model_all。下面的代码提取了 model_all 的 feature_importances 属性，它度量的是变量在 GBDT 模型所包含的所有决策树上的平均重要性。然后根据该属性的数值，本书提取了大于 0.01 的 8 个变量，其变量名保存在 var_tree 中。

```
#使用全部变量建立的 GBDT 模型,提取变量的重要度
feature_imp=pd.Series(model_all.feature_importances,index=train_x.columns)
#提取重要度最大的 8 个变量
var_tree=feature_imp.sort_values(ascending=False).head(8).index
print("变量重要性排序:\n",feature_imp.sort_values(ascending=False))
print("\n 重要度较高的自变量为:\n%s" % var_tree.values)
```

```
变量重要性排序:
V14        0.773242
V4         0.058358
V10        0.052499
V12        0.016799
V7         0.014724
V20        0.014188
V22        0.012592
V21        0.011489
```

---

① 决策树模型的详细信息请读者自行阅读机器学习模型的相关资料。

```
V26          0.006035
V3           0.005292
V1           0.004744
V19          0.002866
V11          0.002779
V2           0.002698
V15          0.002690
Amount       0.002563
V17          0.002526
V16          0.002402
V8           0.002019
Time         0.001968
V27          0.001748
V13          0.001106
V25          0.000991
V5           0.000985
V23          0.000905
V9           0.000742
V24          0.000578
V6           0.000239
V18          0.000140
V28          0.000090
dtype: float64
重要度较高的自变量为：
['V14' 'V4' 'V10' 'V12' 'V7' 'V20' 'V22' 'V21']
```

　　从程序运行结果中可以观察到，变量 V14 对因变量 Class 的重要性远高于其他变量，变量 V4 和 V10 也相对比较重要，其他变量的重要性就相对较低了。基于这一结果，在本例中以牺牲一点预测精度为代价，进一步将自变量限定在 V14、V4 和 V10 三个变量，可以在保证预测精度大致不降低的情况下进一步提高预测效率[①]。在接下来的代码中，基于 var_tree，建立了模型 model_tree，并观察了该模型的自变量个数、训练耗时和 AUC 值。

```
# 使用筛选出的 6 个重要变量训练 GBDT 模型
start=time.time()
model_tree=GradientBoostingClassifier(random_state=0)
model_tree.fit(X=train_x[var_tree],y=train_y)
duration=time.time()-start
# 在测试集上计算 AUC
auc_tree=roc_auc_score(y_true=test_y,
                       y_score=model_tree.predict_proba(test_x[var_tree])[:,1])
print("model_tree 自变量个数:%d\n" % var_tree.size)
print("model_tree 训练耗时:%f 秒\n" % duration)
```

---

　　① 在建模过程中，变量数量（即模型复杂度）与预测精度是相互矛盾的，因此读者在实际操作时需要综合考虑，平衡模型复杂度与预测精度的关系。

```
print("model_tree 的 AUC:%f" % auc_tree)
```

model_tree 自变量个数： 8

model_tree 训练耗时： 0.103249 秒

model_tree 的 AUC： 0.982312

从程序执行结果可以观察到，model_tree 的训练耗时仅为 0.10 秒，模型的 AUC 值也进一步提升到 0.982，这一结果不仅优于 model_all，还优于 model_cor 和 model_anova。这一模型是目前关于信用卡欺诈检测数据集最好的数据归约方案。

10.2.3 Lasso 算法

Lasso 算法是一种收缩（shrink）算法，全称为 Least Absolute Shrinkage and Selection Operator。该算法是对普通最小二乘法（OLS）的改进，主要思想是在模型自变量系数绝对值之和小于某一给定常数的约束下，最小化残差平方和，从而使一些系数严格等于 0，实现变量的选择。从另一个角度理解，Lasso 算法相当于为普通最小二乘法加上一个包含调节系数的惩罚项，从而控制模型中变量的数量。

在下面的程序中使用 Lasso 算法进行变量选择。具体步骤如下：

● 第一步，首先使用 scikit-learn 库中的 Lasso() 函数，基于所有自变量进行训练。其中参数 alpha 为调节系数，其值越大选入的变量越少，在本例中设定为 0.03。

● 第二步，提取变量参数并将其存入序列 coef。

● 第三步，剔除系数为 0 的变量，余下变量的变量名存入 var_lasso。

```
#建立 Lasso 模型,正则惩罚项 alpha 越大,选入的变量越少
lasso=Lasso(alpha=0.03,random_state=0)
lasso.fit(train_x,train_y)                    #使用全部训练集训练 LASSO 模型
coef=pd.Series(lasso.coef_,index=train_x.columns)    #提取回归系数
var_lasso=coef[coef.ne(0)].index        #取得回归系数不等于 0 的变量名
print("Lasso 模型回归系数:\n",coef)
print("\nLasso 模型筛选出的自变量为:\n%s" % var_lasso.values)
```

Lasso 模型回归系数:

Time	-1.430945e-07
V1	-2.049938e-03
V2	5.753377e-03
V3	-0.000000e+00
V4	3.423208e-02
V5	0.000000e+00
V6	-0.000000e+00
V7	-0.000000e+00
V8	-4.484684e-03
V9	0.000000e+00
V10	-2.383363e-03
V11	0.000000e+00
V12	-0.000000e+00
V13	-0.000000e+00

```
V14            -6.360190e-02
V15            -0.000000e+00
V16            0.000000e+00
V17            0.000000e+00
V18            2.489120e-03
V19            -0.000000e+00
V20            0.000000e+00
V21            0.000000e+00
V22            0.000000e+00
V23            -0.000000e+00
V24            -0.000000e+00
V25            -0.000000e+00
V26            -0.000000e+00
V27            -0.000000e+00
V28            0.000000e+00
Amount         2.452717e-04
dtype: float64
```

Lasso 模型筛选出的自变量为:

```
['Time' 'V1' 'V2' 'V4' 'V8' 'V10' 'V14' 'V18' 'Amount']
```

从运行结果可以看到,多数变量的系数收缩为 0,只有 9 个变量的系数不等于 0,这些变量就是被选择出来的变量。需要注意的是,这一结果是在参数 alpha 设定为 0.03 时得到的,读者可以尝试将 alpha 设定为其他值,以获取不同的变量选择结果。下面的程序基于 var_lasso 建立了模型 model_lasso,并观察了该模型的自变量个数、训练耗时和 AUC 值。

```
#使用筛选出的重要变量训练 GBDT 模型
start=time.time()
model_lasso=GradientBoostingClassifier(random_state=0)
model_lasso.fit(X=train_x[var_lasso],y=train_y)
duration=time.time()-start
#在测试集上计算 AUC 值
auc_lasso=roc_auc_score(y_true=test_y,
            y_score=model_lasso.predict_proba(test_x[var_lasso])[:,1])
print("model_lasso 自变量个数:%d\n" % var_lasso.size)
print("model_lasso 训练耗时:%f 秒\n" % duration)
print("model_lasso 的 AUC:%f" % auc_lasso)
model_lasso 自变量个数:    9
model_lasso 训练耗时:    0.145002 秒
model_lasso 的 AUC:    0.980285
```

从程序运行结果可以观察到,model_lasso 的训练耗时为 0.15 秒,模型的 AUC 值为 0.980,这一结果是优于 model_all 的,说明通过 Lasso 算法选择变量,可以改善模型的建模效率和预测精度。

10.3 样本归约

上一节介绍了变量选择的方法，我们可通过降低数据集维度的方式实现数据归约。本节介绍如何合理地降低样本数，从而减少数据量，提高模型的建模效率。

对于数据建模来说，样本量总是多多益善的。但是样本量的增加并不会一直以相同的速度提高模型的预测精度，而会在达到某一个样本量之后令模型预测精度呈现缓慢增长甚至停止增长。因此如果能够找到这一"足够的样本量"，则可以避免因添加过多对提高预测精度无意义的数据而造成系统资源的浪费。

下面的程序使用绘图的方式找出这一"足够的样本量"，具体步骤如下：

● 第一步，生成序列 result 用于存储不同样本容量下 GBDT 模型的 AUC 值，该序列的 index 与后续 for 循环的循环变量 i 一致。

● 第二步，建立 for 循环，循环变量从 50 开始，每次增加 10，一直达到训练集 train_b 所包含的最大数据量为止。

● 第三步，在每次循环中使用 DataFrame.sample()函数对训练集 train_b 进行样本容量为 i 的随机抽样。

● 第四步，使用抽样得到的数据训练 GBDT 模型，计算其在测试集上的 AUC 值，并根据本次循环中循环变量 i 的值将 AUC 值记录到 result[i]中。

● 第五步，将序列 result 使用 plot.line()绘制成折线图（见图 10-1）。

```python
result=pd.Series(index=range(50,train_b.shape[0],10))
for i in range(50,train_b.shape[0],10):
    sample=train_b.sample(n=i,random_state=0)
    train_x,train_y=sample.drop("Class",axis=1),sample["Class"]
    m=GradientBoostingClassifier(random_state=0)
    m.fit(X=train_x,y=train_y)
    result[i]=roc_auc_score(y_true=test_y,
                            y_score=m.predict_proba(test_x)[:,1])
#将结果画在一张折线图里
result.plot.line()
plt.xlabel("number of samples")
plt.ylabel("AUC")
plt.show()
```

从图 10-1 中可以清晰地观察到，随着样本量增加，模型的 AUC 值也在增加，当样本量增加到 600 以上，模型的 AUC 值趋于稳定，这说明再继续增加样本量也不能够明显提升模型的 AUC 值。为了观察样本归约对数据建模的影响，下面的代码建立了两个模型。第一个模型单纯地进行了样本归约，对训练集进行了容量为 700 的抽样，并训练了 GBDT 模型，观察了模型的训练耗时和 AUC 值；第二个模型所做的工作与第一个模型基本相同，区别在于除了进行样本归约以外，还基于 10.2.2 小节的方法，使用决策树选择出的自变量进行维度归约，以便进一步观察其对于训练耗时和模型 AUC 值的影响。

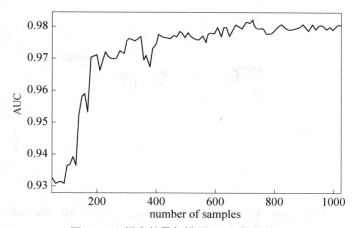

图 10-1　样本数量与模型 AUC 值的关系

```
#对训练集进行容量为 700 的随机抽样
sample=train_b.sample(n=700,random_state=0)
train_x,train_y=sample.drop("Class",axis=1),sample["Class"]
start=time.time()
m=GradientBoostingClassifier(random_state=0)
m.fit(X=train_x,y=train_y)
duration=time.time()-start
auc_m=roc_auc_score(y_true=test_y,y_score=m.predict_proba(test_x)[:,1])
print("仅样本归约:\n训练耗时:%f 秒\nAUC:%f" %(duration,auc_m))
#同时对训练集进行容量为 700 的随机抽样和使用决策树模型对变量进行筛选
start=time.time()
m=GradientBoostingClassifier(random_state=0)
m.fit(X=train_x[var_tree],y=train_y)
duration=time.time()-start
auc_m=roc_auc_score(y_true=test_y,
                    y_score=m.predict_proba(test_x[var_tree])[:,1])
print("\n样本归约且变量选择:\n训练耗时:%f 秒\nAUC:%f" %(duration,auc_m))
```

```
仅样本归约:
训练耗时:    0.228413 秒
AUC:        0.980654
样本归约且变量选择:
训练耗时:    0.086090 秒
AUC:        0.981437
```

　　从程序运行结果可以看出，仅进行样本归约时，训练耗时为 0.23 秒，模型 AUC 值为 0.981，均优于 model_all 的 0.34 秒的训练耗时和 0.979 的模型 AUC 值。而当同时进行样本归约和维度归约时，模型的训练耗时更是进一步降到了 0.086 秒，不但优于 model_all 的 0.34 秒，还优于之前训练耗时最快的 model_tree 的 0.10 秒。而在模型 AUC 值方面，该模型依然达到了 0.981，与 model_tree 的 0.982 相差无几。上述结果说明，同时对样本和维度进行归约，可以大幅提高模型的训练速度，同时维度归约还剔除掉了无关变量的干扰，有利于进一步提高预测精度。

参 考 文 献

[1] Austin Reese. Used Cars Dataset. https://www.kaggle.com/austinreese/craigslist-carstrucks-data.

[2] Machine Learning Group.Credit Card Fraud Detection. https://www.kaggle.com/mlg-ulb/creditcardfraud.

[3] 阮敬. Python 数据分析基础. 2 版. 北京：中国统计出版社，2018.

[4] 任韬. 大数据预处理. 北京：国家开放大学出版社，2020.

图书在版编目（CIP）数据

数据准备：从获取到整理/阮敬，任韬编著. --
北京：中国人民大学出版社，2022.7
（数据分析与应用丛书）
ISBN 978-7-300-30798-5

Ⅰ.①数… Ⅱ.①阮… ②任… Ⅲ.①数据处理−基
本知识 Ⅳ.①TP274

中国版本图书馆 CIP 数据核字（2022）第 114342 号

数据分析与应用丛书
数据准备：从获取到整理
阮 敬 任 韬 编著
Shuju Zhunbei：Cong Huoqu Dao Zhengli

出版发行	中国人民大学出版社	
社 址	北京中关村大街 31 号	**邮政编码** 100080
电 话	010 - 62511242（总编室）	010 - 62511770（质管部）
	010 - 82501766（邮购部）	010 - 62514148（门市部）
	010 - 62515195（发行公司）	010 - 62515275（盗版举报）
网 址	http://www.crup.com.cn	
经 销	新华书店	
印 刷	天津鑫丰华印务有限公司	
规 格	185 mm×260 mm　16 开本	**版 次** 2022 年 7 月第 1 版
印 张	15.25 插页 1	**印 次** 2022 年 7 月第 1 次印刷
字 数	356 000	**定 价** 46.00 元

中国人民大学出版社　管理分社

教师教学服务说明

　　中国人民大学出版社管理分社以出版经典、高品质的工商管理、统计、市场营销、人力资源管理、运营管理、物流管理、旅游管理等领域的各层次教材为宗旨。

　　为了更好地为一线教师服务，近年来管理分社着力建设了一批数字化、立体化的网络教学资源。教师可以通过以下方式获得免费下载教学资源的权限：

★　在中国人民大学出版社网站 www.crup.com.cn 进行注册，注册后进入"会员中心"，在左侧点击"我的教师认证"，填写相关信息，提交后等待审核。我们将在一个工作日内为您开通相关资源的下载权限。

★　如您急需教学资源或需要其他帮助，请加入教师 QQ 群或在工作时间与我们联络。

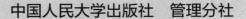 中国人民大学出版社　管理分社

🔔　**教师 QQ 群：** 64833426（仅限教师加入）

☎　**联系电话：** 010-82501048，62515782，62515735

✉　**电子邮箱：** glcbfs@crup.com.cn

📍　**通讯地址：** 北京市海淀区中关村大街甲 59 号文化大厦 1501 室（100872）